Web 前端开发项目案例教程
——HTML5+CSS3+Bootstrap

主　编：代　飞　艾　迪

副主编：潘　丹　曹　慧　熊文庆　胡旷达

参　编：吕佳艳　胡　海　袁平梅

北京理工大学出版社

BEIJING INSTITUTE OF TECHNOLOGY PRESS

内 容 简 介

本书以《Web 前端开发职业技能等级标准》为编写依据，系统地介绍了前端网页技术开发的相关知识，并在实际应用中通过具体案例使读者巩固所学技能，更好地进行开发实战。本书内容划分为 10 个项目，依据实际网站设计与制作的职业岗位工作过程进行教学设计，循序渐进、由浅入深，让学生在完成任务的过程中学会网站设计与制作的知识与技能，较好地体现了"项目任务驱动教学"的理念。

本书可以用于"1+X"证书制度试点工作中的 Web 前端开发职业技能等级证书教学和培训，也可以作为相关专业课程的参考用书，同时，还可以用作从事 Web 前端开发职业的社会在职人员的自学参考用书。

图书在版编目（CIP）数据

Web 前端开发项目案例教程：HTML5+CSS3+Bootstrap / 代飞，艾迪主编 . —北京：北京理工大学出版社，2020.8

ISBN 978-7-5682-8852-1

Ⅰ. ①W… Ⅱ. ①代… ②艾… Ⅲ. ①超文本标记语言 – 程序设计 – 教材 ②网页制作工具 – 教材 Ⅳ. ① TP312.8 ②TP393.092.2

中国版本图书馆 CIP 数据核字（2020）第 140530 号

出版发行 / 北京理工大学出版社有限责任公司

社　　址 / 北京市海淀区中关村南大街 5 号

邮　　编 / 100081

电　　话 /（010）68914775（总编室）
　　　　　（010）82562903（教材售后服务热线）
　　　　　（010）68948351（其他图书服务热线）

网　　址 / http://www.bitpress.com.cn

经　　销 / 全国各地新华书店

印　　刷 / 北京国马印刷厂

开　　本 / 787 毫米 × 1092 毫米　1/16

印　　张 / 22.75　　　　　　　　　　　　　　　责任编辑 / 王玲玲

字　　数 / 522 千字　　　　　　　　　　　　　　文案编辑 / 王玲玲

版　　次 / 2020 年 8 月第 1 版　2020 年 8 月第 1 次印刷　　责任校对 / 刘亚男

定　　价 / 89.00 元　　　　　　　　　　　　　　责任印制 / 施胜娟

前　　言

为了响应《国家职业教育改革实施方案》，贯彻落实《关于深化产教融合的若干意见》及《国家信息化发展战略纲要》的相关要求，应对新一轮科技革命和产业变革的挑战，促进人才培养供给侧和产业需求侧结构要素全方面融合，促进中国特色高水平高职院校建设，努力培育高素质劳动者和技术技能人才，本书以《Web 前端开发职业技能等级标准》中的职业素养和岗位技术技能为重点培养目标，以专业技能为模块，以项目任务为驱动，以课程思政为纲要，进行组织编写，使读者对 Web 前端开发技术体系有更系统、更清晰的认识。

本书分为技能知识篇和综合项目实战篇，共 10 个项目。项目一至项目九为技能知识篇，主要介绍 HTML5+CSS3+Bootstrap 前端技术基础知识，具体包括初识 HTML5、网站搭建与管理、构建 HTML5 网页文件、CSS3 新样式修饰网页、盒子模型、元素的浮动与定位、网页布局技术、网页表单的应用、跨平台响应式技术；项目十为综合实战篇，实现数码购物商城系统的开发。书中每个项目均按问题引入、知识解析、案例引入、案例实现、项目小结、项目实训和项目拓展开展启发式学习。掌握各项目知识技能后，最终完成数码购物商城实战项目的设计与开发，不仅增强了学生的成就感，还让学生在网站设计与制作过程中掌握知识与技能，真正做到了"做中学、学中做"，体现了"通过工作来学习"的职业教育理念，为国家培育真正的高素质劳动者和技术技能人才。本书主要有以下几方面特色。

1. 内容全面，由浅入深。

本书依据打造初、中级 Web 前端开发工程师的目标规划学习路径，详细介绍了 Web 前端开发中涉及的三大前端技术的内容和技巧，并通过项目实例重点讲解了学习过程中难以理解和掌握的知识点，提高了读者的学习效率。

2. 书证通融，理论与实践相结合。

本书紧贴《Web 前端开发职业技能等级标准》"1+X"初级职业技能要求，理论结合实践。每个项目都配有一定数量的实用案例，同时，在全面、系统介绍各项目知识内容的基础上，还提供了结合行业标准的综合知识的项目实践案例。

3. 案例丰富，图文并茂。

本书的案例代码都配备了详细的解说文字及相应的图示，使每个步骤清晰易懂，一目了然。

本书由九江职业技术学院的代飞、艾迪担任主编，潘丹、曹慧、熊文庆、胡旷达担任副主编，参与编写的还有九江职业技术学院的吕佳艳、胡海、袁平梅老师。

由于作者水平有限，书中内容难免存在疏漏和不当之处，恳请各位专家、学校师生及广大读者提出宝贵意见，以便在下一个版本中修订改进。

编者

目　　录

技能知识篇

综合项目实战篇

技能知识篇

项目一

初识 HTML5

【书证融通】

本书依据《Web 前端开发职业技能等级标准》和职业标准打造初中级 Web 前端工程师规划学习路径，以职业素养和岗位技术技能为重点学习目标，以专业技能为模块，以工作任务为驱动进行编写，详细介绍了 Web 前端开发中涉及的三大前端技术（HTML5、CSS3 和 Bootstrap 框架）的内容和技巧。本书可以作为期望从事 Web 前端开发职业的应届毕业生和社会在职人员的入门级自学参考用书。

本项目讲解 HTML5 文档基本格式和语法、HTML 基本标签的使用等内容，对应《Web 前端开发职业技能初级标准》中静态网页开发和美化工作任务的职业标准要求构建项目任务内容和案例，如图 1-1 所示。

【问题引入】

"互联网 +"时代下，网络技术飞速发展，其魅力无处不显，各行各业都离不开网络，而不同类型的行业都创建了形式各样的网站，既而各式各样的网页层出不穷，那么如何制作这些各式各样的网页呢？

【学习任务】

- 网页相关的基础知识
- 认识与熟悉 HTML 语言并编辑页面
- 了解 HTML5 的新特性，并创建简单的 HTML5 页面
- 了解网页制作工具 HBuilder X

【学习目标】

- 掌握网页的基本概念
- 掌握 HTML 和 HTML5 网页编辑语言
- 熟悉 HBuilder X 工具的基本操作

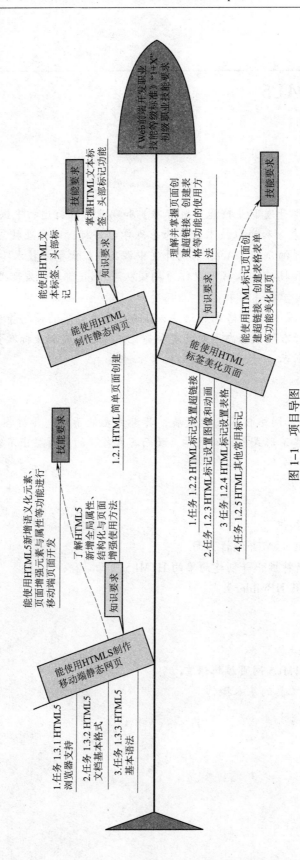

图 1-1 项目导图

任务 1.1　Web 时代的迁移

【任务目标】

了解 Web 时代背景下，从 HTML 到 HTML5 的发展历程；熟悉 HTML5 浏览器支持情况。

【知识解析】

HTML5 是超文本标记语言（HyperText Markup Language）的第 5 代版本，HTML5 并不是革命性的改变，而只是发展性的。其目前还处于推广阶段。经过了 Web 2.0 时代，基于互联网的应用已经越来越丰富，同时也对互联网应用提出了更高的要求。HTML5 正在引领时代的潮流，必将开创互联网的新时代。本任务将对 HTML5 的基本结构和语法、文本控制标记、图像标记及超链接标记进行详细讲解。

1. HTML5 概述

随着时代的发展，统一的互联网通用标准显得尤为重要。在 HTML5 之前，由于各个浏览器之间的标准不统一，给网站开发人员带来了很大的麻烦。HIML5 的目标就是将 Web 带入一个成熟的应用平台。在 HIML5 平台上，视频、音频、图像、动画及同电脑的交互都被标准化。本节将针对 HIML5 发展历程、优势、浏览器支持情况及如何创建 HTML5 页面进行讲解。

2. HTML5 演变历史

HTML 的出现由来已久，1993 年，HTML 首次以因特网的形式发布（图 1-2）。20 世纪 90 年代，HTML 快速发展，从 2.0 版到 3.2 版、4.0 版，再到 1999 年的 4.01 版。随着 HTML 的发展，万维网联盟（World Wide Web Consortium，W3C）掌握了对 HTML 规范的控制权，负责后续版本的制定工作。

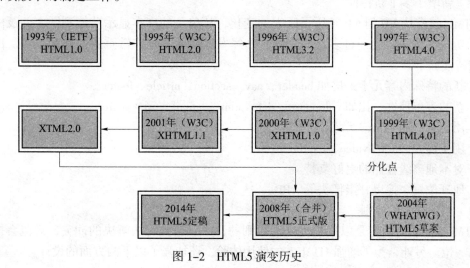

图 1-2　HTML5 演变历史

然而，在快速发布了 HTML 的 4 个版本后，业界普遍认为 HTML 已经穷途末路，对 Web 标准的焦点也开始转移到了 XML 和 XHTML 上，HTML 被放在了次要位置。不过，在此期间 HTML 体现了顽强的生命力，主要的网站内容还是基于 HTML 的。为了支持新的 Web，应克服现有的缺点，HTML 迫切需要添加新功能，制定新规范。

为了能继续深入发展 HTML 规范，在 2004 年，一些浏览器厂商联合成立了 WHATWG 工作组，它们创立了 HTML5 规范，并开始专门针对 Web 应用开发新功能，Web 2.0 也是在那个时候被提出来的。

2006 年，W3C 组建了新的 HTML 工作组，明智地采纳了 WHATWG 的意见，并于 2008 年发布了 HTML5 的工作草案。由于 HTML5 能解决实际的问题，所以在规范还未定稿的情况下，各大浏览器厂家已经开始对旗下产品进行升级，以支持 HTML 的新功能，这样，得益于浏览器的实验性反馈，HTML5 规范也得到了持续完善，并以这种方式迅速融入对 Web 平台的实质性改进中。

2014 年 10 月 29 日，万维网联盟宣布，经过 8 年的艰辛努力，HTML5 标准规范终于制定完成，并公开发布。HTML5 将会逐渐取代 HTML4.01、XHTML1.0 标准，以期能在互联网应用迅速发展的同时，使网络标准达到符合当代的网络需求，为桌面和移动平台带来无缝衔接的丰富内容。

3. HTML5 的优势

从 HTML4.0、XHTML 到 HTML5，从某种意义上讲，这是 HTML 描述性标记语言的一种更加规范的过程。因此，HTML5 并没有给开发者带来多大的冲击。但 HTML5 增加了很多非常实用的新功能和新特性，下面具体介绍 HTML5 的一些优势。

（1）解决了跨浏览器问题

在 HTML5 之前，各大浏览器厂商为了争夺市场占有率，会在各自的浏览器中增加各种各样的功能，并且不具有统一的标准。使用不同的浏览器，常常会看到不同的页面效果，在 HTML5 中，纳入了所有合理的扩展功能，具备良好的跨平台性能。针对不支持新标签的老式 IE 浏览器，只需简单地添加 JavaScript 代码就可以使用新的元素了。

（2）新增了多个新特性

HTML 语言从 1.0 到 5.0 经历了巨大的变化，从单一的文本显示功能到图文并茂的多媒体显示功能，许多特性经过多年的完善，已经发展成为一种非常重要的标记语言。HTML5 新增的特性如下。

● 新的特殊内容元素，比如 header、nav、section、article、footer。
● 新的表单控件，比如 calendarn、date、time、email、url、search。
● 用于绘画的 canvas 元素。
● 用于媒介回放的 video 和 audio 元素。
● 对本地离线存储的更好支持。
● 地理位置、拖曳、摄像头等 API。

（3）用户优先的原则

HTML5 标准的制定是以用户优先为原则的，一旦遇到无法解决的冲突，规范会把用户放在第一位。另外，为了增强 HTML5 的使用体验，还加强了以下两方面的设计。

● 安全机制的设计

为确保 HTML5 的安全，在设计 HTML5 时，做了很多针对安全的设计。HTML5 引入了一种新的基于来源的安全模型，该模型不仅易用，而且对不同的 API（Application Programming Interface，应用程序编程接口）都通用。使用这个安全模型，不需要借助于任何不安全的 hack 就能跨域进行安全对话。

● 表现和内容分离

表现和内容分离是 HTML5 设计中的另一个重要内容。实际上，表现和内容的分离早在 HTML4.0 中就有设计，但是分离得并不彻底。为了避免可访问性差、代码复杂度高、文件过大等问题，HTML5 规范中细致、清晰地分离了表现和内容。但是考虑到 HTML5 的兼容性问题，一些陈旧的表现和内容的代码还是可以兼容的。

● 化繁为简的优势

作为当下流行的通用标记语言，HTML5 尽可能地简化，严格遵循了"简单至上"的原则，主要体现在这几个方面：

● 新的简化的字符集声明。

● 新的简化的 DOCTYPE。

● 简单而强大的 HTML5 API。

● 以浏览器原生能力替代复杂的 JavaScript 代码。

为了实现这些简化操作，HTML5 规范需要比以前更加细致、精确。为了避免造成误解，HTML5 对每一个细节都有着非常明确的规范说明，不允许有任何的歧义和模糊出现。

任务 1.2　HTML 基础标记与属性

【任务目标】

熟悉 HTML 网页文件的创建。

掌握 HMTL 各类标记及对应属性。

能够规范编写与读懂 HMTL 语言。

会使用 HTML 语言编辑简单网页。

任务 1.2.1　HTML 简单页面创建

【任务目标】

使用 HBuilder X 工具来创建一个 HTML 页面。

【案例引入】

利用 HTML 文档基本结构及基础标记与属性，完成一个 HTML 简单页面的制作，效果如图 1-3 所示。

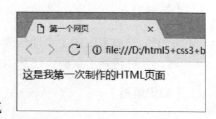

图 1-3　第一个 HTML 页面

【知识解析】

网页制作过程中，为了开发方便，通常会选择一些较便捷的工具，如 Editplus、notepad++、VSCode、sublime、HBuilder X 等。实际工作中，最常用的网页制作工具是 HBuilder X。

本书中的案例将全部使用 HBuilder X 工具进行制作。

【案例实现】

程序 HTML 页面的实例。

例 1-1　example1.html

```
<!DOCTYPE HTML PUBLIC "- //W3C//DTD HTML 4.01 Transtional//EN"
"http://www.w3.org/TR/html4/loose.dtd">
<html>
<head>
<meta http-equiv="Content-Type" content="text/html;charset=utf-8">
<title> 第一个网页 </title>
</head>
<body>
        这是我第一次制作的 HTML 页面
</body>
</html>
```

【小贴士】

由于谷歌浏览器对 HTML 页面及 HTML5 页面的兼容性支持较好，并且调试网页非常方便，所以，在网页制作过程中，谷歌浏览器是最常用的浏览器。本书涉及的案例均在谷歌浏览器中运行实现。

任务 1.2.2　HTML 标记设置超链接

【任务目标】

掌握超链接标记。

锚点的应用。

其他链接技巧。

【案例引入】

一个网站通常由多个页面构成。一般由主页和若干子页面组成，当单击主页导航栏中的菜单时，会跳转到子页面，这是因为导航栏中的菜单都添加了超链接功能。

【知识解析】

1. 创建超链接

超链接虽然在网页中占有不可替代的地位，但是在 HTML 中创建超链接非常简单，只

需用 <a></a> 标记环绕需要被链接的对象即可，其基本语法格式为：<a href=" 跳转目标 " target=" 目标窗口的弹出方式 "> 文本或图像 </a>。

在上面的语法中，<a> 标记用于定义超链接，href 和 target 为其常用属性，具体解释如下：

① href：用于指定链接目标的 url 地址，当为 <a> 标记应用 href 属性时，它就具有了超链接的功能。

② target：用于指定链接页面的打开方式，其取值有 _self 和 _blank 两种，其中，_self 为默认值，意为在原窗口中打开，_blank 为在新窗口中打开。

【案例实现】

下面来创建一个带有超链接功能的简单页面，如例 1-2 所示。

例 1-2　example2. html

```
<!-- 创建超链接 -->
<!DOCTYPE HTML PUBLIC "-//W3C//DTD HTML 4.01 Transtional//EN" "http://www.w3.org/TR/html4/loose.dtd">
<html>
<head>
<meta http-equiv = "Content-Type" content = "text/html; charset = utf8"/>
<title> 创建超链接 </title>
</head>
<body>
  <a href="http://www.baidu.com/" target="_self"> 百度首页 </a>
  target="_self" 属性值实现原窗口打开 <br />
  <a href="http://www.baidu.com/" target="_blank"> 百度首页 </a>
  target="_blank" 属性值实现新窗口打开
</body>
</html>
```

在例 1-2 中，创建了两个超链接，通过 href 属性的不同，将链接目标指定为"百度"。同时，通过 target 属性定义第一个链接页面在原窗口打开，第二个链接页面在新窗口打开。效果如图 1-4 所示。

2. 锚点链接

如果网页内容较多，页面过长，浏览网页时就需要不断地拖动滚动条，来查看所需要的内容，这样效率较低且不方便。为了提高信息的检索速度，HTML 语言提供了一种特殊的链接——锚点链接，通过创建锚点链接，用户能够快速定位到目标内容。

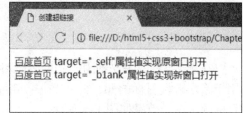

图 1-4　创建超链接

【案例实现】

下面通过一个具体的案例来演示页面中创建锚点链接的方法，如例 1-3 所示。

例 1-3　example3.html

```
<!DOCTYPE HTML PUBLIC "-//W3C//DTD HTML 4.01 Transtional//EN" "http://www.w3.org/TR/html4/loose.dtd">
<html>
<head>
<meta http-equiv = "Content-Type" content = "text/html; charset = utf8"/>
<title> 锚点链接 </title>
</head>
<body>
相关领域的课程：
<ul>
    <li><a href="#one"> 平面广告设计 </a></li>
    <li><a href="#two"> 网页设计与制作 </a></li>
    <li><a href="#three">Flash 互动广告动画设计 </a></li>
    <li><a href="#four"> 用户界面 (UI) 设计 </a></li>
    <li><a href="#five">JavaScript 与 jQuery 网页特效 </a></li>
</ul>
<h3 id="one"> 平面广告设计 </h3>
<p> 课程涵盖：Photoshop 图像处理、Illustrator 图形设计、平面广告创意设计、字体设计与标志设计。</p >
<br/><br/><br/><br/><br/><br/><br/><br/><br/><br/><br/><br/><br/><br/>
<h3 id="two"> 网页设计与制作 </h3>
<p> 课程涵盖：DIV+CSS 实现 Web 标准布局、Dreamweaver 快速网站建设、网页版式构图与设计技巧、网页配色理论与技巧。</p >
<br /><br /><br /><br /><br /><br /><br /><br /><br /><br /><br /><br /><br /><br/>
<h3 id="three">Flash 互动广告动画设计 </h3>
<p> 课程涵盖：Flash 动画基础、Flash 高级动画、Flash 互动广告设计、Flash 商业网站设计。</p >
<br /><br /><br /><br /><br /><br /><br /><br /><br /><br /><br /><br /><br />
<h3 id="four"> 用户界面 (UI) 设计 </h3>
<p> 课程涵盖实用美术基础、手绘基础造型、图标设计与实战演练、界面设计与实战演练。</p >
<br/><br/><br/><br/><br/><br/><br/><br/><br/><br/><br/><br/><br/><br/>
<h3 id="five"> JavaScript 与 jQuery 网页特效 </h3>
<p> 课程涵盖：JavaScript 编程基础、JavaScript 网页特效制作、jQuery 编程基础、jQuery 网页特效制作。</p >
</body>
</html>
```

在例 1-3 中，首先使用 "< a href="#id" >链接文本 </a>" 创建链接文本，其中 href="#id" 用于指定链接目标的 id，如 <ul>…</ul> 之间 5 行代码所示。然后，使用相应的 id 标注跳转目标的位置。效果如图 1-5 所示。

当鼠标单击 "相关领域的课程" 下的链接时，页面会自动定位到相应的内容标题介绍部分。如单击 "网页设计与制作" 时，页面效果如图 1-6 所示。

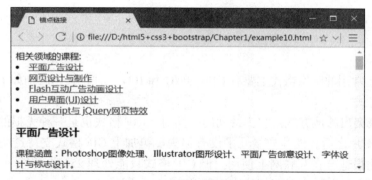

图 1-5 锚点链接的创建

图 1-6 页面定位到相应的位置

总结例 1-3 可以得出，创建锚点链接分为两步：

① 使用 "<a href="#id"> 链接文本 </a>" 创建链接文本。

② 使用相应的 id 标注跳转目标的位置。

【小贴士】

① 暂时没有确定链接目标时，通常将 <a> 标记的 href 属性值定义为 "#"（即 href="#"），表示该链接暂时为一个空链接。

② 不仅可以在文本中创建超链接，还可以在各种网页元素中，如图像、音频、视频等，添加超链接。

③ 链接图像在低版本的 IE 浏览器中会添加边框效果，要去掉链接图像的边框，只需将链接图像的边框 border 属性值定义为 0 即可。

任务 1.2.3 HTML 标记设置图像和动画

【任务目标】

了解图像常用格式。

掌握图像标记。

【案例引入】

网页中图像太大会造成载入速度缓慢，太小又会影响图像的质量，那么哪种图像格式能够让图像更小，却拥有更好的质量呢？接下来将为大家介绍几种常用的图像格式，以及如何选择合适的图像格式应用于网页。

【知识解析】

1. 图像格式

目前网页上常用的图像格式主要有 GIF、PNG 和 JPG 三种，具体区别如下。

（1）GIF 格式

GIF 格式最突出的地方就是它支持动画，同时，GIF 格式也是一种无损的图像格式，也就是说，修改图片之后，图片质量几乎没有损失。再加上 GIF 格式支持透明（全透明或全不透明），因此很适合在互联网上使用。但 GIF 格式只能处理 256 种颜色。在网页制作中，GIF 格式常常用于 Logo、小图标及其他色彩相对单一的图像。

（2）PNG 格式

PNG 格式包括 PNG-8 和真色彩 PNG（PNG-24 和 PNG-32）。相对于 GIF 格式，PNG 格式最大的优势是体积更小，支持 Alpha 透明（全透明、半透明、全不透明），并且颜色过渡更平滑，但 PNG 格式不支持动画。同时，需要注意的是，IE6 是可以支持 PNG-8 的，但在处理 PNG-24 的透明时，会显示为灰色。通常，图片保存为 PNG-8，会在同等质量下获得比 GIF 格式更小的体积，而半透明的图片只能使用 PNG-24。

（3）JPG 格式

JPG 格式所能显示的颜色比 GIF 格式和 PNG 格式要多得多，可以用来保存超过 256 种颜色的图像，但是 JPG 格式是一种有损压缩的图像格式，这就意味着每修改一次图片，都会造成一些图像数据丢失。JPG 格式是特别为照片图像设计的文件格式，网页制作过程中类似于照片的图像，比如横幅广告（banner）、商品图片、较大的插图等，都可以保存为 JPG 格式。

简而言之，在网页中，小图片或网页基本元素，如图标、按钮等，考虑 GIF 格式或 PNG-8，半透明图像考虑 PNG-24，类似照片的图像则考虑 JPG 格式。

2. 图像标记 <img/>

HTML 网页中任何元素的实现都要依靠 HTML 标记，要想在网页中显示图像，就需要使用图像标记，接下来将详细介绍图像标记 <img/> 及和它相关的属性。其基本语法格式为：

> < img src=" 图像 URL"/>

该语法中，src 属性用于指定图像文件的路径和文件名，它是 img 标记的必需属性。

要想在网页中灵活地应用图像，仅仅靠 src 属性是不能够实现的。当然，HIML 还为 <img/> 标记准备了很多其他的属性，具体见表 1-1。

表 1-1   <img/> 标记的属性

属性	属性值	描述
src	URL	图像的路径
alt	文本	图像不能显示时的替换文本
title	文本	鼠标悬停时显示的内容
width	像素	设置图像的宽度

续表

属性	属性值	描述
height	像素	设置图像的高度
border	文字	设置图像边框的宽度
vspace	像素	设置图像顶部和底部的空白（垂直边距）
hspace	像素	设置图像左侧和右侧的空白（水平边距）
align	left	将图像对齐到左边
	right	将图像对齐到右边
	top	将图像的顶端和文本的第一行文字对齐，其他文字居图像下方
	middle	将图像的水平中线和文本的第一行文字对齐，其他文字居图像下方
	bottom	将图像的底部和文本的第一行文字对齐，其他文字居图像下方

表 1-6 对 <img/> 标记的常用属性做了简要的描述，下面对它们进行详细讲解。

【案例实现】

1. 图像标记的替换文本属性 alt

由于某些原因，图像可能无法正常显示，比如图片加载错误、浏览器版本过低等。因此，为页面上的图像加上替换文本是个很好的习惯，在图像无法显示时告诉用户该图片的信息，这就需要使用图像的 alt 属性，用文本信息来替代图像。

下面通过一个案例来演示 alt 属性的用法，如例 1-4 所示。

例 1-4　example4.html

```
<!DOCTYPE HTML PUBLIC "- //W3C//DTD HTML 4.01 Transtional//EN"
"http://www.w3.org/TR/html4/loose.dtd">
<html>
<head>
<meta http-equiv= "Content-Type" content="text/html; charset=utf8">
<title> 图像标记 img 的 alt 属性 </title>
</head>
<body>
    <img src="img.jpg" alt=" 图像不能正常，用文本信息替代 "/>
</body>
</html>
```

例 1-4 中，在当前 HTML 网页文件所在的文件夹中放入文件名为 img.jpg 的图像，并且通过 src 属性插入图像，通过 alt 属性指定图像不能显示时的替代文本，效果如图 1-7 所示。

在过去网速比较慢的时候，alt 属性主要用于使看不到图像的用户了解图像内容。随着互联网的发展，现在显示不了图像的情况已经很少见了，alt 属性又有了新的作用。Google 和百度等搜索引擎在收录页面时，会通过 alt 属性的内容来分析网页的

图 1-7　替换文本属性 alt

内容。因此，如果在制作网页时，能够为图像都设置清晰明确的替换文本，就可以帮助搜索引擎更好地理解网页内容，从而更有利于搜索引擎的优化。

例1-5 example5.html

```
<!DOCTYPE HTML PUBLIC "-//W3C//DTD HTML 4.01 Transtional//EN" "http://www.w3.org/TR/html4/loose.dtd">
<html>
<head>
<meta http-equiv = "Content-Type" content = "text/html; charset = utf8"/>
<title> 图像标记 img 的 title 属性 </title>
</head>
<body>
<img src="images/img.jpg" alt=" 图像不能正常，用文本信息替代 " title="HTML5 图像信息 "/>
</body>
</html>
```

例 1-5 中，当前 HTML 网页文件中的图像不能正常显示时，把鼠标移动到未正常显示的图像上，则会显示 title 属性值的内容。效果如图 1-8 所示。其实，title 属性除了用于图像标记 <img/> 外，还常常和超链接标记 <a> 及表单元素一起使用，以提供输入格式和链接目标的信息。

2. 图像的宽度属性 width、高度属性 height

通常情况下，如果不给 <img/> 标记设置宽和高，图片就会按照它的原始尺寸显示，当然，也可以手动更改图片的大小。width 和 height

图 1-8 图像标记的 title 属性

属性用来定义图片的宽度和高度，通常只设置其中的一个，另一个会按原图等比例显示。如果同时设置两个属性，且其比例和原图大小的比例不一致，显示的图像就会变形或失真。

3. 图像的边框属性 border

默认情况下图像是没有边框的，通过 border 属性可以为图像添加边框、设置边框的宽度，但边框颜色的调整仅仅通过 HTML 属性是不能够实现的。

了解了图像的宽度、高度及边框属性后，下面使用这些属性对图像进行一些修饰，如例 1-6 所示。

例1-6 example6.html

```
<!DOCTYPE HTML PUBLIC "- //W3C//DTD HTML 4.01 Transtional//EN" "http://www.w3.org/TR/html4/loose.dtd">
<html>
<head>
<meta http-equiv ="Content-Type" content ="text/html; charset = utf8"/>
<title> 图像的宽高和边框属性 </title>
```

```
</head>
<body>
<img src="images/img.jpg" alt="图片信息" border="4"/>
<img src="images/img.jpg" alt="图片信息" width="120"/>
<img src="images/img.jpg" alt="图片信息" width="120" height="100"/>
</body>
</html>
```

在例 1-6 中，使用了三个 <img/> 标记，对第一个 <img/> 标记，图像显示为原尺寸大小，并添加了 4 像素的边框效果；对第二个 <img/> 标记，仅设置宽度，则按原图像等比例显示；对第三个 <img/> 标记，设置不等比例的宽度和高度，则导致图片变形了。效果如图 1-9 所示。

图 1-9 图像标记的边框和宽高属性

4. 图像的边距属性 vspace 和 hspace

在网页中，由于排版需要，有时还需要调整图像的边距。HTML 中通过 vspace 和 hspace 属性可以分别调整图像的垂直边距和水平边距。

5. 图像的对齐属性 align

图文混排是网页中很常见的效果，默认情况下，图像的底部会相对于文本的第一行文字对齐。但是在制作网页时，经常需要实现其他的图像和文字环绕效果，如图像居左、文字居右等，这就需要使用图像的对齐属性 align。

下面来实现网页中常见的图像居左、文字居右的效果，如例 1-7 所示。

例 1-7　example7.html

```
<!DOCTYPE HTML PUBLIC "- //W3C//DTD HTML 4.01 Transtional//EN" "http://www.w3.org/TR/html4/
loose.dtd">
<html>
<head>
<meta http-equiv ="Content-Type" content ="text/html; charset = utf8"/>
<title> 图像的边距和对齐属性 </title>
</head>
<body>
<img src="images/img.jpg" alt=" 祖国 70 周年华诞 " title=" 祖国 70 周年华诞 " border="1" hspace="50" vspace=
"20" align="left"/>
```

从 1949 到 2019 年，祖国，我的母亲，迎来了您第 70 个生日。如今，中国已迈向新的征程，14 亿人民在实现"中华民族伟大复兴梦"的感召下，迸发出极大的热情和力量，正在努力实现中华人民的全面崛起。70 年的艰苦奋斗，70 年的拼搏创新，造就 70 年后繁荣昌盛的中国。祖国啊！今年我们以自豪伴随您的喜悦，明天我们将以奋发图强奏响您的复兴凯歌！

```
</body>
</html>
```

在例 1-7 中，使用 hspace 和 vspace 属性为图像设置了水平边距和垂直边距。为了使水平边距和垂直边距的显示效果更加明显，同时给图像添加了 1 像素的边框，并且使 align="left"，即使图像左对齐。效果如图 1-10 所示。

图 1-10　图像的边距和对齐属性

在使用计算机查找需要的文件时，需要知道文件的位置；而表示文件位置的方式就是路径。网页中的路径通常分为绝对路径和相对路径两种。具体介绍如下。

（1）绝对路径

绝对路径就是网页上的文件或目录在硬盘上的真正路径，如"D:\HTML5+CSS3+Bootstrap\images\img.jpg"，或完整的网络地址，如"https://www.baidu.com/"。

网页中不推荐使用绝对路径，因为网页制作完成之后，需要将所有的文件上传到服务，这时图像文件可能在服务器的 C 盘，也有可能在 D 盘、E 盘，可能在文件中，也有可能在某个文件夹中。也就是说，很有可能不存在"D:\HTML5+CSS3+Bootstrap\images\img.jpg"这样一个路径。

（2）相对路径

相对路径就是相对于当前文件的路径。相对路径没有盘符，通常是以 HTML 网页文件为起点，通过层级关系描述目标图像的位置。

总结起来，相对路径的设置分为以下 3 种。

① 图像文件和 html 网页文件位于同一文件夹：只需输入图像文件的名称即可，如 <img src="img.jpg"/>。

② 图像文件位于 html 网页文件的下一级文件夹：输入文件夹名和文件名，之间用"/"隔开，如 < img src="images/img.jpg"/>。

③ 图像文件位于 html 网页文件的上一级文件夹：在文件名之前加入"../"，如果是上两级，则需要使用"../../"，依此类推，如 < img src="../ img.jpg"/>。

【小贴士】

① 各浏览器对 alt 属性的解析不同，由于 Firefox 对 alt 属性支持情况良好，所以这里使用的是 Firefox。如果使用其他的浏览器，如 IE、谷歌等，显示效果可能存在一定的差异。

② HTML 不赞成图像标记 <img/> 使用 border、vspace、hspace 及 align 属性，可用 CSS 样式替代。

③ 网页制作中，装饰性的图像都不要直接插入 <img/> 标记，而是通过 CSS 设置背景图像来实现。

【技能拓展】

图像标记 <img/> 有一个和 alt 属性十分类似的属性 title，title 属性用于设置鼠标悬停时图像的提示文字信息。

任务 1.2.4　HTML 标记设置表格

【任务目标】

制作一个简单的 HTML 表格。

【案例引入】

网页中部分数据信息用表格显示，会让信息更清晰、明了，也使布局和操作变得更清晰，层次感增加，易于进行属性设置。如图 1-11 所示。

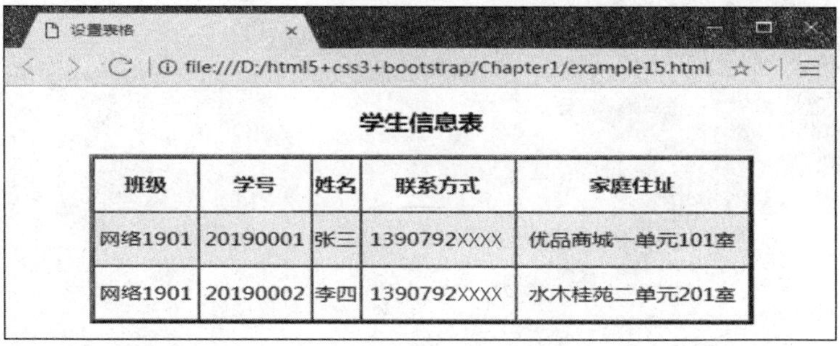

图 1-11　学生信息表

【知识解析】

需要用到表格的一些基本格式属性：

<table>…</table> 用来声明表格开始与结束。

<tr>…</tr> 用来设置表格的行。

<th>…</th> 用来设置表格的表头。

<td>…</td> 用来设置表格行中的单元格。

如例 1-8 所示。

【案例实现】

例 1-8　example8.html

```
<!DOCTYPE HTML PUBLIC "- //W3C//DTD HTML 4.01 Transtional//EN" "http://www.w3.org/TR/html4/loose.
dtd">
<html>
<head>
<meta http-equiv ="Content-Type" content ="text/html; charset = utf8"/>
    <title> 设置表格 </title>
</head>
<body>
<table border="3px"  width="500px" align="center" cellpadding="0px" cellspacing="0px">
    <h3 align="center"> 学生信息表 </h3>
    <tr align="center" bgcolor="white" height="50px">
        <th> 班级 </th>
        <th> 学号 </th>
        <th> 姓名 </th>
        <th> 联系方式 </th>
        <th> 家庭住址 </th>
    </tr>
    <tr align="center" bgcolor="#faebd7" height="50px">
        <td> 网络 1901</td>
        <td>20190001</td>
        <td> 张三 </td>
        <td>1390792XXXX</td>
        <td> 优品商城一单元 101 室 </td>
    </tr>
    <tr align="center" bgcolor="white" height="50px">
        <td> 网络 1901</td>
        <td>20190002</td>
        <td> 李四 </td>
        <td>1390792XXXX</td>
        <td> 水木桂苑二单元 201 室 </td>
    </tr>
</table>
</body>
</html>
```

【技能拓展】

在 HTML 开始标记中，可以通过"属性 = 属性值"的方式为标记添加属性，其中"属性"和"属性值"是以键值对的形式出现的。

所谓键值对，简单地说，即为对"属性"设置"值"。它有多种表现形式，如 color="red"、width="200px" 等，其中 color 和 width 即为"键值对"中的"键"（英文 key），red 和 200 px 为"键值对"中的"值"（英文 value）。

键值对广泛地应用于编程中，HTML 属性的定义形式"属性 =" 属性值 """只是键值对中的一种。

表格 table 标记中的 cellpadding 和 cellspacing 属性，分别用于设置单元格内容与单元格边界距离的大小，以及单元格与单元格之间的间距大小。

任务 1.2.5 HTML 其他常用标记

【任务目标】

在一个网页中，文字占有较大的篇幅，为了让文字能够排版整齐、结构清晰、HTML 提供了一系列的文本控制标记，如标题标记 <h1> ~ <h6>、段落标记 <p> 等。本节将对这些标记进行详细讲解。

【案例引入】

一篇结构清晰的文章通常都有标题和段落，HTML 网页也不例外。为了使网页中的文字有条理地显示出来，HTML 提供了相应的标记，对它们的具体介绍如下。

【知识解析】

1. 标题标记

为使网页更具有自语义化，经常会在页面中用到标题标记，HTML 提供了 6 个等级的标题，即 <h1>、<h2>、<h3>、<h4>、<h5> 和 <h6>。从 <h1> 到 <h6>，重要性递减。其基本语法格式为：

```
<hn> 标题文本 </hn>
```

该语法中，n 的取值为 1 ~ 6。下面通过一个案例说明标题标记的使用，如例 1-9 所示。

【案例实现】

例 1-9 example9.html

```
<!DOCTYPE HTML PUBLIC "- //W3C//DTD HTML 4.01 Transtional//EN" "http://www.w3.org/TR/html4/loose.
dtd">
<html>
<head>
<meta http-equiv ="Content-Type" content ="text/html; charset = utf8"/>
<title> 标题标记的使用 </ title>
</head>
<body>
        <h1>1 级标题 </h1>
        <h2>2 级标题 </h2>
        <h3>3 级标题 </h3>
        <h4>4 级标题 </h4>
        <h5>5 级标题 </h5>
        <h6>6 级标题 </h6>
</body>
</html>
```

使用 `<h1>` ~ `<h6>` 标记设置 6 种不同级别的标题，效果如图 1-12 所示。从图 1-12 中可以看出，默认情况下标题文字是加粗左对齐的，并且从 `<h1>` 到 `<h6>` 字号递减。如果想让标题文字右对齐或居中对齐，需要使用 align 属性设置对齐方式，其取值如下。

- left：设置标题文字左对齐（默认值）。
- center：设置标题文字居中对齐。
- right：设置标题文字右对齐。

2. 段落标记

在网页中要把文字有条理地显示出来，离不开段落标记，就如同平常写文章一样，整个网页也可以分为若干个段落，而

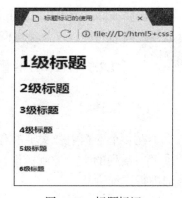

图 1-12　标题标记

段落的标记就是 `<p>`。默认情况下，文本在段落中会根据浏览器窗口的大小自动换行。`<p>` 是 HTML 文档中最常见的标记，其基本语法格式为：

```
<p align=" 对齐方式 "> 段落文本 </p>
```

该语法中，align 属性为 `<p>` 标记的可选属性，和标题标记 `<h1>` ~ `<h6>` 一样，可以使用 align 属性设置段落文本的对齐方式。

下面通过一个案例来演示段落标记 `<p>` 的用法和其对齐方式，如例 1-10 所示。

【案例实现】

例 1-10　examples10.html

```
<!DOCTYPE HTML PUBLIC "- //W3C//DTD HTML 4.01 Transtional//EN" "http://www.w3.org/TR/html4/loose.dtd">
<html>
<head>
<meta http-equiv ="Content-Type" content ="text/html; charset = utf8"/>
<title> 段落标记的用法和对齐方式 </title>
</head>
<body>
 <p> 从 1949 到 2019 年，祖国，我的母亲，迎来了您第 70 个生日。如今，中国已迈向新的征程，14
亿人民在实现"中华民族伟大复兴梦"的感召下，迸发出极大的热情和力量，正在努力实现中华人民
的全面崛起。</p>
 <p align="left">70 年的艰苦奋斗，70 年的拼搏创新，造就 70 年后繁荣昌盛的中国。</p>
 <p align="center"> 祖国啊！今年我们以自豪伴随您的喜悦 </p>
 <p align="right"> 明天我们将以奋发图强奏响您的复兴凯歌！</p>
</body>
</html>
```

在例 1-10 中，第一个 `<p>` 标记为段落标记的默认对齐方式，第二、三、四个 `<p>` 标记分别使用 align="left"、align="center" 和 align="right" 设置了段落左对齐、居中对齐和右对齐。

通过使用 `<p>` 标记，每个段落都会独占一行，并且段落之间拉开了一定的距离。效果

如图 1-13 所示。

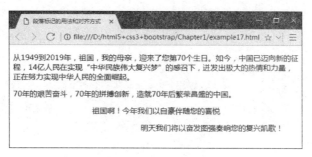

图 1-13 段落标记的用法和对齐方式

3. 水平线标记 \<hr /\>

在网页中常常看到一些水平线将段落与段落之间隔开，使得文档结构清断，层次分明。这些水平线可以通过插入图片实现，也可以简单地通过标记来完成，\<hr/\> 就是创建横跨网页水平线的标记。其基本语法格式为：

```
<hr 属性 ="属性值"/>
```

\<hr/\> 是单标记，在网页中输入一个 \<hr/\>，就添加了一条默认样式的水平线。\<hr/\> 标记的常用属性见表 1-2。

表 1-2　\<hr/\> 标记的常用属性

属性名	含义	属性值
align	设置水平线的对齐方式	可选择 left、right、center 三种值，默认为 center，居中对齐
size	设置水平线的粗细	以像素为单位，默认为 2 像素
color	设置水平线的颜色	可用颜色名称、十六进制、RGB 值
width	设置水平线的宽度	可以是确定的像素值，也可以是浏览器窗口的百分比，默认为 100%

下面通过使用水平线分割段落文本来演示 \<hr/\> 标记的用法和属性，如例 1-11 所示。

例 1-11　example11. html

```
<!DOCTYPE HTML PUBLIC "- //W3C//DTD HTML 4.01 Transtional//EN" "http://www.w3.org/TR/html4/loose.dtd">
<html>
<head>
<meta http-equiv ="Content-Type" content ="text/html; charset = utf8"/>
<title> 水平线标记的用法和属性 </title>
</head>
<body>
<p> 从 1949 到 2019 年，祖国，我的母亲，迎来了您第 70 个生日。如今，中国已迈向新的征程，14 亿人民在实现"中华民族伟大复兴梦"的感召下，迸发出极大的热情和力量，正在努力实现中华人民的全面崛起。</p>
```

```
<hr/>
<p align="left">70 年的艰苦奋斗，70 年的拼搏创新，造就 70 年后繁荣昌盛的中国。</p>
<hr color="red" align="left" sizes="5" width="600"/>
<p align="center"> 祖国啊！今年我们以自豪伴随您的喜悦 </p>
<hr color="#0066FF" align="right" size="2" width="50%"/>
<p align="right"> 明天我们将以奋发图强奏响您的复兴凯歌！</p>
</body>
</html>
```

【案例实现】

从例 1–11 中，第一个 <hr/> 标记为水平线的默认样式，第二、三个 <hr/> 标记分别设置了不同的颜色、对齐方式、粗细和宽度值。效果如图 1–14 所示。

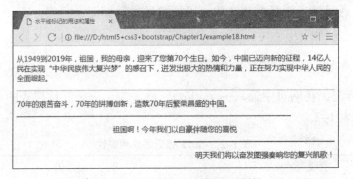

图 1–14　水平线标记的用法和属性

4. 换行标记

在 HTML 中，一个段落中的文字会从左到右依次排列，直到浏览器窗口的右端，然后自动换行。如果希望某段文本强制换行显示，就需要使用换行标记
，这时如果还像在 Word 中直接按 Enter 键换行就不起作用了，如例 1–12 所示。

例 1–12　example12. html

```
<!DOCTYPE HTML PUBLIC "- //W3C//DTD HTML 4.01 Transtional//EN" "http://www.w3.org/TR/html4/loose.
dtd">
<html>
<head>
<meta http–equiv ="Content–Type" content ="text/html; charset = utf8"/>
<title> 使用 br 标记换行 </title>
</head>
<body>
<p> 使用 HTML 制作网页时，通过 br 标记 <br/> 可以实现换行效果 </p>
<p> 如果像在 Word 中一样
按 Enter 键换行就不起作用了 </p>
</body>
</html>
```

【案例实现】

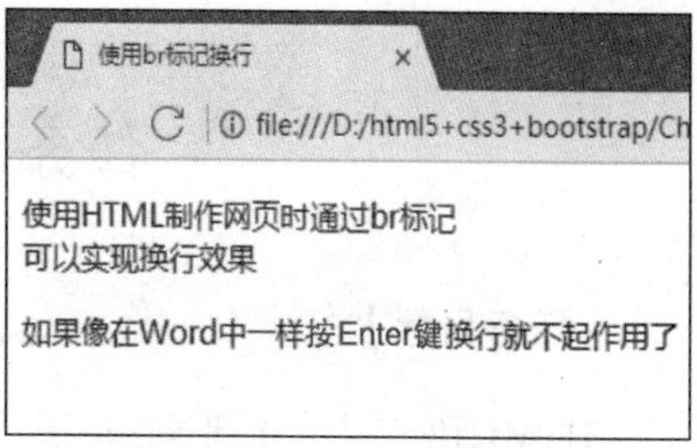

从例 1-12 容易看出，使用 Enter 键换行的段落在浏览器实际显示效果中并没有换行，只是多出了一个字符的空白，而使用换行标记
 的段落却实现了强制换行的效果。效果如图 1-15 所示。

图 1-15　使用 br 标记换行

【小贴士】

① 一个页面中只能使用一个 <h1> 标记，常常被用在网站的 Logo 部分。

② 由于 h 元素拥有确切的语义，需选择恰当的标记来构建文档结构，禁止仅仅使用 h 标记设置文字加粗或更改文字的大小。

③
 标记虽然可以实现换行的效果，但并不能取代结构标记 <h>、<p> 等。

④ 在实际工作中，不赞成使用 <hr/> 的所有外观属性，可通过 CSS 样式进行设置。

【技能拓展】

浏览网页时，常常会看到一些包含特殊字符的文本，如数学公式、版权信息等。那么如何在网页上显示这些包含特殊字符的文本呢？其实 HTML 早想到了这一点，并为这些特殊字符准备了专门的替代代码，见表 1-3。

表 1-3　常用特殊字符的表示

特殊符号	描述	字符的代码
	空格符	
<	小于号	&lt;
>	大于号	&gt;
&	和号	&amp;
¥	人民币	&yen;
©	版权	&copy;
®	注册商标	&reg;
°	摄氏度	&deg;
±	正负号	&plusmn;
×	乘号	&times;
÷	除号	&divide;
^{2}	平方 2（上标 2）	&sup2;
^{3}	立方 3（上标 3）	&sup3;

任务 1.3　HTML5 新特性

【任务目标】

HTML 语言从 1.0 到 5.0 经历了巨大的变化，从单一的文本显示功能到图文并茂的多媒体显示功能，许多特性经过多年的完善，已经发展成为一种非常重要的标记语言。本任务将了解这些功能特性。

任务 1.3.1　HTML5 浏览器支持

【任务目标】

了解 CSS 兼容、JavaScript 兼容和 HTML 兼容特性。

使用不同的浏览器，常常可以看到不同的页面效果。

【知识解析】

HTML5 浏览器支持情况

现今浏览器的许多新功能都是从 HTML5 标准中发展而来的，目前常用的浏览器有 IE、火狐、谷歌、搜狗、猎豹、遨游、Safari 和 Opera 等，如图 1-16 所示。通过对这些主流 Web 浏览器的发展策略的调查，发现它们都在支持 HTML5 上采取了措施。

谷歌浏览器　　火狐浏览器　　猎豹浏览器　　搜狗浏览器

IE 浏览器　　遨游浏览器　　Safari 浏览器　　Opera 浏览器

图 1-16　主流浏览器

1. IE 浏览器

2010 年 3 月 16 日，微软于 MIX10 技术大会上宣布其推出的 IE9 浏览器已经支持 HTML5。同时还声称，随后将更多地支持 HTML5 新标准和 CSS3 新特性。

2. 火狐浏览器

2010 年 7 月，Mozilla 基金会发布了即将推出的 Firefox4 浏览器的第一个早期测试版。该版本中，火狐浏览器进行了大幅改进，包括新的 HTML5 语法分析器，以及支持更多 HTML5 形式的控制等。从官方文档来看，Firefox4 对 HTML5 是完全级别的支持。目前，包括在线视频、在线音频在内的多种应用都已在该版本中实现。

3. 谷歌浏览器

2010 年 2 月 19 日，谷歌 Gears 项目经理伊安·费特通过微博宣布，谷歌将放弃对 Gears 浏览器插件项目的支持，以重点开发 HTML5 项目。据费特表示，目前在谷歌看来，Gears 应用与 HTML5 的诸多创新非常相似，并且谷歌一直积极发展 HTML5 项目。因此，只要谷歌不断以加强新网络标准的应用功能为工作重点，那么为 Gears 增加新功能就无太大意义了。另外，Gears 面临的需求也在日益下降，这也是谷歌做出调整的重要原因。

4. 搜狗浏览器

搜狗高速浏览器由搜狗公司开发，基于谷歌 Chromium 内核，力求为用户提供跨终端无缝使用体验，让上网更简单、网页阅读更流畅的浏览器。搜狗高速浏览器首创"网页关注"功能，将网站内容以订阅的方式提供给用户浏览。搜狗手机浏览器还具有 WiFi 预加载、收藏同步、夜间模式、无痕浏览、自定义炫彩皮肤、手势操作等众多易用功能。

5. 遨游浏览器

遨游浏览器是一款多功能、个性化多标签浏览器。它能有效减小浏览器对系统资源的占用率，提高网上冲浪的效率。经典的遨游浏览器 2.x，拥有丰富实用的功能设置，支持各种外挂工具及插件。遨游 3.x 采用开源 Webkit 核心，具有贴合互联网标准、渲染速度快、稳定性强等优点，并对最新的 HTML5 标准有相当高的支持度，可以实现更加丰富的网络应用。另外，还有遨游手机浏览器、遨游平板浏览器等。

6. Safari 浏览器

2010 年 6 月 7 日，苹果在开发者大会的会后发布了 Safari5，这款浏览器支持 10 个以上的 HTML5 新技术，包括全屏幕播放、HTML5 视频、HTML5 地理位置、HTML5 切片元素、HTML5 的可拖动属性、HTML5 的形式验证、HTML5 的 Ruby、HTML5 的 Ajax 历史和 WebSocket 字幕。

7. Opera 浏览器

2010 年 5 月 5 日，Opera 软件公司首席技术官，号称"CSS 之父"的 Hakon Wium Lie 认为，HTML5 和 CSS3 将是全球互联网发展的未来趋势，目前包括 Opera 在内的诸多浏览器厂商，纷纷研发 HTML5 相关产品，Web 的未来属于 HTML5。综上所述，目前这些浏览器纷纷朝着 HTML5 的方向迈进，HTML5 的时代即将来临。

现在国内常见的浏览器有 IE、火狐、QQ 浏览器、Safari、Opera、Google Chrome、百度浏览器、搜狗浏览器、猎豹浏览器、360 浏览器、UC 浏览器、遨游浏览器、世界之窗浏览器等。但目前最为主流的浏览器是 IE、Edge（属于微软）、火狐、谷歌、Safari 和 Opera 五大浏览器。

任务 1.3.2 HTML5 文档基本格式

【任务目标】

学习任何一门语言，都要首先掌握它的基本格式，就像写信需要符合书信的格式要求一样。HTML5 标记语言也不例外，同样需要遵从一定的规范。接下来将具体讲解 HTML5 文档的基本格式。

【案例引入】

HTML5 文档不需要像 HTML4.0 和 XHTML 那样进行声明，语言更为简洁，只需在 HTML5 文档第一行以 <!DOCTYPE html> 开头进行声明。使用 HBuilder X 软件开发工具新建一个 HTML5 页面文档时，系统会自带一些源代码，如下代码所示。

```
<!DOCTYPE html>
<html>
<head>
    <meta charset="utf-8">
    <title> 无标题文档 </title>
</head>
    <body>
    </body>
</html>
```

【知识解析】

这些自带的源代码构成了 HTML5 文档的基本格式，主要包括 <!DOCTYPE> 文档类型声明、<html> 根标记、<head> 头部标记、<body> 主体标记，具体介绍如下。

1. <!DOCTYPE> 标记

<!DOCTYPE> 标记位于文档的最前面，用于向浏览器说明当前文档使用哪种 HTML 标准规范，HTML5 文档中的 DOCTYPE 声明非常简单，代码如下：

```
<!DOCTYPE html>
```

只有在开头处使用 <!DOCTYPE> 声明，浏览器才能将该网页作为有效的 HTML 文档，并按指定的文档类型进行解析。使用 HTML5 的 DOCTYPE 声明，会触发浏览器以标准兼容模式来显示页面。

2. <html> 标记

<html> 标记位于 <!DOCTYPE> 标记之后，也称为根标记，用于告知浏览器其自身是一个 HTML 文档。<html> 标记标志着 HTML 文档的开始，</html> 标记标志着 HTML 文档的结束，在它们之间的是文档的头部和主体内容。

3. <head> 标记

<head> 标记用于定义 HTML 文档的头部信息，也称为头部标记，紧跟在 <html> 标记之后，主要用来封装其他位于文档头部的标记，例如 <title>、<meta>、<link> 及 <style> 等，用来描述文档的标题、作者，以及与其他文档的关系等。

一个 HTML 文档只能含有一对 <head> 标记，绝大多数文档头部包含的数据都不会真正作为内容显示在页面中。

4. <body> 标记

<body> 标记用于定义 HTML 文档所要显示的内容，也称为主体标记。浏览器中显示的所有文本、图像、音频和视频等信息都必须位于 <body> 标记内，<body> 标记中的信息才是

最终展示给用户看的。

一个 HTML 文档只能含有一对 <body> 标记，且 <body> 标记必须在 <html> 标记内，位于 <head> 头部标记之后，与 <head> 标记是并列关系。

任务 1.3.3　HTML5 基本语法

【任务目标】

为了兼容各个浏览器，HIML5 采用宽松的语法格式，在设计和语法方面做了一些变化。

【案例引入】

1. 标签不区分大小写

HTML5 采用宽松的语法格式，标签可以不区分大小写，这是 HTML5 语法变化的重要体现。例如：

```
<P> 这里的 p 标签大小写不一致 </p>
```

在上面的代码中，虽然 p 标记的开始标记与结束标记大小写并不匹配，但是在 HTML5 语法中是完全合法的。

2. 允许属性值不使用引号

在 HTML5 语法中，属性值不放在引号中也是正确的。例如：

```
<input checked=a type=checkbox / >
<input readonly=readonly type=text / >
```

以上代码都是完全符合 HTML5 规范的，等价于：

```
<input checked="a" type="checkbox"/>
<input readonly="readonly" type="text" />
```

3. 允许部分属性值的属性省略

在 HTML5 中，部分标志性属性的属性值可以省略。例如：

```
<input checked="checked" type=checkbox"/>
<input readonly="readonly" type="text"/>
```

可以省略为：

```
<input checked type="checkbox"/>
<input readonly type="text"/>
```

从上述代码可以看出，checked="checked" 可以省略为 checked，而 readonly="readonly" 可以省略为 readonly。

【知识解析】

在 HTML5 中，可以省略属性值的属性见表 1-4。

表 1-4　HTM5 可以省略属性值的属性

属性	描述
checked	表示是否为选中状态，省略属性值后，等价于 checked="checked"
readonly	表示是否为只读模式，省略属性值后，等价于 readonly="readonly"
defer	表示脚本将在页面完成解析时执行，省略属性值后，等价于 defer="defer"
ismap	表示将图像定义为服务器端图像映射，省略属性值后，等价于 ismap="ismap"
noshade	表示水平线颜色呈现纯色，无阴影效果，省略属性值后，等价于 noshade="noshade"
nowrap	表示内容不换行，省略属性值后，等价于 nowrap="nowrap"
selected	表示下拉列表项，省略属性值后，等价于 selected="selected"
multiple	表示输入字段可选择多个值，省略属性值后，等价于 multiple="multiple"
noresize	表示无法调整框架大小，省略属性值后，等价于 noresize="noresize"

【小贴士】

虽然 HTML5 采用比较宽松的语法格式，简化了代码，但是为了代码的完整性及严谨性，建议同站开发人员采用严谨的代码编写模式，这样更有利于团队合作及后期代码的维护。

任务 1.3.4　创建一个简单的 HTML5 页面

【任务目标】

网页制作过程中，为了开发方便，通常会选择一些较便捷的工具，如记事本、Editplus、Notepad++、Sublime、Dreamweaver 及 HBuilder X 等。实际工作中，最常用的网页制作工具是 HBuilder X。本任务中的案例将全部使用 HBuilder X 工具进行制作。接下来使用 HBuilder X 来创建一个 HTML5 页面。

【案例引入】

案例效果如图 1-17 所示。

图 1-17　案例效果

【案例实现】

① 打开 HBuilder X 开发工具,单击菜单栏"文件"→"新建"→"html 文件",输入网页名称,为创建的 html 文件设置本地存储位置,使用"default"模板创建网页,如图 1–18 和图 1–19 所示。

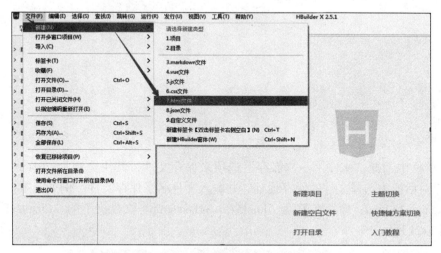

图 1–18   执行"文件"→"新建"→"html 文件"命令

图 1–19   新建 HTML5 默认文档

② 单击"创建"按钮,将会新建一个包含 HTML5 基本格式标记文档 demo.html,如图 1–20 所示。

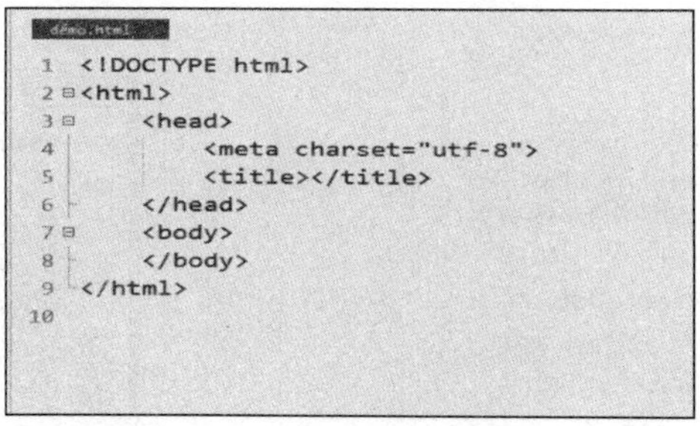

```
1  <!DOCTYPE html>
2  <html>
3      <head>
4          <meta charset="utf-8">
5          <title></title>
6      </head>
7      <body>
8      </body>
9  </html>
10
```

图 1–20   HTML5 文档代码编辑窗口

给 HTML5 文档设置标题，在代码 `<title>` 与 `</title>` 标记中间输入"一个 HTML5 页面"。然后，在 `<body>` 与 `</body>` 标记之间添加一段文本"创建一个简单的 HTML5 页面"，具体代码如下所示。

```
<example13.html>
<!DOCTYPE html>
<html>
<head>
    <meta charset="utf-8">
    <title> 一个 HTML5 页面 </title>
</head>
<body>
    创建一个简单的 HTML5 页面
</body>
</html>
```

在菜单栏中选择"文件"→"保存"选项来保存文件，其快捷键为 Ctrl+S；也可以在"另存为"对话框中选择文件的保存地址，并输入文件名来保存文件。例如，本任务将文件命名为 example13.html，保存在 D 盘"html5+css3+bootstrap"文件夹下的"Chapter1"文件夹中，如图 1-21 所示。

图 1-21 "另存为"对话框

查看网页效果有两种方式：单击"预览"选项，如图 1-22 所示；选择"运行"→"运行到浏览器"，选择一种浏览器打开运行网页，效果如图 1-23 所示。

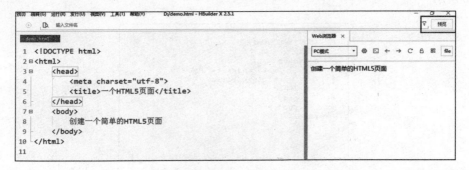

图 1-22 "预览"方式运行网页

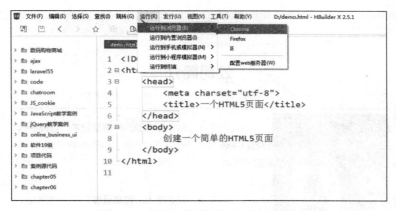

图 1-23 "运行到浏览器"方式运行网页

此时，浏览器窗口中将显示一段文本，一个简单的 HTML5 页面创建完成，网页效果如图 1-24 所示。

图 1-24 第一个 HTML5 页面效果

【小贴士】

由于谷歌浏览器对 HTML5 及 CSS3 的兼容性支持较好，并且调试网页非常方便，所以，在 HTML5 网页制作过程中，谷歌浏览器是最常用的浏览器。本书涉及的案例将全部在谷歌浏览器中运行。

项 目 小 结

本项目首先介绍了网页制作的基本概念和知识，以及 HTML 的演变过程等；重点介绍了 HTML 的标记、元素与属性的含义及实现技术；同时，进一步介绍了 HTML5 的新特性和 HTML5 文档的基本结构与基本语法。熟练掌握本项目知识技能点，可以为后续项目的学习打下基础。

项 目 实 训

结合掌握的知识技能点，充分运用 HMTL 文档的文本、图像、超链接标记和属性值实现图 1-25 所示的公司简介效果图，自己动脑动手来完成本实训。

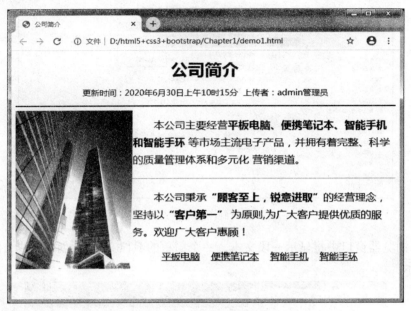

图 1-25　公司简介效果图

项 目 拓 展

　　赏析大型门户类、电子商务类、生活服务类、娱乐休闲类和手机移动端类等各类典型网站，欣赏和分析各类优秀网站的主题思路与定位、架构布局与结构、页面色彩与搭配、用户体验与效果等元素，多看、多想、多学习他人的经验，以激发学习网页设计与制作的兴趣，为后续项目的学习奠定基础。

项目二
网站搭建与管理

【书证融通】

本书依据《Web 前端开发职业技能等级标准》和职业标准打造初中级 Web 前端工程师规划学习路径，以职业素养和岗位技术技能为重点学习目标，以专业技能为模块，以工作任务为驱动进行编写，详细介绍了 Web 前端开发中涉及的三大前端技术（HTML5、CSS3 和 Bootstrap 框架）的内容和技巧。本书可以作为期望从事 Web 前端开发职业的应届毕业生和社会在职人员的入门级自学参考用书。

本项目讲解使用 Web 前端开发者工具搭建和管理网站站点目录内容，对应《Web 前端开发职业技能初级标准》中静态网页开发工作任务的职业标准要求构建项目任务内容和案例，如图 2-1 所示。

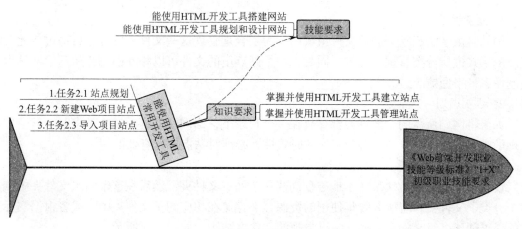

图 2-1　项目导图

【问题引入】

"互联网+"时代下，网络技术飞速发展，其魅力无处不显，各行各业都离不开网络，而不同类型的行业都创建了形式各样的网站，那么这些站点是如何进行搭建的呢？搭建完成后，又是如何进行管理的呢？

【学习任务】

● 合理规划站点结构
● 掌握站点搭建工具 HBuilder X 的使用
● 站点文件的管理

【学习目标】

- 能根据网站主题，规划站点结构
- 了解并熟悉 HBuilder X 站点搭建工具
- 学会使用 HBuilder X 搭建本地站点
- 掌握站点文件的基本操作及相应的文件管理
- 利用 HBuilder X 搭建一个简单的站点页面

任务 2.1 站 点 规 划

【任务目标】

能根据网站的使用范围和用途进行分析、准备和收集相关素材，包括文字、图片、动画及其他多媒体素材等，再对所收集的相关资源进行分类，通过建立文件夹的方式管理不同类型素材，并合理规划站点结构。

【知识解析】

1. 站点概念

网站是由多个相互关联的文件组成的，为了合理管理这些文件和资源，可通过构建"站点"的形式进行分类管理和维护。同时，一个站点里的文件可以相互引用，从而给网站设计与制作者带来便捷。

2. 站点规划

如果将网站所需的全部资源都存放在一个目录下，当网站的资源越来越多时，就会增加管理的难度，为了提升站点管理工作的时效性，必须对站点进行有效的规划。

（1）站点目录规划

设置站点的一般做法是在本地磁盘创建一个站点文件夹，然后在这个站点文件夹中创建多个分类子文件夹，将所有收集使用的资源分类存储在相应的子文件夹中，或者根据实际开发的需求创建多级文件夹，建立站点常规的文件夹结构，如图 2-2 所示。

（2）站点栏目规划

根据制作网站的使用范围和用途，设计站点栏目菜单的结构，如图 2-3 所示。

图 2-2　站点目录结构

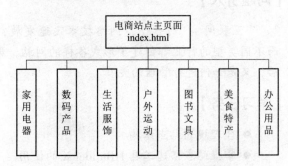

图 2-3　站点栏目菜单的结构

任务 2.2　新建 Web 项目站点

【任务目标】

掌握使用开发和调试工具。

掌握使用 HBuilder X 新建 Web 项目站点。

任务 2.2.1　开发工具——HBuilder X 的安装

【知识解析】

HBuilder X 是 DCloud（数字天堂）推出的一款支持 HTML5 的 Web 开发 IDE。HBuilder X 的编写用到了 Java、C、Web 和 Ruby。HBuilder X 主体由 Java 编写，它基于 Eclipse，所以顺其自然地兼容了 Eclipse 的插件。但其主要集中在 Web 前端的开发，不能进行 Java 等后台开发。HBuilder X 提供了对 JavaScript、jQuery、HTML5+、MUI 等语法的提示功能，同时包含很多快捷键。"快"是 HBuilder X 的最大优势，通过完整的语法提示和代码输入法、代码块等，大幅提升 HTML、JS、CSS 的开发效率，让前端开发更加便捷。

1. 安装 HBuilder X

访问 HBuilder 官方网站（http://www.dcloud.io），下载最新版的 HBuilder X，如图 2-4 所示。

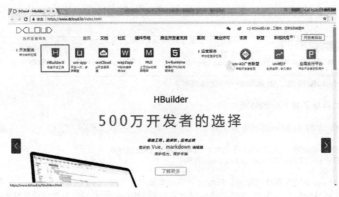

图 2-4　HBuilder X 下载页面

在图 2-4 中单击"下载"按钮，会出现下载提示框，如图 2-5 所示。

在图 2-5 中可以看到 HBuilder X 的当前版本、历史版本及各平台的不同版本。App 开发版包含大部分 App 开发插件。App 开发指的是手机应用开发。如果是初学者或开发前端，建议下载标准版。后期如果学习 App 开发，可以到"插件安装"中安装相关插件。读者再下载是根据自己的设备选择合适的版本即可。

HBuilder X 下载完成，解压到指定的路径后，双击启动文件"HBuilderX.exe"，如图 2-6 所示。

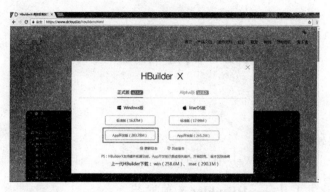

图 2-5　HBuilder X 下载提示框

图 2-6　"HBuilderX.exe" 可执行文件

2. 初识 HBuilder X

HBuilder X 首次启动后，打开了 "HBuilderX 自述 .md" 文件，如图 2-7 所示。md 是一个 markdown 文件，就是个文本语言。单击右上角的 "×" 按钮，可以关闭此文件。

图 2-7　"HBuilder X 自述 .md" 文件

关闭后的页面右侧窗口如图 2-8 所示，提供了 "新建项目" "主题切换" "新建空白文件" "快捷键方案切换" "打开目录" "入门教程" 快捷菜单。单击 "入门教程"，浏览器打开一个新窗口，该窗口显示 HBuilder X 官方的使用教程，提供了 HBuilder X 的详细使用方法。

图 2-8　右侧窗口信息

任务 2.2.2　创建 Web 项目站点

【知识解析】

下面讲解使用 HBuilder X 新建 Web 项目站点的操作步骤。

1. 新建项目

首先，单击右侧窗口的"新建项目"快捷菜单，或单击工具栏上的第一个图标，或直接按 Ctrl+N 组合键，调出创建项目窗口，如图 2-9 所示。

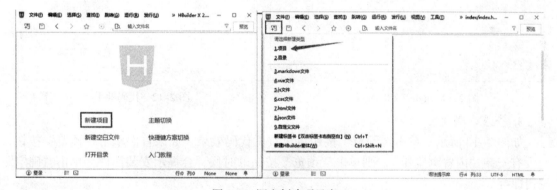

图 2-9　调出创建项目窗口

在图 2-10 中，选择"普通项目"，在 A 处填写新建项目的名称，在 B 处填写（或选择）项目保存路径（更改此路径，HBuilder X 会记录，下次默认使用更改后的路径），在 C 处可选择使用的模板，选择"基本 HTML 项目"模板，单击"创建"按钮新建 Web 项目。

新建项目后，如图 2-11 所示。最后，编写项目中默认的文件 index.html，利用 HBuilder X 提供的工具完成文件的运行。

2. 代码助手

HBuilder X 拥有强大的代码助手提示，可以按 Alt+ 数字组合键选择某个项目，如图 2-12 所示。

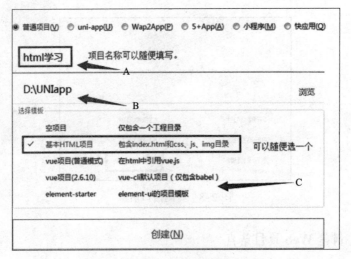

图 2-10　新建项目

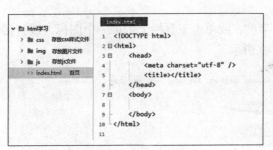

图 2-11　index 文件内容

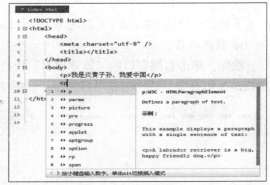

图 2-12　代码助手

3. 查看代码效果

如图 2-13 所示，单击"预览"按钮可以查看代码效果。如果首次单击"预览"按钮，又没有安装"内置浏览器"，则单击"预览"按钮的时候，会提示安装插件，单击"确定"按钮即可。

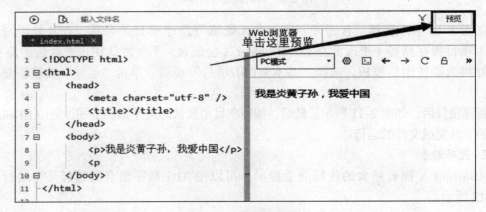

图 2-13　内置浏览器

4. 安装插件

单击菜单"工具"→"插件安装"，选择需要的插件，单击安装，如图 2-14 所示。

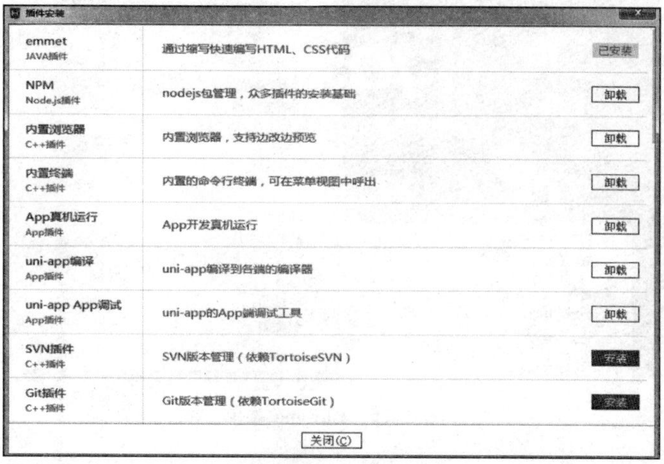

图 2-14　插件安装

HBuilder X 开发工具还有很多其他功能，读者可参考其提供的教程进行参考学习，此处不再赘述。

拓展学习：多学一招

任务 2.2.3　调试工具——Chrome 开发者工具

【知识解析】

前端开发中，经常需要调试代码，所以各种调试工具及浏览器控制台的使用会对开发起到很大的作用。下面对目前很受喜欢的 Chrome 开发者工具进行介绍。

Chrome 开发者工具是一套内嵌到 Chrome 浏览器的 Web 开发工具和调试工具，只要安装了 Chrome 浏览器，就可以使用。

在 Chrome 浏览器中，开发者工具的打开方式主要有以下几种。

□ 按 F12 键。

□ 按 Ctrl+Shift+I 快捷键。

□ 右击页面的任意位置，选择快捷菜单的"检查"命令。

□ 单击 Chrome 浏览器右上角的自定义图标，展开菜单，选择"更多工具"→"开发者工具"命令，如图 2-15 所示。

打开开发者工具后，会看到有许多标签的面板，如图 2-16 所示。

图 2-15　Chrome 菜单

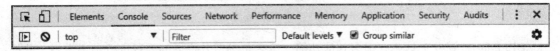

图 2-16　Chrome 开发者工具面板

在图 2-16 中，比较常用的是 Elements、Console、Sources 和 Network 这 4 个面板，接下来一一为读者介绍其使用方式。

1. Elements 面板

Elements 面板即元素面板，使用该面板可以直接操作 DOM 元素和样式，包括查看元素属性或者修改元素属性、修改样式等，非常方便开发者调试 HTML 结构和 CSS 样式。页面效果如图 2-17 所示。

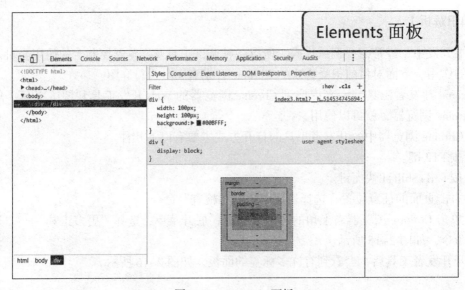

图 2-17　Elements 面板

在图 2-17 中，选择 Elements 面板，左侧栏会显示页面的 DOM 结构，右侧栏显示对应的选中节点样式及标准盒模型，可以方便查看页面任意内容的宽、高等属性。

在 Elements 面板中，无论修改 HTML 结构还是 CSS 代码，修改以后的效果都会实时同步到页面中。例如，修改当前选中的 <div> 标签的 width 属性为 500 px，页面中的 div 宽度就会发生变化，同时，右侧栏中该元素的盒模型值也会更新。

2. Console 面板

Console 面板即控制台面板，使用该面板不仅可以输出开发过程中的日志信息，而且可以直接编写代码，作为与 JavaScript 进行交互的 Shell 命令行。页面效果如图 2-18 所示。

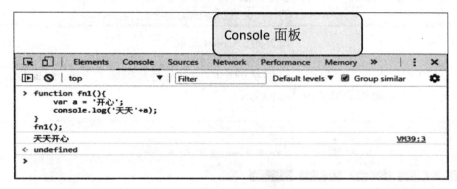

图 2-18　Console 面板

在 Console 面板中，可以直接定义函数并调用。另外，除了在 Console 面板中直接定义代码，使用 JavaScript 中注入的 Console 对象中的常用方法，也可以快速显示页面中元素的信息。

值得一提的是，在 Console 面板中编写代码时，按 Shift+Enter 组合键可以实现代码的换行。

3. Sources 面板

Sources 面板即源代码面板，如果在工作区打开本地文件，可以实时编辑代码，并支持断点调试，如图 2-19 所示。

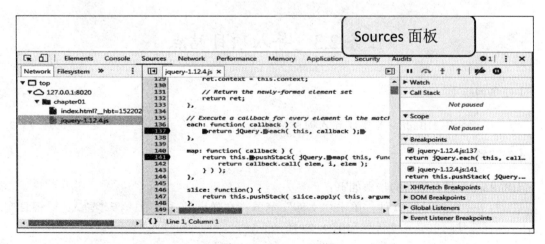

图 2-19　Sources 面板

在图 2-19 中，打开 JavaScript 文件，单击代码前面的编号就可以设置断点进行调试，例如单击代码序号 137 和 141，设置的所有断点都会显示在右侧的 BreakPoints 断点区，然后重新刷新页面，即可看到设置断点的代码运行情况。

4. Network 面板

Network 面板即网络面板，用于记录页面上网络请求的详情信息，根据它可以进行网络性能优化，如图 2-20 所示。

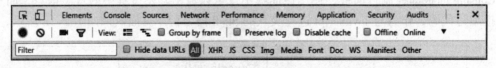

图 2-20　Network 面板

在图 2-20 中，点亮左上角摄像机形状的小图标，会打开扩展的 Network 面板，查看所有请求的运行状况。页面效果如图 2-21 所示。

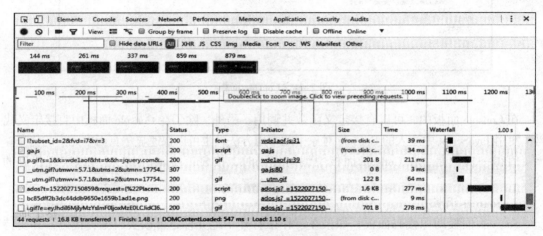

图 2-21　扩展的 Network 面板

任务 2.3　导入项目站点

【任务目标】

深入了解使用 HBuilder X 操作导入项目站点。

【知识解析】

HBuilder X 导入站点的步骤如下：

① 打开 HBuilder X 软件，单击“文件”菜单，在弹出的选项中选择“导入”，根具实际情况选择要从哪里导入文件，如图 2-22 所示。

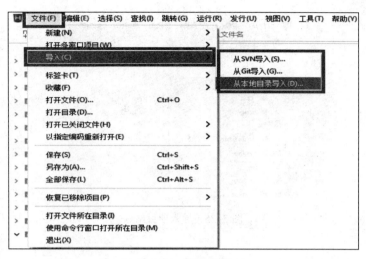

图 2-22　导入项目

② 如果单击"从 SVN 导入"，在打开的导入项目窗口中单击"浏览"按钮，如图 2-23 所示。

图 2-23　导入 SVN 项目

选择要导入项目的文件夹，选择完成后单击"选择文件夹"选项，就可以导入整个项目文件，如图 2-24 所示。然后在导入窗口中单击"导入"按钮，一个完整的项目就导入成功了，如图 2-25 所示。

图 2-24　选择项目路径

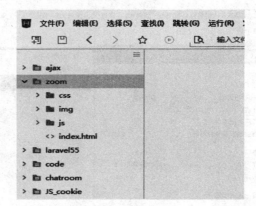

图 2-25　导入项目站点

任务 2.4　网页设计开发环境

【任务目标】

前面认识了 HBuilder X 网页制作工具，但在实际的开发过程中，往往多数开发者会选择自己习惯的工具进行开发，这里再简单介绍一些其他轻便型集成开发工具，如 VSCode、Sublime Text、Editplus、Notepad++ 和 Dreamweaver。同时，在网页设计与制作过程中，还会选择一些辅助工具进行页面的设计和修饰，如 Photoshop CS6 和 Fireworks CS6 等图形图像处理工具，这样才能使制作的页面更加美观与和谐。

任务 2.4.1　网页开发工具

1. VSCode

Microsoft 在 2015 年 4 月 30 日 Build 开发者大会上正式宣布了 Visual Studio Code 项目：一个运行于 Mac OS X、Windows 和 Linux 之上的，用于编写现代 Web 和云应用的跨平台源代码编辑器。如图 2-26 所示。

该编辑器也集成了现代编辑器应该具备的特性，包括语法高亮（syntax high lighting）、可定制的热键绑定（customizable keyboard bindings）、括号匹配（bracket matching）及代码片段收集（snippets）。

Visual Studio Code 提供了丰富的快捷键。用户可以通过快捷键 Ctrl+K+S 调出快捷键面板，查看全部的快捷键定义。也可以在面板中双击任一快捷键，为某项功能指定新的快捷键。一些预定义的常用快捷键包括：格式化文档（整理当前视图中的全部代码），Shift+Alt+F；格式化选定内容（整理当前视图中被选定部分代码），Ctrl+K+F；放大视图，Ctrl+Shift+=；缩小视图，Ctrl+Shift+-；打开新的外部终端（打开新的命令行提示符），Ctrl+Shift+C。

2. Sublime Text

Sublime Text 是一个文本编辑器（收费软件，可以无限期试用，但是会有激活提示弹窗），同时也是一个先进的代码编辑器，如图 2-27 所示。Sublime Text 是由程序员 Jon Skinner 于 2008 年 1 月开发出来的，它最初被设计为一个具有丰富扩展功能的 VIM。

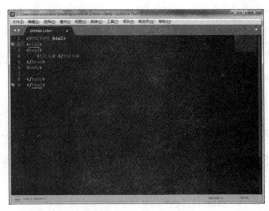

<table>
<tr><td>图 2-26　VSCode</td><td>图 2-27　Sublime Text</td></tr>
</table>

　　Sublime Text 具有漂亮的用户界面和强大的功能，例如代码缩略图、Python 的插件、代码段等。还可以自定义键绑定、菜单和工具栏。Sublime Text 的主要功能包括拼写检查、书签、完整的 Python API、Goto 功能、即时项目切换、多选择、多窗口等。Sublime Text 是一个跨平台的编辑器，同时支持 Windows、Linux、Mac OS X 等操作系统。

　　Sublime Text 支持多种编程语言的语法高亮，拥有优秀的代码自动完成功能，还拥有代码片段（Snippet）的功能，可以将常用的代码片段保存起来，在需要时随时调用。支持 VIM 模式，可以使用 VIM 模式下的多数命令。支持宏，简单地说，就是把操作录制下来或者自己编写命令，然后播放刚才录制的操作或者命令。

　　3. EditPlus

　　EditPlus 是一款由韩国 Sangil Kim（ES-Computing）出品的小巧但是功能强大的可处理文本、HTML 和程序语言的 Windows 编辑器，可以通过设置用户工具将其作为 C、Java、PHP 等语言的一个简单的 IDE，如图 2-28 所示。

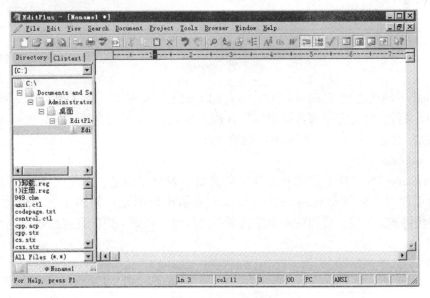

图 2-28　EditPlus

EditPlus 汉化版是一个功能强大，可取代记事本的文字编辑器，拥有无限制的撤销与重做、英文拼字检查、自动换行、列数标记、搜寻取代、同时编辑多文件、全屏幕浏览功能。它还有一个好用的功能，就是它有监视剪贴板的功能，同步于剪贴板，可自动粘贴进 EditPlus 的窗口中，省去粘贴的步骤。另外，它也是一个非常好用的 HTML 编辑器，除了支持颜色标记、HTML 标记外，还支持 C、C++、Perl、Java。它还内建完整的 HTML & CSS1 指令功能，对于习惯用记事本编辑网页的用户，它可以节省一半以上的网页制作时间，若安装了 IE3.0 以上版本，它还会结合 IE 浏览器于 EditPlus 窗口中，用户可以直接预览编辑好的网页（若没有安装 IE，也可以指定浏览器路径）。因此，它是一个多用途、多状态的编辑软件。

4. Notepad++

Notepad++ 是 Windows 操作系统下的一套文本编辑器（软件版权许可证：GPL），有完整的中文化接口及支持多国语言编写的功能（UTF8 技术），如图 2-29 所示。

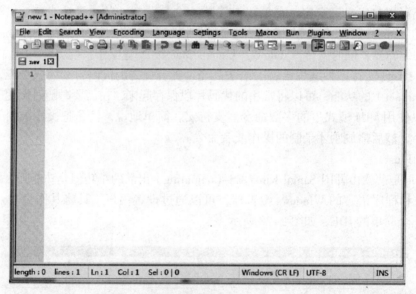

图 2-29　Notepad++

Notepad++ 的功能比 Windows 中的 Notepad（记事本）强大，除了可以用来制作一般的纯文字说明文件，也适合编写计算机程序代码。Notepad++ 不仅有语法高亮度显示，也有语法折叠功能，并且支持宏及扩充基本功能的外挂模组。

5. Dreamweaver CS

Dreamweaver CS 这样的集成开发软件会提供很多快捷功能，如代码提示、缩进等。在制作复杂页面时，能够提高编码开发效率，效果比较明显，如图 2-30 所示。在 CSS 和 JavaScript 代码调试阶段，可以使用浏览器帮助进行跟踪调试，更加直观高效。

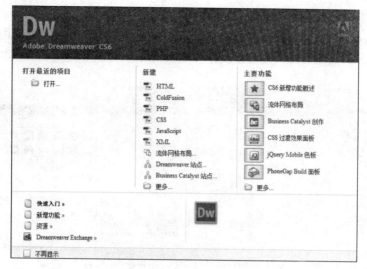

图 2-30 Dreamweaver CS

任务 2.4.2 图形图像处理工具

1. Photoshop CS6

Adobe Photoshop 是由 Adobe Systems 开发和发行的图像处理软件，如图 2-31 所示。

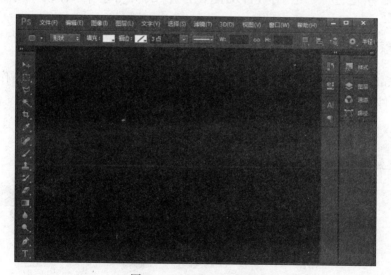

图 2-31 Adobe Photoshop

Photoshop 主要处理以像素构成的数字图像。使用其众多的编修与绘图工具，可以有效地进行图片编辑工作。Photoshop 有很多功能，在图像、图形、文字、视频、出版等各方面都有涉及。

2. Fireworks CS6

Fireworks 是由 Macromedia（在 2005 年被 Adobe 收购）推出的一款网页作图软件。其可以加速 Web 设计与开发，是一款创建与优化 Web 图像和快速构建网站与 Web 界面原型的理想工具，如图 2-32 所示。Fireworks 不仅具备编辑矢量图形与位图图像的灵活性，还提供了一个预先构建资源的公用库，并可与 Adobe Photoshop、Adobe Illustrator、Adobe Dreamweaver 和 Adobe Flash 软件省时集成。在 Fireworks 中，将设计迅速转变为模型，或利用来自 Illustrator、Photoshop 和 Flash 的其他资源，然后直接置入 Dreamweaver 中轻松地进行开发与部署。

图 2-32　Fireworks CS6

任务 2.5　运用 HBuilder X 创建简单 Web 网站

【任务目标】

使用 HBuilder X 软件制作一个简单 Web 网站，体验一下 Web 网站制作过程，熟悉 HBuilder X 软件的应用。

【案例引入】

本案最终效果如图 2-33 和图 2-34 所示。

图 2-33　page1.html 页面

图 2-34　page2.html 页面

用前面所学知识点完成简单 Web 网站设计与制作。

【知识解析】

在 page1.html 页面单击"下一页"按钮，跳转至 page2.html 页面，在 page2.html 页面单击"上一页"按钮和"返回"按钮，都跳转至 page1.html 页面。

为了提高网页制作的效率，看到一个页面的效果图时，应当对其结构和样式进行分析。下面将分别针对 page1 页面及 page2 页面进行分析。

1. page1 页面效果分析

观察效果图 2-33 可以看出，page1 页面中既有文字，又有图片。文字由标题和段落文本组成，并且水平线将标题与段落隔开，它们的字体和字号不同。同时，标题居中对齐，段落文本中的某些文字加粗显示，并在段落文本前都有一个标记符号。所以，可以使用 <h2> 标记设置标题，<p> 标记设置段落，<strong> 标记加粗文本，<font> 标记设置字体样式。另外，使用水平线标记 <hr/> 将标题与内容隔开，并设置水平线的粗细及颜色。

此外，需要使用 <img/> 标记插入图像，通过 <a> 标记设置超链接，并且对 <img/> 标记应用 align 属性、width 属性、height 属性和 hspace 属性控制图像的对齐方式和水平距离。

2. page2 页面效果分析

观察图 2-34 可以看出，page2 页面中主要包括标题和图片两部分，可以使用 <h2> 标记设置标题，<img/> 标记插入图像。另外，图片需要应用 align 属性、width 属性、height 属性和 hspace 属性设置对齐方式和垂直距离，并通过 <a> 标记设置超链接。

【案例实现】

1. 使用 HBuilder X 开发工具创建 Web 站点

① 打开 HBuilder X 开发工具，单击菜单栏"文件"→"新建"→"项目"，如图 2-35 所示，或按 Ctrl+N 组合键，调出创建项目窗口。

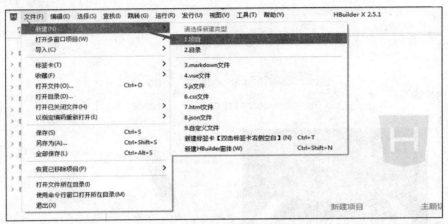

图 2-35　新建 Web 项目站点

② 在图 2-36 中，选择"普客数码"，填写新建项目站点的名称，选择项目站点保存路径，选择"基本 HTML 项目"模板，单击"创建"按钮新建 Web 项目。

图 2-36　创建项目

③ 站点项目完成后，在站点的根目录新建站点的 page1 和 page2 网页，如图 2-37 所示。

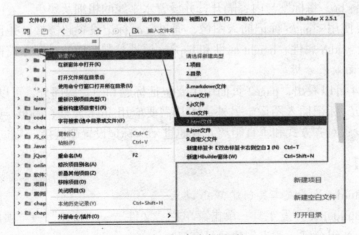

图 2-37　新建站点网页

④ 站点的目录规则：在"普客数码"站点下的 css 文件夹中，保存站点的所有外链式 css 文件；img 文件夹保存站点的所有图片；js 文件夹保存站点的所有外链式 JavaScript 文件；"普客数码"的首页和其他 html 网页文件保存在站点的根目录，如图 2-38 所示。

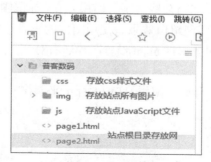

图 2-38　站点目录管理

2. 制作 page1 页面

根据对 page1 页面的效果分析，使用相应的 HTML5 标记来制作 page1 页面，具体如下。

```
<!DOCTYPE html>
<html>
<head>
<meta charset="utf-8">
<title> 普客数码 </title>
</head>
<body>
<h1 align="center"><font color="#999999"> 普客数码产品，指尖上的体验 </font></h1>
<h4 align="center"><font color="#CCCCCC"> 更新时间：</font><font color="#FF3333">2020 年 02 月 02 日
</font>    <font color="#CCCCCC"> 来源：</font><font color="#6699FF"> 数码商城 </
font></h4>
<hr size="3" color="#CCCCCC" >
<img src="images/left.jpg" alt=" 数码体验 " align="left" hspace="30" width="450px" height="250px"/>
<p><font color="red">♠</font>  <strong> 超 容 量 </strong> 电 池、<strong> 超 长 续 航 </
strong> 能力让平板电脑成为 <strong> 经典 </strong></p>
<p><font color="red">♠</font>  <strong> 随 时 随 地 </strong>，给 予 你 <strong> 安 心 </
strong> 的使用体验，让生活多一些 <strong> 从容不迫 </strong></p>
<p><font color="red">♠</font>   不同用户个性化轻松定制，让彼此间享受自己的世界 </p>
<p><font color="red">♠</font>   普客数码磁性后盖，细腻纹理包裹的磁力吸附 </p>
<p><font color="red">♠</font>   金属面板引发对生活所有的联想，从不同角度贴合你的心
意 </p>
<hr size="3" color="#CCCCCC" >
<p><em><font size="3px" color="#CCCCCC"> 原文链接：
http://www.pksm.com/pk.html</font></em>
<a href="page2.html"><img src="images/next.gif" alt=" 下一页 "
align="right" width="90" height="30px"></a></p>
</body>
</html>
```

在 page1.html 中，通过 align 属性设置 <h2> 标题居中对齐。通过 src 属性插入图像，并使用 alt 属性指定图像不能显示时的替代文本。同时，使用图像的对齐属性 align 和水平边距属性 hspace 拉开图像与文字间的距离。通过 size 和 color 属性设置水平线粗细为 3 像素，颜色为灰色。使用 <strong> 标记加粗某些文字，使用 <em> 标记倾斜某些文字。同时，在 ♠ 符号后使用多个空格符   实现留白效果。使用图像的垂直边距属性 vspace 设置图像顶部和底部的空白。使用图像的对齐属性 align 设置图片居右对齐。

3. 制作 page2 页面

根据对 page2 页面的效果分析，使用 HTML5 标记来制作 page2 页面，具体如下。

```html
<!DOCTYPE html>
<html>
<head>
<meta charset="utf-8">
<title> 普客数码 </title>
</head>
<body>
<h1 align="center"><font color="#999999"> 普客数码产品，指尖上的体验 </font></h1>
<h4 align="center"><font color="#CCCCCC"> 更 新 时 间：</font><font color="#FF3333">2020 年 02 月
02 日 </font>    <font color="#CCCCCC"> 来 源：</font><font color="#6699FF">
数码商城 </font></h4>
<hr size="3" color="#CCCCCC" >
<img src="images/page2_left.jpg" alt=" 数码体验 " align="left"
hspace="10" width="400px" height="220px"/>
<img src="images/page2_left1.jpg" alt=" 数码体验 " width="250px"
height="160px" hspace="10px"/>
<img src="images/page2_left2.jpg" alt=" 数码体验 " width="250px"
height="160px"/>
<hr size="3" color="#CCCCCC" >
<a href="page1.html"><img src="images/Previous.gif" alt="上一页 "
width="90px" height="30px" align="left"></a>
<a href="page1.html"><img src="images/return.gif" alt=" 返回 "
width="50px" height="50px" align="right"></a>
</body>
</html>
```

在 page2.html 中，通过 align 属性设置 <h2> 标题居中对齐。其中，通过 size 和 color 属性设置水平线粗细为 3 像素，颜色为灰色。另外，使用图像的垂直边距属性 vspace 设置图像顶部和底部的空白。通过图像的对齐属性 align 设置图片居右对齐。

项 目 小 结

本项目详细讲解了如何运用 HBuilde X 软件新建本地 Web 网站，以及编辑和管理站点文件；介绍了组织网站文件夹所要遵循的规则，还讲解了如何利用浏览器的开发者工具测试和查看网页，以及借鉴他人网页的经验。

项目实训

为了进一步熟悉与掌握 HBuilder X 的使用，体验使用 HBuilder X 制作 Web 简单网站的方法，使用 HBuilder X 制作如图 2-39 所示的页面。

图 2-39 使用 HBuilder X 制作的效果

项目三
构建 HTML5 网页文件

【书证融通】

    本书依据《Web 前端开发职业技能等级标准》和职业标准打造初中级 Web 前端工程师规划学习路径，以职业素养和岗位技术技能为重点学习目标，以专业技能为模块，以工作任务为驱动进行编写，详细介绍了 Web 前端开发中涉及的三大前端技术（HTML5、CSS3 和 Bootstrap 框架）的内容和技巧。本书可以作为期望从事 Web 前端开发职业的应届毕业生和社会在职人员的入门级自学参考用书。

    本项目讲解 HTML5 新增语义化元素、HTML5 新增多媒体元素和 HTML5 绘制图形内容，对应《Web 前端开发职业技能初级标准》中移动端静态网页开发和美化工作任务的职业标准要求构建项目任务内容和案例，如图 3-1 所示。

【问题引入】

    掌握了简单的 HTML5 页面的制作之后，需要了解 HTML5 具体的数据元素包括哪些，以及网页上多媒体的播放是如何制作完成的，绘图功能是如何完成的等。

【学习任务】

    HTML5 中引入了很多新的标记元素和属性，这是 HTML5 的一大亮点，这些新增元素使文档结构更加清新明确，属性则使标记的功能更加强大，掌握这些元素和属性是正确使用 HTML5 构建网页的基础，本项目将 HTML5 中的新增元素分为结构元素、分组元素、页面交互元素和文本层次语义元素。除了介绍这些元素外，还会介绍 HTML5 中常用的几种标准属性。

【学习目标】

- 掌握结构元素的使用，可以使页面分区更明确
- 理解分组元素的使用，能够建立简单的标题组
- 掌握页面交互元素的使用，能够实现简单的交互效果
- 理解文本层次语义元素，能够在页面中突出所标记的文本内容
- 掌握全局属性的应用，能够使页面元素实现相应的操作
- 掌握新增的多媒体和绘图元素属性的应用

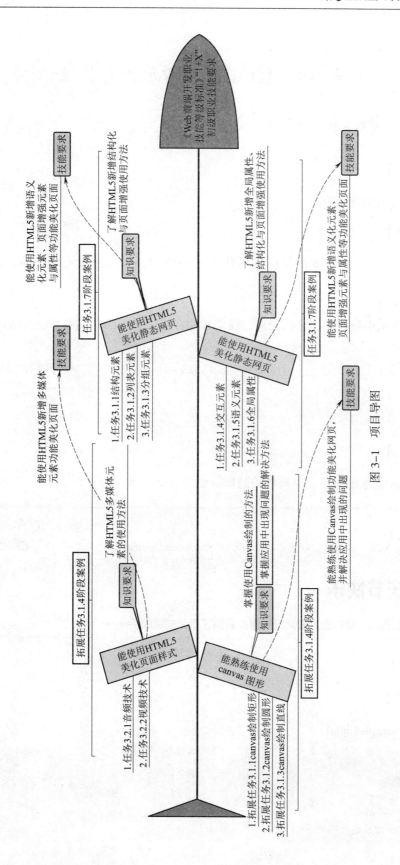

图 3-1 项目导图

任务 3.1　HTML5 新增元素与属性

任务 **3.1.1**　结构元素

【任务目标】

掌握结构元素的使用方法。

【知识解析】

在 HTML5 页面中，元素都是以结构化形式构成的，如 header 元素、nay 元素、article 元素等。

1. header 元素

header 元素是引导作用的结构元素，通常运用在页面的头部。其基本语法格式为：

```
<header>
    <h1> 网页主题 </h1>
    …
</header>
```

【案例引入】

通过 header 元素的用法完成效果的制作，如图 3-2 所示。

图 3-2　header 元素效果展示

【案例实现】

例 3-1　example1.html

```
<!DOCTYPE html>
<html lang="en">
<head>
    <meta charset="utf-8">
    <title> header 元素的使用 </title>
```

```
</head>
<body>
<header>
    <h1> 国庆节快乐 </h1>
    <h3> 国庆节假期，我和家人去北京故宫。看到了威武的擎旗手……</h3>
</header>
</body>
</html>
```

2. nav 元素

nav 元素常用于页面的导航功能，使页面导航元素更加明确。示例代码：

```
<nav>
    <ul>
        <li>< a href="#"> 首页 </li>
        <li>< a href="#"> 公司概况 </li>
        <li>< a href="#"> 公司成果 </li>
        <li>< a hret="#"> 反馈举报 </li>
    </ul>
</nav>
```

nav 元素目前常用于传统导航条、侧边导航、页内导航和翻页导航等几种场合，但并不是所有的链接组都要被放进 nav 元素，只需要将主要的和基本的链接放进 nav 元素即可。

3. article 元素

article 元素常常用作页面中的独立文档，如日记、博客、新闻或评论等内容，该元素常常与 section 元素配合使用。一个页面中，article 元素可以出现多次。

【案例引入】

利用 article 元素完成效果的制作，如图 3-3 所示。

图 3-3　article 元素使用效果展示

【案例实现】

例 3-2   example2.html

```
<!DOCTYPE html>
<html lang="en">
<head>
    <meta charset="utf-8">
    <title>article 元素的使用 </title>
</head>
<body>
<article>
    <header><h2> 个人日记一 </h2></header>
    <section>
        <header><h2> 日记一内容 </h2></header>
    </section>
</article>
<article>
    <header>
        <h2> 个人日记二 </h2>
    </header>
</article>
</body>
</html>
```

4. aside 元素

aside 元素用来表示页面文章的附属信息，它可以是相关的侧栏信息、引用信息、广告和导航条信息等部分。

aside 元素用法常有两种：一是在 article 元素内作为附属信息；二是在 article 元素之外作为附属信息。

【案例引入】

aside 元素的使用制作效果如图 3-4 所示。

图 3-4   aside 元素使用效果展示

【案例实现】

例 3-3 example3.html

```
<!DOCTYPE html>
<html lang="en">
<head>
    <meta charset="utf-8">
    <title>aside 元素的使用 </title>
</head>
<body>
<article>
    <header><h1> 我和我的祖国 </h1></header>
    <section> 我和我的祖国要从大学说起……</section>
    <aside> 大学的亲身经历 </aside>
</article>
<aside> 祖国的大好河山 </aside>
</body>
</html>
```

5. section 元素

section 元素对页面上的内容进行分块，一个 section 元素通常由内容和标题组成。但需要注意以下 3 点：

● 不要将 section 元素用作 div 的特性，section 元素并非容器。

● 如果 article 元素、aside 元素或 nav 元素 3 个元素更符合，就不使用 section 元素。

● 使用 section 元素时，块内容要有标题。

【案例引入】

section 元素的使用效果如图 3-5 所示。

图 3-5 section 元素效果展示

【案例实现】

例 3-4   example4.html

```
<!DOCTYPE html>
<html lang="en">
<head>
    <meta charset="utf-8">
    <title>section 元素的使用 </title>
</head>
<body>
    <article>
        <header>
            <h2>《我和我的祖国》介绍 </h2>
        </header>
        <p> 故事从开国大典那时说起…… </p>
        <section>
            <h2> 评论区 </h2>
            <article>
                <h3> 评论者 :A</h3>
                <p> 内容情节让人感动 </p>
            </article>
            <article>
                <h3> 评论者 :B</h3>
                <p> 经历磨难后的祖国更强大 </p>
            </article>
        </section>
    </article>
</body>
</html>
```

在 HTML5 中，article 元素比 section 元素更具有独立性，即 section 元素强调分段或分块，而 article 元素强调独立性。

6. footer 元素

footer 元素常用于表示页面的底部内容。与 header 元素用法相似，一个页面中可以包含多个 footer 元素。同时，也可以在 article 元素或者 section 元素中使用 footer 元素。示例代码如下：

```
<article>
    文章内容
    <footer> 文章底部区域 </footer>
</article>
<footer> 页面底部区域 </footer>
```

【小贴士】

header 元素并非 head 元素，在 HTML 网页中，一个页面中可以使用多个 header 元素，但只有一个 head 元素。

任务 3.1.2 列表元素

【任务目标】

学会使用列表元素创建列表。

【知识解析】

为了让页面内容排列有序、分类清晰，如电商购物网站的分类导航内容等，可分别使用 ul、ol 和 dl 列表元素定义页面内容，具体使用方法如下。

1. ul 元素

ul 元素表示无序列表，将网页中的内容无序地呈现出来，没有级别、先后顺序之分，常用于页面的导航菜单功能。定义无序列表的基本语法格式为：

```
<ul>
    <li> 列表 1</li>
    <li> 列表 2</li>
    <li> 列表 3</li>
    …
</ul>
```

【案例引入】

通过 ul 元素完成无序列表的效果制作，如图 3-6 所示。

图 3-6 ul 元素使用效果展示

【案例实现】

例 3-5 example5. html

```
<!DOCTYPE html>
<html>
<head>
    <meta charset="utf-8">
    <title>ul 元素的应用 </title>
```

```
</head>
<body>
    <ul>
        <li> 东面 </li>
        <li> 南面 </li>
        <li> 西面 </li>
        <li> 北面 </li>
    </ul>
</body>
</html>
```

① HTML5 中，ul 元素的 type 属性不再支持使用。

② <ul></ul> 之间只能使用 <li></li> 标记，输入其他内容是不符合规范的，其中的每一个 <li></li> 相当于一个块容器。

2. ol 元素

ol 元素表示有序列表，将网页的内容信息有序地呈现出来。如页面中的信息排行榜等，可以通过有序列表来定义。有序列表的基本格式为：

```
<ol>
    <li> 列表 1</li>
    <li> 列表 2</li>
    <li> 列表 3</li>
    …
</ol>
```

HTML5 中的 ol 元素常使用 start 和 reversed 属性来修饰有序列表的起始序号和正反向排序形式。

【案例引入】

通过 ol 元素及属性设置制作有序列表的效果如图 3-7 所示。

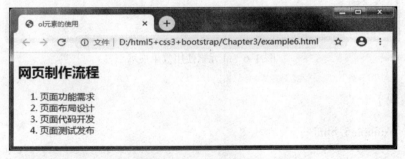

图 3-7　默认有序列表效果

【案例实现】

例 3-6　examplet6.html

```
<!DOCTYPE html>
<html>
<head>
    <meta charset="utf-8">
    <title>ol 元素的使用 </title>
</head>
<body>
        <h2> 网页制作流程 </h2>
        <ol>
                <li> 页面功能需求 </li>
                <li> 页面布局设计 </li>
                <li> 页面代码开发 </li>
                <li> 页面测试发布 </li>
        </ol>
</body>
</html>
```

其中，ol 元素设置 <ol start="2" reversed> 表示列表编号从 2 开始并进行反向排序显示。

3. dl 元素

dl 元素表示定义列表，常用于对关键词、名词术语进行描述和解释。定义列表的列表项是没有任何项目符号标记的。其基本语法为：

```
<dl>
        <dt> 关键词 1</dt>
        <dd> 描述 1</dd>
        <dd> 描述 2</dd>
</dl>
```

【案例引入】

利用 dl 定义列表元素制作效果，如图 3-8 所示。

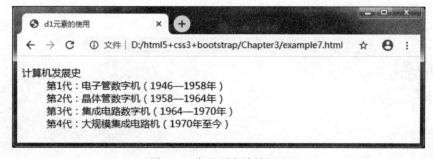

图 3-8　定义列表效果展示

例 **3-7**　example7.html

```
<!DOCTYPE html>
<html>
<head>
    <meta charset="utf-8">
    <title>d1 元素的使用 </title>
</head>
<body>
    <dl>
        <dt> 计算机发展史 </dt>
        <dd> 第 1 代：电子管数字机（1946—1958 年）</dd>
        <dd> 第 2 代：晶体管数字机（1958—1964 年）</dd>
        <dd> 第 3 代：集成电路数字机（1964—1970 年）</dd>
        <dd> 第 4 代：大规模集成电路机（1970 年至今）</dd>
    </dl>
</body>
</html>
```

4. 列表的嵌套应用

在使用列表时，列表项中也有可能包含若干子列表项，要想在列表项中定义子列表项，就需要将列表进行嵌套。

【案例引入】

通过列表元素完成列表嵌套效果制作，如图 3-9 所示。

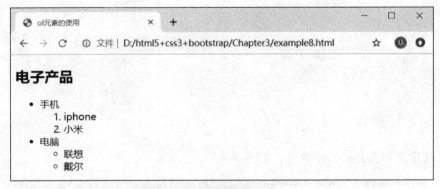

图 3-9　列表嵌套效果展示

【案例实现】

例 **3-8**　example8.html

```
<!DOCTYPE html>
<html>
    <head>
```

```
        <meta charset="utf-8">
        <title>ol 元素的使用 </title>
    </head>
<body>
    <h2> 电子产品 </h2>
    <ul>
        <li> 手机
            <ol>
                <li>iphone</li>
                <li> 小米 </li>
            </ol>
        </li>
        <li> 电脑
            <ul>
                <li> 联想 </li>
                <li> 戴尔 </li>
            </ul>
        </li>
    </ul>
</body>
</html>
```

任务 3.1.3　分组元素

【任务目标】

掌握分组元素的基本使用方法。

【知识解析】

分组元素常用于对页面内容进行分组，分别为 figure 元素、figcaption 元素和 hgroup 元素，具体使用方法如下。

1. figure 和 figcaption 元素应用

figure 元素常用于定义图像图片等流内容，一般是一个独立的区域。其定义的内容要与主体内容保持一致。而 figcaption 元素则常用于 figure 元素内的标题，该元素常放在 figure 元素的第一个或者最后一个子元素的位置。

【案例引入】

figure 和 figcaption 元素应用效果如图 3-10 所示。

图 3-10　figure 元素和 figcaption 元素效果展示

【案例实现】

例 3-9　example9.html

```
<!DOCTYPE html>
<html>
<head>
    <meta charset="utf-8">
    <title>figure 和 figcaption 元素的使用 </title>
</head>
<body>
    <p> 国家游泳中心又称 "水立方" (Water Cube)，位于北京奥林匹克公园内，是北京为 2008 年夏季奥
运会修建的主游泳馆，国家游泳中心规划建设用地 62950 平方米，总建筑面积 65000~80000 平方米，其
中地下部分的建筑面积不少于 15000 平方米，长宽高分别为 177m×177m×30m。2008 年奥运会期间，
国家游泳中心承担游泳、跳水、花样游泳、水球等比赛。</p>
    <figure>
        <figcaption> 北京水立方 </figcaption>
        <p> 拍摄者 : 传智播客内容与资源组 , 拍摄时间 :2008 年 12 月 </p>
```

```
        <img    src="images/ 水立方 .jpg"alt="">
    </figure>
</body>
</html>
```

2. hgroup 元素

hgroup 元素常用于包含多个标题组，如 h1 ~ h6 元素组合使用。通常，hgroup 元素放在 header 元素中。

【案例引入】

hgroup 元素的用法效果如图 3-11 所示。

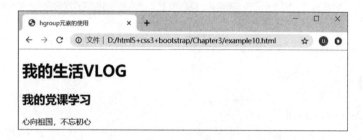

图 3-11　hgroup 元素使用效果展示

【案例实现】

例 3-10　example10.html

```
<!DOCTYPE html>
<html>
<head>
    <meta charset="utf-8">
    <title> hgroup 元素的使用 </title>
</head>
<body>
<header>
    <hgroup>
        <h1> 我的生活 VLOG</h1>
        <h2> 我的党课学习 </h2>
    </hgroup>
    <p> 心向祖国，不忘初心 </p>
</header>
</body>
</html>
```

【案例引入】

hgroup 元素与 figcaption 搭配使用，制作效果如图 3-12 所示。

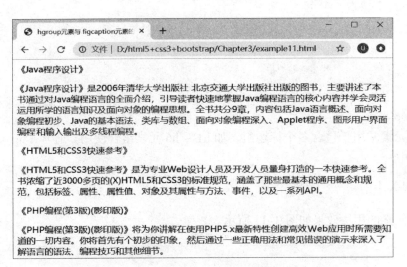

图 3-12　hgroup 元素与 figcaption 元素的结合使用效果

【案例实现】

例 **3-11**　example11.html

```
<!DOCTYPE html>
<html>
<head>
    <meta charsets="utf-8">
    <title> hgroup 元素与 figcaption 元素的结合使用 </title>
</head>
<body>
    <hgroup>
        <figcaption>《Java 程序设计》</figcaption>
            <p>《Java 程序设计》是 2006 年清华大学出版社、北京交通大学出版社出版的图书，主
要讲述了本书通过对 Java 编程语言的全面介绍，引导读者快速地掌握 Java 编程语言的核心内容并学会
灵活运用所学的语言知识及面向对象的编程思想。全书共分 9 章，内容包括 Java 语言概述、面向对象编
程初步、Java 的基本语法、类库与数组、面向对象编程深入、Applet 程序、图形用户界面编程和输入输
出及多线程编程。</p>
        <figcaption>《HTML5 和 CSS3 快速参考》</figcaption>
            <p>《HTML5 和 CSS3 快速参考》是为专业 Web 设计人员及开发人员量身打造的一本快
速参考。全书浓缩了近 3 000 多页的 (X)HTML5 和 CSS3 的标准规范，涵盖了那些最基本的通用概念和规
范，包括标签、属性、属性值、对象及其属性与方法、事件，以及一系列 API。</p>
        <figcaption>《PHP 编程 ( 第 3 版 )( 影印版 )》</figcaption>
            <p>《PHP 编程 ( 第 3 版 )( 影印版 )》将为你讲解在使用 PHP5.x 最新特性创建高效 Web
应用时所需要知道的一切内容。你将首先有个初步的印象，然后通过一些正确用法和常见错误的演示来
深入了解语言的语法、编程技巧和其他细节。</p>
    </hgroup>
</body>
</html>
```

任务 3.1.4　交互元素

【任务目标】

掌握交互元素的基本使用方法。

【案例引入】

HTML5 是一些独立特性的集合，它不仅增加了许多 Web 页面特性，而且本身也是一个应用程序。对于应用程序而言，表现最为突出的就是交互操作。HTML5 为操作新增加了对应的交互体验元素，本任务将详细介绍这些元素。

【知识解析】

HTML5 具有一些独特的页面特性，这些特性最为突出的就是交互操作，下面将具体介绍交互体验元素的使用方法。

1. details 和 summary 元素的应用

details 元素常用于描述某文档或者领域的细节，而 summary 元素常与 details 元素配合使用，summary 元素常定义为 details 标题，单击标题，会显示或隐藏 details 中的内容。

【案例引入】

details 元素和 summary 元素的制作效果如图 3-13 所示。

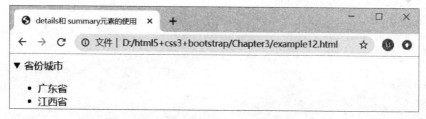

图 3-13　details 和 summary 元素使用效果

【案例实现】

例 3-12　example12.html

```
<!DOCTYPE html>
<html>
<head>
    <meta charset="utf-8">
    <title> details 和 summary 元素的使用 </title>
</head>
<body>
    <details>
        <summary> 省份城市 </summary>
```

```
                <ul>
                    <li> 广东省 </li>
                    <li> 江西省 </li>
                </ul>
        </details>
</body>
</html>
```

2. progress 元素

progress 元素常表示页面完成任务的进度。其常用属性值有两个：value 表示完成工作量的值；max 表示任务的总工作量。注意：value 的值要小于或等于 max 属性的值，且都大于 0。

【案例引入】

progress 元素的使用效果如图 3-14 所示。

图 3-14　progress 元素效果

【案例实现】

例 3-13　example13.html

```
<!DOCTYPE html>
<head>
    <meta charset="utf-8">
    <title> progress 元素的使用 </title>
</head>
<body>
        <h1>《我和我的祖国》售票数 </h1>
        <p>
            <progress value="50" max="100"></progress>
        </p>
</body>
</html>
```

3. meter 元素

meter 元素用于范围内的数值，用柱状条显示。其常用的属性描述见表 3-1。

表 3–1 meter 元素常用属性

属性	属性描述
high	表示被界定为高点的值
low	表示被界定为低点的值
max	表示最大值，默认值是 1
min	表示最小值，默认值是 0
optimum	表示设置怎样的度量值为最佳的值。如设置大的属性值，则值越高越好；如果设置低的属性值，则值越低越好
value	表示度量的值

【案例引入】

meter 元素的应用制作效果如图 3–15 所示。

图 3–15 meter 元素使用效果

【案例实现】

例 3–14 example14.html

```
<!DOCTYPE html>
<html lang="en">
<head>
    <meta charset="utf-8">
    <title> meter 元素应用 </title>
</head>
<body>
    <h1> 学员的党课答题得分表 </h1>
    <p>
            张三 : <meter value="65" min="0" max="100" low="60" height="80" title="65 分 " optimum="100"
>65</meter><br/>
```

李四：<meter value="80" min="0" max="100" low="60"height="80" title="80 分" optimum="100">80l</meter>
  王五：<meter value="75" min="0" max="100" low="60" heigh="80" title=75 分" optimum="100">75</meter>
 </p>
</body>
</html>

任务 3.1.5　语义元素

【任务目标】

掌握文本语义元素的基本使用方法。

【知识解析】

为了增加页面文本显示效果的生动性，常使用语义元素进行修饰，主要包含 time 元素、mark 元素和 cite 元素，具体使用方法如下。

1. time 元素的应用

time 元素表示日期和时间，又能以一种可读方式显示给用户。其常用两个属性为 datetime 和 pubdate。其中 datetime 属性用于可以被搜索或者应用程序可读取、可识别的时间或日期；pubdate 属性常用于最近的父 article 元素内容的发布日期和时间，如没找到 article 元素，则指向整个文档。

【案例引入】

time 元素的用法制作效果如图 3-16 所示。

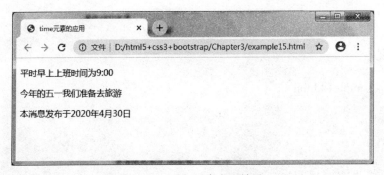

图 3-16　time 元素应用效果

【案例实现】

例 3-15　example15.html

```
<!DOCTYPE html>
<html lang="en">
<head>
    <meta charsets="utf-8">
    <title>time 元素的应用 </title>
</head>
<body>
    <p> 平时早上上班时间为 <time>9:00</time></p>
    <p> 今年的 <time datetime="2020-05-01"> 五一 </time> 我们准备去旅游 </p>
    <time datetime="2020-04-30" pubdate="pubdate">
        本消息发布于 2020 年 4 月 30 日
    </time>
</body>
</html>
```

2. mark 元素的应用

mark 元素表示在文本中高亮度显示某些文字。该元素的用法与 em 和 strong 功能相似，都是强调修饰的作用。

【案例引入】

mark 元素的应用制作效果如图 3-17 所示。

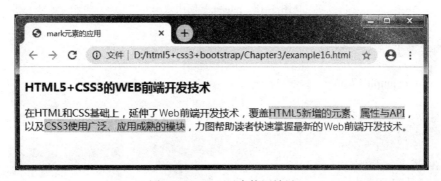

图 3-17　mark 元素使用效果

【案例实现】

例 3-16　example16.html

```
<!DOCTYPE html>
<html lang="en">
<head>
    <meta charset="utf-8">
    <title>mark 元素的应用 </title>
</head>
<body>
```

```
        <h3>HTML5+CSS3 的 WEB 前端开发技术 </h3>
        <p> 在 HTML 和 CSS 基础上，延伸了 Web 前端开发技术，覆盖 <mark>HTML5 新增的元素 </mark>、
<mark> 属性与 API</mark>，以及 <mark>CSS3 使用广泛、应用成熟的模块 </mark>，力图帮助读者快速
掌握最新的 Web 前端开发技术。</p>
</body>
</html>
```

3. cite 元素

cite 元素表示一个引用标记，常用于正文的参考文献引用说明，被标记的内容将以倾斜的样式显示，区别于其他文字。

【案例引入】

cite 元素的应用制作效果如图 3-18 所示。

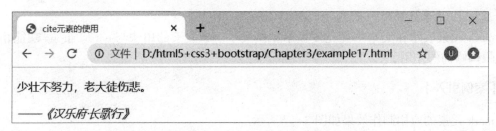

图 3-18　cite 元素使用效果

【案例实现】

例 3-17　example17.html

```
<!DOCTYPE html>
<html lang="en">
<head>
        <meta charset="utf-8">
        <title>cite 元素的使用 </title>
</head>
<body>
        <p> 少壮不努力，老大徒伤悲。</p>
        <cite>——《汉乐府·长歌行》</cite>
</body>
</html>
```

任务 3.1.6　全局属性

【任务目标】

掌握全局属性的基本用法。

【知识解析】

全局属性表示其属性适用于任何元素。在 HTML5 中常用的全局属性有 draggable、hidden、spellcheck 和 contenteditable 等，具体用法如下。

1. draggable 属性

draggable 属性表示该元素是否可以拖拽。其属性有 true 和 false 两个值。当值为 true 时，表示该元素可以进行拖拽操作，反之则不能。在实际应用过程中，要想实现真正意义上的拖拽效果，要结合 JavaScript 脚本技术使用。

【案例引入】

draggable 属性的用法制作效果如图 3-19 所示。

图 3-19　draggable 属性使用效果

例 3-18　example18.html

```html
<!DOCTYPE html>
<html lang="en">
<head>
    <meta charset="utf-8">
    <title> draggable 属性的应用 </title>
</head>
<body>
    <h3> 元素拖动属性 </h3>
    <article draggable="true"> 这些文字可以被拖动 </article>
    可拖动的图片 <img src="images/tztp.jpg" draggable="true">
</body>
</html>
```

2. hidden 属性

hidden 属性表示该元素在页面中是否可以显示。在 HTML5 中，属性值为 hidden。例如 hidden="hidden"，该元素将会被隐藏；去掉 hidden，则会显示。

3. spellcheck 属性

spellcheck 属性主要用于表单域中文本输入控件中内容及语言的检测。其有两个属性值，值为 true 时，检测输入框中的语法值；反之，则不检测。

【案例引入】

通过 spellcheck 属性制作的效果如图 3-20 所示。

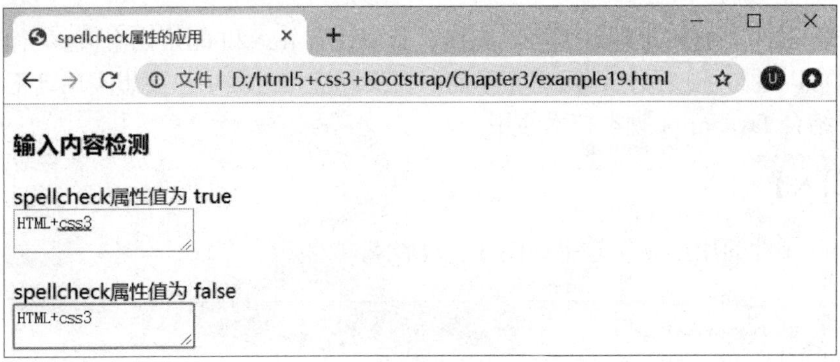

图 3-20 spellcheck 属性使用效果

【案例实现】

例 3-19 example19.html

```
<!DOCTYPE html>
<html lang="en">
<head>
    <meta charset="utf-8">
    <title> spellcheck 属性的应用 </title>
</head>
<body>
    <h3>输入内容检测 </h3>
        <p>spellcheck 属性值为 true<br/>
            <textarea spellcheck="true" >HTML+css3 </textarea>
        </p>
        <p> spellcheck 属性值为 false<br/>
            <textarea spellcheck="false">HTML+css3</textarea>
        </p>
</body>
</html>
```

4. contenteditable 属性

contenteditable 属性表示当前定义的元素是否可编辑，但并没有真正意义上的内容编辑，当页面刷新时恢复原状，如想直接在页面上实现信息编辑效果，则需结合复杂的 JavaScript 代码才能实现，当前仅在 HTML5 中指定该属性的值即可。属性值为 true，表示可编辑；为 false，表示不可编辑。

【案例引入】

通过 contenteditable 属性制作的效果如图 3-21 所示。

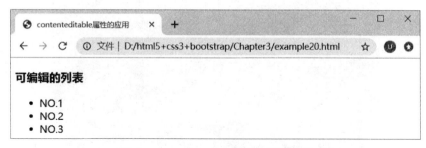

图 3-21 contenteditable 属性使用效果

【案例实现】

例 **3-20** example20.html

```
<!DOCTYPE html>
<html lang="en">
<head>
    <meta charset="utf-8">
    <title> contenteditable 属性的应用 </title>
</head>
<body>
    <h3> 可编辑的列表 </h3>
    <ul contenteditable="true">
        <li>NO.1</li>
        <li>NO.2</li>
        <li>NO.3</li>
    </ul>
</body>
</html>
```

任务 **3.1.7** 阶段案例

分别通过 HTML5 新增的结构元素、分组元素、页面交互元素、文本层次语义元素及常用的标准属性等内容，完成一个"观影影评网"网站的制作。整体效果如图 3-22 所示。

本网站的头部及导航分别通过 header 和 nav 元素进行定义布局，而影评主体内容使用 article、details 和 summary 元素进行定义制作，其中每部影片的评分进度条效果由 <meter> 元素来实现。

图 3-22 观影影评网效果

【案例实现】

例 **3-21**　example21.html

```
<!DOCTYPE html>
<html lang="en">
<head>
    <meta charset="utf-8">
    <title> 观影影评网 </title>
</head>
<body>
    <!--header begin-->
    <header>
        <h2 align="center"> 电影影评网 </h2>
        <p align="center">
            <img src="images/ 电影头部 .jpg">
        </p>
    </header>
    <!--header end-->
    <!--nav begin-->
    <nav>
        <p align="center">
            <img src="images/ 我和我的祖国 .jpg">
            <img src="images/ 攀登者 .jpg">
            <img src="images/ 中国机长 .jpg">
            <img src="images/ 红海行动 .jpg">
            <img src="images/ 速度与激情 .jpg">
```

```
            </p>
    </nav>
    <!--nav  end-->
    <!--article  begin-->
    <article>
        <details>
            <summary ><img src="images/ 爱国电影 .jpg"></summary>
            <ul contenteditable="true">
                <li>
                    <figcaption>《我和我的祖国》</figcaption>
                    <p>
```

近日，为新中国成立 70 周年献礼的电影 `<mark>`《我和我的祖国》`</mark>` 在海外一些国家影院上映，受到热烈欢迎。观影的 `<mark>` 华侨华人 `</mark>` 纷纷表示，影片中讲述的普通人的故事生动感人，展示了新中国 70 年的壮阔历程，令人感受到祖国的强大。新中国成立 70 年以来，祖国经历了无数个历史性经典瞬间。讲述普通人与国家之间息息相关密不可分的动人故事。

```
                    </p>
                    <img src="images/ 我和我的祖国 1.jpg">
                </li>
                <li></li>
                <li>
```

大众评分 :`<meter value="65" min="0" max="100" low="60" high="80"title="65 分 " optimum="100">65</meter>`

```
                </li>
                <li>
```

媒体评分 :`<meter value="80" min="0" max="100" low="60" high="80" title="80 分 " optimum="100">80</meter>`

```
                </li>
                <li>
```

网站评分 :`<meter value="40" min="0" max="100" low="60" high="80" title="40 分 " optimum="100">40</meter>`

```
                </li>
            </ul>
            <hr size="3" color="#ccc">
            <ul contenteditables="true">
                <li>
                    <figcaption>《攀登者》</figcaption>
                    <p>
```

影片讲述了 1960 年 5 月 25 日，`<mark>` 中国登山队 `</mark>` 成功从北坡登顶 `<mark>` 珠穆朗玛峰 `</mark>`，完成人类首次北坡登顶珠峰的故事。面对登上珠峰的真正英雄，今天的 `<mark>`"攀登者"`</mark>` 不感无聊吗？ 真正的勇者敬畏自然。 因为他们知道，这背后的付出，是生命。珠峰有情，铭记真正的攀登者！

```
                    </p>
                    <img src="images/ 攀登者 1.jpg">
                </li>
                <li></li>
                <li>
```

大众评分:<meter value="65" min="0" max="100" low="60" high="80"title="65 分 " optimum=
"100">65</meter>
            </li>
            <li>
            媒体评分:<meter value="80" min="0" max="100" low="60" high="80" title="80 分 " optimum=
"100">80</meter>
            </li>
            <li>
            网站评分:<meter value="40" min="0" max="100" low="60" high="80" title="40 分 " optimum=
"100">40</meter>
            </li>
          </ul>
        </details>
        <details>
        <summary><img src="images/ 科幻电影 .jpg"></summary>
        <ul contenteditables="true">
        <li>
            <figcaption>《速度与激情:特别行动》</figcaption>
         <p>
            该片是"速激"系列的第一部外传电影,故事以 <mark> 道恩·强森 </mark> 饰演的外
交安全局特工 <mark> 卢克斯·霍布斯 </mark> 及 <mark> 杰森·斯坦森 </mark> 饰演的雇佣兵杀手德卡
特·肖为主角,不再关注飞车家族。在 2015 年的 <mark>《速度与激情 7》</mark> 中首次对峙之后,两
人不论言语还是肢体,都冲突不断,一直试图打倒对方。
         </p>
        <img src="images/ 速度与激情 1.jpg">
        </li>
        <li></li>
        <li>
          大众评分:<meter value="65" min="0" max="100" low="60" high="80"title="65 分 " optimum=
"100">65</meter>
        </li>
        <li>
          媒体评分:<meter value="80" min="0" max="100" low="60" high="80" title="80 分 " optimum=
"100">80</meter>
        </li>
        <li>
          网站评分:<meter value="40" min="0" max="100" low="60" high="80" title="40 分 " optimum=
"100">40</meter>
        </li>
        </ul>
        <hr size="3" color="#ccc">
        </details>
    </article>
    <!--article end-->
</body>
</html>

任务 3.2 HTML5 多媒体技术

任务 3.2.1 音频技术

【任务目标】

掌握 HTML5 插入音频的方法。

【知识解析】

在 HTML5 中，audio 元素用于嵌入音频文件。它默认支持三种音频格式，分别为 OGG、MP3 和 WAV，其基本语法格式如下：

```
<audio src=" 音频文件路径 " controls="controls"></audio>
```

src 属性表示音频文件的路径，controls 属性表示音频播放控件。<audio> 和 </audio> 之间也可以插入文字，当浏览器不支持 audio 元素时，则显示文字。

【案例引入】

通过 audio 元素嵌入音频的效果如图 3-23 所示。

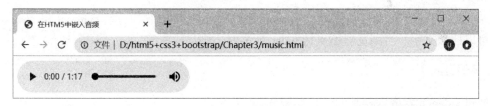

图 3-23 播放音频

【案例实现】

例 3-22 example22.html

```
<!DOCTYPE html>
<html lang="en">
<head>
<meta charset="utf-8">
<title>HTML5 嵌入音频 </title>
</head>
<body>
    <audio src="music/music.mp3" controls="controls"> 此浏览器不支持 audio 元素 </audio>
</body>
</html>
```

值得一提的是，在 audio 元素中还可以添加其他属性来进一步优化音频的播放效果，具体见表 3-2。

表 3-2　audio 元素常见属性

属性	属性值	功能描述
autoplay	autoplay	表示加载页面时自动播放音频
loop	loop	表示音频结束时自动循环播放
preload	preload	表示音频在页面加载时进行加载，并预备播放。如果使用"autoplay"，则忽略该属性

任务 3.2.2　视频技术

【任务目标】

掌握 HTML5 插入视频的方法。

【知识解析】

在 HTML5 中，video 元素用于嵌入视频文件。它支持三种视频格式，分别为 OGG、WEBM 和 MPEG4，其基本语法格式为：

```
<video src=" 视频文件路径 " controls=" controls"/video>
```

src 属性表示视频文件的路径，controls 属性表示视频播放控件。<video> 和 </video> 之间也可以插入文字，当浏览器不支持 video 元素时，则显示文字。

【案例引入】

通过 video 元素嵌入视频的效果如图 3-24 所示。

图 3-24　视频播放效果

【案例实现】

例 3-23　example23.html

```
<!DOCTYPE html>
<html lang="en">
    <head>
        <meta charset="utf-8">
        <title> 在 HTML5 中嵌入视频 </title>
    </head>
<body>
    <video src=" video/video.mp4" controls=" controls"> 此浏览器不支持 video 元素 </video>
</body>
</html>
```

值得一提的是，在 video 元素中还可以添加其他属性来进一步优化视频的播放效果，具体见表 3-3。

表 3-3　video 元素常见属性

属性	属性值	功能描述
autoplay	autoplay	表示加载页面时自动播放视频
loop	loop	表示视频结束时自动循环播放
preload	preload	表示视频在页面加载时进行加载，并预备播放。如果使用"autoplay"，则忽略该属性
poster	url	当视频缓冲不足时，该属性值链接一个图像，并将该图像按照一定的比例显示出来

虽然 HTML5 支持 OGG、MPEG4 和 WEBM 的视频格式及 OGG Vorbis、MP3 和 WAV 的音频格式，但各浏览器对这些格式却不完全支持，具体见表 3-4。

表 3-4　浏览器支持的视频、音频格式

视频格式				
格式	IE 9	Firefox 4.0	Opera 10.6	Chrome 6.0	Safari 3.0
OGG		支持	支持	支持	
MPEG4	支持			支持	支持
WEBM		支持	支持	支持	
音频格式				
格式	IE 9	Firefox 4.0	Opera 10.6	Chrome 6.0	Safari 3.0
OGG Vorbis		支持	支持	支持	
MP3	支持			支持	支持
WAV		支持	支持		支持

为了使音频、视频能够在各个浏览器中正常播放，往往需要提供多种格式的音频、视频文件。

在 HTML5 中，运用 source 元素可以为 video 元素或 audio 元素提供多个备用文件。运用 source 元素添加音频和视频的使用方式如下。

音频基本格式：

```
<audio controls="controls">
    <source src=" 音频文件地址 "type=" 媒体文件类型 / 格式 ">
    < source src=" 音频文件地址 "type=" 媒体文件类型 / 格式 ">

    ...
    </audio>
```

视频基本格式：

```
<video controls="controls">
    < source src=" 视频文件地址 "type=" 媒体文件类型 / 格式 ">
    < source src=" 视频文件地址 "type=" 媒体文件类型 / 格式 ">

    ...
    </video>
```

在上面的语法格式中，audio 音频和 video 视频可以指定多个 source 元素为浏览器提供备用的音频和视频文件。

拓展任务 3.1　HTML5 绘制图形

项 目 小 结

本项目详细讲解了 HTML5 网页文件的构建和新增元素的属性及相互使用方法；还介绍了 HTML5 的多媒体技术音频和视频元素的用法，以及适合媒体类型播放的机制；深入介绍了 HTML5 的绘图技术，并运用 JavaScript 脚本技术实现各种图形的绘制。

项 目 实 训

为了进一步熟悉与掌握 HTML5 网页文件元素的使用，请独立完成图 3-25 所示效果。

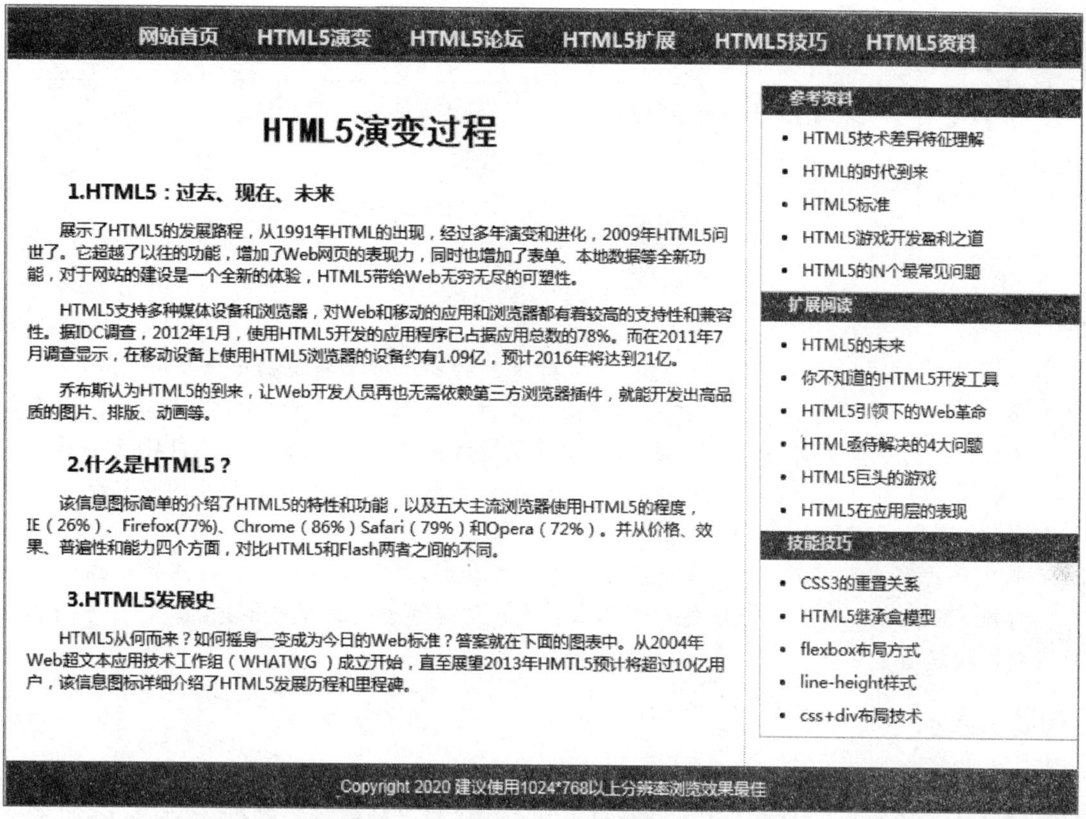

网站首页　　HTML5演变　　HTML5论坛　　HTML5扩展　　HTML5技巧　　HTML5资料

HTML5演变过程

1.HTML5：过去、现在、未来

展示了HTML5的发展路程，从1991年HTML的出现，经过多年演变和进化，2009年HTML5问世了。它超越了以往的功能，增加了Web网页的表现力，同时也增加了表单、本地数据等全新功能，对于网站的建设是一个全新的体验，HTML5带给Web无穷无尽的可塑性。

HTML5支持多种媒体设备和浏览器，对Web和移动的应用和浏览器都有着较高的支持性和兼容性。据IDC调查，2012年1月，使用HTML5开发的应用程序已占据应用总数的78%。而在2011年7月调查显示，在移动设备上使用HTML5浏览器的设备约有1.09亿，预计2016年将达到21亿。

乔布斯认为HTML5的到来，让Web开发人员再也无需依赖第三方浏览器插件，就能开发出高品质的图片、排版、动画等。

2.什么是HTML5？

该信息图标简单的介绍了HTML5的特性和功能，以及五大主流浏览器使用HTML5的程度，IE（26%）、Firefox(77%)、Chrome（86%）Safari（79%）和Opera（72%）。并从价格、效果、普遍性和能力四个方面，对比HTML5和Flash两者之间的不同。

3.HTML5发展史

HTML从何而来？如何摇身一变成为今日的Web标准？答案就在下面的图表中。从2004年Web超文本应用技术工作组（WHATWG）成立开始，直至展望2013年HMTL5预计将超过10亿用户，该信息图标详细介绍了HTML5发展历程和里程碑。

参考资料

- HTML5技术差异特征理解
- HTML的时代到来
- HTML5标准
- HTML5游戏开发盈利之道
- HTML5的N个最常见问题

扩展阅读

- HTML5的未来
- 你不知道的HTML5开发工具
- HTML5引领下的Web革命
- HTML亟待解决的4大问题
- HTML5巨头的游戏
- HTML5在应用层的表现

技能技巧

- CSS3的重置关系
- HTML5继承盒模型
- flexbox布局方式
- line-height样式
- css+div布局技术

Copyright 2020 建议使用1024*768以上分辨率浏览效果最佳

图 3-25　实训效果图

项目四

CSS3 新样式修饰网页

【书证融通】

本书依据《Web 前端开发职业技能等级标准》和职业标准打造初中级 Web 前端工程师规划学习路径，以职业素养和岗位技术技能为重点学习目标，以专业技能为模块，以工作任务为驱动进行编写，详细介绍了 Web 前端开发中涉及的三大前端技术（HTML5、CSS3 和 Bootstrap 框架）的内容和技巧。本书可以作为期望从事 Web 前端开发职业的应届毕业生和社会在职人员的入门级自学参考用书。

本项目讲解 CSS 基础知识、CSS3 新增选择器和新增特性、CSS3 新特性的动画效果内容，对应《Web 前端开发职业技能初级标准》中移动端静态网页开发和美化工作任务的职业标准要求构建项目任务内容和案例，如图 4-1 所示。

【问题引入】

在学习项目三构建 HTML5 网页文件中，页面某些样式修饰仅凭元素原本的属性是远远满足不了要求的，需要通过"新建 CSS 规则"来完成样式的修饰，那么，CSS 和 CSS3 到底是什么？为什么要使用 CSS3？CSS3 又是如何美化网页的？

【学习任务】

- CSS 简介
- CSS 基本语法和使用方式
- CSS3 新增选择器和特性

【学习目标】

- 了解 CSS 基础知识
- 掌握 CSS 的语法规则
- 熟练应用 CSS 美化网页
- 掌握 CSS3 新增选择器和新特性的使用方式
- 熟练应用 CSS3 美化网页

CSS 样式修饰表演变历史已出现了 4 个版本，早期的 CSS 样式表只能满足页面常规样式的修饰。随着前端开发技术的飞速发展，其无法满足网页交互性设计需求，现在的网页修饰往往需要更多的字体选择和效果、样式效果及绚丽的图形动画效果等，这样就需要采用新版本的 CSS3 样式表对页面进行修饰。通过新增的特性缩短编写时间，增强页面元素的控制、排版和布局能力，提高易用性，编写和设计更加方便、简洁，极大满足了开发者的需求。

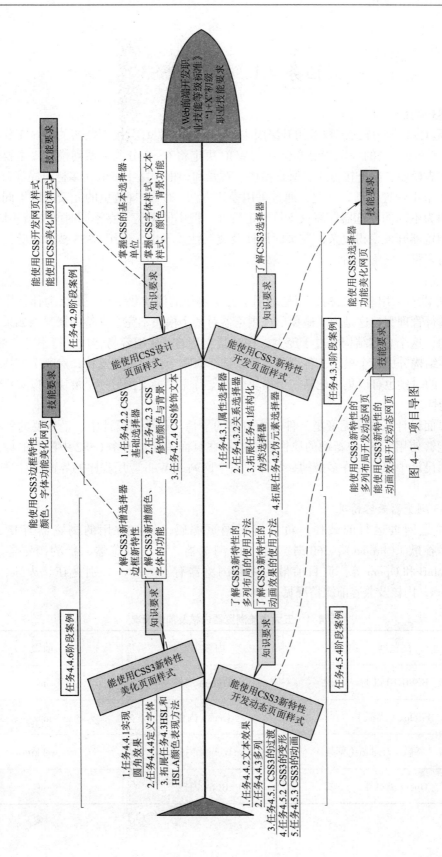

《Web前端开发技能等级标准》
职业技能等级
"1+X"初级

技能要求

能使用CSS开发网页样式
能使用CSS美化网页样式

任务4.2.9阶段案例

知识要求

掌握CSS的基本选择器、
单位
掌握CSS字体样式、文本
样式、颜色、背景功能

能使用CSS设计
页面样式

1.任务4.2.2 CSS
基础选择器
2.任务4.2.3 CSS
修饰颜色与背景
3.任务4.2.4 CSS修饰文本

技能要求

能使用CSS3边框特性、
字体功能美化网页

知识要求

了解CSS3新增选择器、
边框新特性
了解CSS3新增颜色、
字体的功能

任务4.4.6阶段案例

能使用CSS3新特性
美化页面样式

1.任务4.4.1实现
圆角效果
2.任务4.4.3定义字体
3.拓展任务4.3HSL和
HSLA颜色表现方法

能使用CSS3新特性
开发页面样式

1.任务4.3.1属性选择器
2.任务4.3.2关系选择器
3.拓展任务4.1结构化
伪类选择器
4.拓展任务4.2伪元素选择器

技能要求

了解CSS3选择器

知识要求

能使用CSS3选择器
功能美化网页

任务4.3.3阶段案例

能使用CSS3新特性
多列布局开发动态网页
能使用CSS3新特性的
动画效果开发动态网页

技能要求

能使用CSS3新特性
开发动态页面样式

知识要求

了解CSS3新特性的
多列布局的使用方法
了解CSS3新特性的
动画效果的使用方法

任务4.5.4阶段案例

1.任务4.4.2文本效果
2.任务4.4.3多列
3.任务4.5.1 CSS3的过渡
4.任务4.5.2 CSS3的变形
5.任务4.5.3 CSS3的动画

图 4-1　项目导图

任务 4.1　初识 CSS3

1. CSS3 简介

CSS3 是 CSS 层叠样式表技术的升级版本，CSS 是由 W3C 万维网联盟的 CSS 工作组创建和维护的，CSS3 演进的一个主要变化就是 W3C 决定将 CSS3 分成一系列模块，主要包括盒子模型、列表模块、超链接方式、语言模块、背景和边框、文字特效、多栏布局等，浏览器厂商按 CSS 节奏快速创新，因此，通过采用模块方法，CSS3 规范里的元素能以不同速度向前发展，因为不同的浏览器厂商只支持给定特性。但不同浏览器在不同时间支持不同特性，这也让跨浏览器开发变得复杂，在页面设计及交互性效果中，运用 CSS3 技术能够让原有网页变得绚丽多彩、形象生动。

2. CSS3 优势

CSS3 并没有采用总体结构，而是采用了分工协作的模块化结构。那么为什么要分成这么多模块进行管理呢？这是为了避免出现浏览器对某个模块不完全支持的情况。如果只有一个总体结构，这个总体结构会过于庞大，在对其支持的时候很容易造成支持不完全的情况。如果把总体结构分成几个模块，各浏览器可以选择对哪个模块进行支持，对哪个模块不进行支持，支持的时候也可以集中把某一个模块全部支持完了再支持另一个模块，以减小支持不完全的可能性。

这对界面设计来说，无疑是一件非常可喜的事情。在界面设计中，最重要的就是创造性，如果能够使用 CSS3 中新增的属性，就能够在页面中增加许多 CSS2 中没有的样式，摆脱现在界面设计中存在的许多束缚，从而使整个网站或 Web 应用程序的界面设计进入一个新的台阶。

3. CSS3 浏览器兼容情况

浏览器是网页运行的载体，负责解析网页源码，目前常用的浏览器有 IE、火狐（Firefox）、谷歌（Chrome）、360 浏览器、QQ 浏览器、百度浏览器、猎豹浏览器、遨游浏览器、Safari 和 Opera 等，但目前最为主流浏览器有五大款，分别是 IE、火狐、谷歌、Safari、Opera，内核及兼容前缀情况见表 4-1。

表 4-1　五大主流浏览器内核及前缀情况

浏览器	内核类型	前缀
IE9/IE10 以上	Trident 内核	-ms-
Firefox（火狐）	Gecko 内核	-moz-
Chrome（谷歌）/ Safari（苹果）	Webkit 内核	-webkit-
Opera 浏览器	Blink 内核	-o-

任务 4.2　CSS 基础知识

任务 4.2.1　CSS 样式介绍

【任务目标】

掌握 CSS 样式规则。

【知识解析】

1. CSS 样式简介

CSS 样式其实是一种描述性的文本，用于增强或者控制网页的样式，并允许将样式信息与网页内容分离。用于存放 CSS 样式的文件的扩展名为 ".css"。

最初，HTML 标记被设计为定义文档结构的功能，通过使用像 <p>、<table> 等各种标记，在页面展示段落、表格等内容。而 HTML 只是标识页面结构的标记语言，后期为了使页面显示更加丰富的效果，不断地添加新的标记和属性到 HTML 规范中，这使得原本结构比较清晰的 HTML 文档变得非常复杂和混乱。

随着 Web 页面效果的要求越来越多样化，仅依赖 HTML 的页面表现已经不能满足网页开发者的需求。CSS 的出现，改变了传统 HTML 页面的样式效果。CSS 规范代表了 Web 发展史上的一个独特的阶段。

2. CSS 样式基本规则

样式表中的每条规则都有两个主要部分：选择器和声明部分。选择器表示进行格式化的对象元素，声明部分在选择器后的大括号中，由一个或多个 "属性 : 属性值 ;" 组成，用来指定修饰成什么样子。属性与属性值之间必须用冒号 ":" 间隔，多个属性之间必须用 ";" 分号间隔，多个属性之间没有先后顺序规定。具体格式如下：

> 选择器 { 属性 1: 属性 1 值 ; 属性 2: 属性 2 值 ;…}

为了更好地理解 CSS 样式规则，对一个 <p> 段落标记的样式进行修饰，具体如下：

> p{ font-size: 30px; color: red; }

上面 CSS 样式代码表示给 p 元素对象进行字体大小和字体颜色样式的修饰，分别设置大小为 20 px、颜色为红色属性值。

在书写 CSS 样式时，除了要遵循 CSS 样式规则，还必须注意 CSS 代码结构中的几个注意点，具体如下。

① CSS 样式中的选择器严格区分大小写，属性和值不区分大小写，按照书写习惯一般将 "选择器、属性和值" 都采用小写的方式。

② 在编写 CSS 代码时，为了提高代码的可读性，通常会加上 CSS 注释。如：

> /* 这是 CSS 语句注释，此注释不会在浏览器中显示 */

③ 在 CSS 代码中空格是不被解析的，花括号及分号前后的空格可有可无，因此可以使用空格键、Tab 键、Enter 键等对样式代码进行排版，这样可以提高代码的可读性。

3. CSS 样式引入方式

要想使用 CSS 修饰网页之前，要知道如何创建及在 HTML 文档中如何引入 CSS 样式表。引入 CSS 样式表的常用方式有内联式、内部式和外链式 3 种，具体如下。

（1）内联式

内联式就是将 CSS 样式直接写在 HTML 各个标记的 style 属性上，用 style 属性设置该元素的样式。注意：该样式仅作用于当前标记上，基本语法规则如下。

> < 标记名 style=" 属性 1: 属性 1 值 ; 属性 2: 属性 2 值 ; 属性 3: 属性 3 值 :"> 内容 </ 标记名 >

【案例引入】

通过 CSS 样式规则完成在 HTML 文档中使用内联式 CSS 样式，如例 4-1 所示。

【案例实现】

例 4-1 example1.html

```
<!DOCTYPE html>
<html lang="en">
<head>
    <meta charset="utf-8">
    <title> 内联式 CSS 样式 </title>
</head>
<body>
    <article>
        <h1 style="text-align: center;"> 使用 CSS 内联式设置一级标题居中 </h1>
        <p style="font-size: 20px; color: blue;"> 使用 CSS 内联式修饰段落字体大小和颜色 </p>
    </article>
</body>
</html>
```

其显示效果如图 4-2 所示。

图 4-2 内联式效果图

（2）内嵌式

内嵌式就是将 CSS 样式写在 <head> 与 </head> 之间，并且用 <style> 标记进行声明，基本语法规则如下。

```
<head>
    <style type="text/css">
        选择器｛属性 1: 属性值 1; 属性 2: 属性值 2; 属性 3: 属性值 3;｝
    </style>
</head>
```

【案例引入】

通过 CSS 样式规则完成在 HTML 文档中使用内嵌式 CSS 样式，如例 4-2 所示。

【案例实现】

例 4-2　example2.html

```
<!DOCTYPE html>
<html lang="en">
<head>
    <meta charset="utf-8">
    <title> 内嵌式 CSS 样式 </title>
    <style type="text/css">
        h1{text-align: center;}
        p{    font-size: 20px; color: blue; }
    </style>
</head>
<body>
    <article>
        <h1> 使用 CSS 内嵌式设置一级标题居中 </h1>
        <p> 使用 CSS 内嵌式修饰段落字体大小和颜色 </p>
    </article>
</body>
</html>
```

其显示效果如图 4-3 所示。

图 4-3　内嵌式效果图

（3）外链式

外链式是将所有的 CSS 样式放在单独的一个或多个 ".css" 扩展名的外部样式文件中，通过 <link/> 标记写在 <head> 头部区域内，引用外部样式文件，基本语法规则如下。

```
<head>
    <link href="外部 css 文件路径" type="text/css" rel="stylesheet"/>
</head>
```

需要注意的是，<link/> 标记的 3 个属性：

◆ href：定义所链接外部样式表文件的 URL，可以是相对路径，也可以是绝对路径。

◆ type：定义所链接文档的类型，在这里需要指定为 "text/css"，表示链接的外部文件为 CSS 样式表。

◆ rel：定义当前文档与被链接文档之间的关系，在这里需要指定为 "stylesheet"，表示被链接的文档是一个样式表文件。

【案例引入】

通过 CSS 样式规则完成在 HTML 文档中使用链入式引入 CSS 样式，如例 4-3 所示。

【案例实现】

① 先创建一个 HTML 文档 example3.html，并在 <head> 区域书写 <link/> 链接标记，引入外部 style.css 文件。

例 4-3　example3.html

```
<!DOCTYPE html>
<html lang="en">
<head>
    <meta charset="utf-8">
    <title> 外链式 CSS 样式 </title>
    <link href="CSS/style.css" type="text/css" rel="stylesheet"/>
</head>
<body>
    <article>
        <h1> 使用 CSS 外链式设置一级标题居中 </h1>
        <p> 使用 CSS 外链式修饰段落字体大小和颜色 </p>
    </article>
</body>
</html>
```

② 再创建一个外部 CSS 文件 style.css，放在 CSS 文件夹中，CSS 文件夹与 example3.html 文件在同一级目录。

打开 HBuilder X 软件，在左侧项目管理器中选中 "CSS" 文件夹，右击，在弹出的快捷菜单中选择 "新建" → "css 文件"，新建 style.css 文件。并在 style.css 书写 CSS 样式代码，如图 4-4 所示。

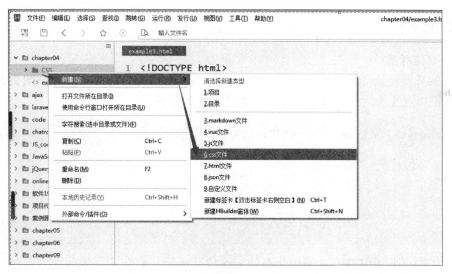

图 4-4　新建 CSS 文件

书写 style.css 代码如下：

```
h1{text-align: center; }
p{font-size: 20px; color: blue;}
```

最后浏览 example3.html 页面效果，如图 4-5 所示。

图 4-5　外链式效果图

外链式最大的好处是同一个 CSS 样式表可以被不同的 HTML 页面链接使用，同时，一个 HTML 页面也可以通过多个 <link/> 标记链接多个 CSS 样式表。

外链式是使用频率最高，也最实用的 CSS 样式表。它将 HTML 代码与 CSS 代码分离为两个或多个文件，实现了结构和表现的完全分离，使得网页的前期制作和后期维护都十分方便。

任务 4.2.2　CSS 基础选择器

【任务目标】

了解并掌握 CSS 的基础选择器用法。

【知识解析】

1. 标记选择器

标记选择器是指用 HTML 标记名称作为选择器，按标记名称分类，来声明页面中所有某一类标记指定统一的 CSS 修饰样式。基本语法规则如下。

> 标记名 { 属性 1: 属性值 1; 属性 2: 属性值 2; 属性 3: 属性值 3; ...}

例如，下段代码：

```
<style>
    p{color:blue; font-size:20px; text-indent:2em;}
</style>
```

上述代码声明了 HTML 页面中所有的 <p> 段落标记，修饰成字体颜色为蓝色，大小为 20 px，并且首行缩进 2 个字符。

若在后期维护中，想要快速改变整个页面段落的字体颜色或者字体大小，只需要修改 color 属性或者 font-size 属性即可。标记选择器最大的优点是能快速为页面中同类型的标记统一样式。

2. 类选择器

类选择器使用"."（英文点号）进行标识，后面紧跟类名。基本语法规则如下。

> .类名 { 属性 1: 属性值 1; 属性 2: 属性值 2; 属性 3: 属性值 3;···}

该语法中，类名即为 HTML 元素的 class 属性值，大多数 HTML 元素都可以定义 class 属性。类选择器最大的优势是可以为不同元素对象定义单独或某一范围内的样式；类名称区分大小写，如 .red 和 .RED 表示不同的两个类。

【案例引入】

网页设计修饰中，为了方便、快捷地修饰整个页面的字体、颜色、格式等内容，实现统一化管理，常常会采用 CSS 样式表进行修饰。下面将分别通过类选择器、id 选择器、交集选择器、并集选择器和包含选择器等基础选择器的修饰方法，实现效果如图 4-6 ~ 图 4-10 所示。

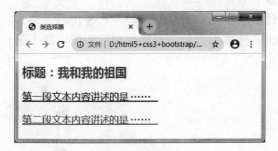

图 4-6 类选择器

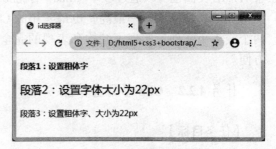

图 4-7 id 选择器

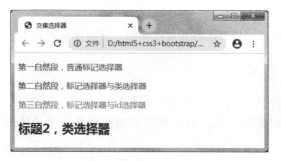

图 4-8 交集选择器

图 4-9 并集选择器

图 4-10 包含选择器

【案例实现】

例 4-4 example4.html

```
<!DOCTYPE html>
<html lang="en">
<head>
    <meta charset="utf-8">
    <title> 类选择器 </title>
    <style type="text/css">
        .red{color:red; }
        .Font{ font-size:20px; }
        p{text-decoration:underline; font-family:" 微软雅黑 ";}
    </style>
</head>
<body>
    <article>
        <h2 class="red"> 标题：我和我的祖国 </h2>
        <p class="Font"> 第一段文本内容讲述的是…… </p>
        <p class="red Font"> 第二段文本内容讲述的是…… </p>
    </article>
</body>
</html>
```

效果如图 4-6 所示。

3. id 选择器

id 选择器使用 "#" 进行标识，后面紧跟 id 名，与类选择器基本相同。其语法规则如下。

#id 名 { 属性 1: 属性值 1; 属性 2: 属性值 2; 属性 3: 属性值 3;}

其规则中，id 名即为 HTML 元素的 id 属性值。大多数 HTML 元素都可以定义 id 属性，在 HTML 页面中只能使用一次，即元素的 id 值是唯一的，只能对应于文档中某一个具体的元素，因此针对性更强。

【案例实现】

例 4-5　example5.html

```
<!DOCTYPE html>
<html lang="en">
<head>
    <meta charset="utf-8">
    <title>id 选择器 </title>
    <style type="text/css">
        #f-w{font-weight:bold; }
        #f-z{font-size:22px; }
    </style>
</head>
<body>
    <p id="f-w"> 段落 1：设置粗体字 </p>
    <p id="f-z"> 段落 2：设置字体大小为 22px</p>
    <p id="f-w f-z"> 段落 3：设置粗体字、大小为 22px</p>
</body>
</html>
```

效果如图 4-7 所示。

这里需要注意，每个标记的 id 属性值不得重复，必须是唯一的，避免通过 id 值查找元素对象出现混乱；另外，id 选择器不支持像类选择器那样定义多个值，类似于 id="f-w f-z" 的写法是完全错误的。

4. 交集选择器

交集选择器是由两个选择器组合构成的，其结果是同时满足两个选择器的修饰效果，其中第一个是标记选择器，第二个是类或 id 选择器，这两个选择器之间不能有空格，必须使用类符号 "." 或 id 符号 "#" 连接，如 p.one 或 p#two。

【案例实现】

例 4-6　example6.html

```
<!DOCTYPE html>
<html lang="en">
```

```
<head>
    <meta charset="utf-8">
    <title> 交集选择器 </title>
    <style type="text/css">
        p{color: red; }
        .one{color: blue;
        p.one{color: green; }
        p#two{color: deepskyblue; }
    </style>
</head>
<body>
    <p> 第一自然段，普通标记选择器 </p>
    <p class="one"> 第二自然段，标记选择器与类选择器 </p>
    <p id="two"> 第三自然段，标记选择器与 id 选择器 </p>
    <h2 class="one"> 标题2，类选择器 </h2>
</body>
</html>
```

效果如图 4-8 所示。

5. 并集选择器

与交集选择器相对应的还有一种是并集选择器，并集选择器是多个选择器之间用逗号","进行连接，实现多个选择器修饰效果一致，如 p.one,.one,#two。

【案例实现】

例 4-7　example7.html

```
<!DOCTYPE html>
<html lang="en">
<head>
    <meta charset="utf-8">
    <title> 并集选择器 </title>
    <style type="text/css">
        h2,h3,p{color: red; }
        p.one,.one,#two{color: blue; }
    </style>
</head>
<body>
    <h2> 标题2，并集选择器 1</h2>
    <p class="one"> 第二自然段，并集选择器 2</p>
    <p id="two"> 第三自然段，并集选择器 3</p>
    <h3 class="one"> 标题3，并集选择器 4</h3>
</body>
</html>
```

效果如图 4-9 所示。

6. 包含选择器

包含选择器就是通过嵌套或者包含的方式对内层位置的标记进行修饰，内层标记称为外层标记的后代，写法就是外层标记写在前面，内层标记写在后面，之间用空格分隔，如 p strong。

【案例实现】

例 4-8 example8.html

```
<!DOCTYPE html>
<html lang="en">
<head>
    <meta charset="utf-8">
    <title> 包含选择器 </title>
    <style type="text/css">
        p{color: blue; }
        p a{color: red; }
        a{color: blueviolet; }
    </style>
</head>
<body>
    <p> 段落标记 <a> 包含的 a 标记修饰成红色 </a></p><a> 段落标记外的 a 标记 </a>
</body>
</html>
```

效果如图 4-10 所示。

7. 通配符选择器

通配符选择器用星号"*"表示，是修改当面文档中所有元素，其基本语法格式如下：

*{ 属性 1: 属性 1 值; 属性 2: 属性 2 值; 属性 3: 属性 3 值;}

例如，以下代码修饰当前页面所有字体颜色和大小为蓝色及 20 px。

*{color:blue;font-size:20px; }

但在实际的开发中不建议使用通配符选择器，因为会降低代码的执行速度。

任务 4.2.3　CSS 修饰颜色与背景

【任务目标】

了解并掌握 CSS 修饰颜色与背景的方法。

【知识解析】

CSS 中，颜色属性常用来修饰页面元素文本的颜色，而背景属性可以修饰元素的背景颜色。color 用来修饰元素的颜色，背景属性包含 background、background-color、background-image、background-size、background-repeat、background-position、background-attachment 等。CSS 修饰颜色与背景常规语法规则如下。

> color: 颜色取值

颜色取值可以是英文名称或者是一个十六进制值或 RGB 值。
例：

> color:red 或者 color:#ff0000 或者 color:rgb(255,0,0)
> background-color: 属性值

例：

> background-color:red;（背景颜色）

【案例引入】

修饰元素对象的颜色及背景，主要通过 color 和 background 属性进行设置，具体效果如图 4-11 所示。

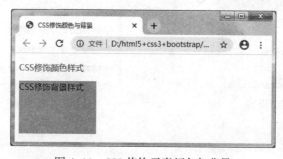

图 4-11 CSS 修饰元素颜色与背景

【案例实现】

例 4-9 example9.html

```
<!DOCTYPE html>
<html lang="en">
<head>
    <meta charset="utf-8">
    <title>CSS 修饰颜色与背景 </title>
    <style type="text/css">
        .one{color: red; }
        .two{width: 150px; height: 150px; background-color: aqua; }
    </style>
</head>
<body>
    <p class="one">CSS 修饰颜色样式 </p>
```

```
    <p class="two">CSS 修饰背景样式 </p>
</body>
</html>
```

效果如图 4-10 所示。

任务 4.2.4　CSS 修饰字体

【任务目标】

了解并掌握 CSS 修饰字体的方法。

【案例引入】

文本字体的效果可以通过字型、字号、粗细、风格等属性进行修饰，实现效果图如图 4-12 ~ 图 4-17 所示。

图 4-12　字型设置

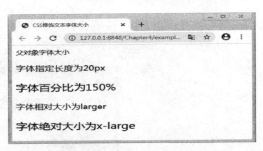

图 4-13　字体大小

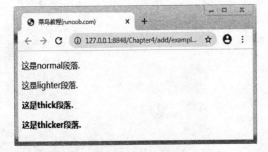

图 4-14　字体粗细

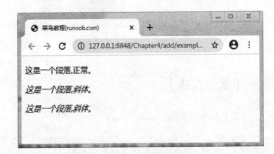

图 4-15　字体风格（1）

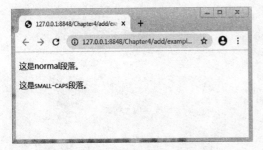

图 4-16　字体风格（2）

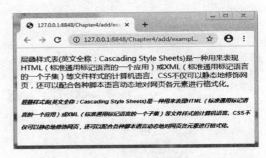

图 4-17　font 复合属性

【知识解析】

CSS 修饰字体属性有字体类型、大小及粗体、斜体等字体风格，见表 4-2。

表 4-2　CSS 修饰字体

字体属性	说明
font-family	表示文本字型、字体
font-size	表示字体大小
font-weight	表示字体粗细
font-style	表示字体样式风格
font-variant	表示字体大小写字母
@font-face	使用 Web 字体
font	表示字体复合属性，可设置以上多个属性

1. font-family 属性

font-family 属性用于修饰文本的字体、字型，如黑体、仿宋等。

基本语法规则如下：

```
font-family: 字体 1, 字体 2,…;
```

使用 font-family 属性修饰字体时，需注意：

◆ 只有在客户端已安装好对应的字体时，才能正常显示。

◆ 可设置一种字体，也可设置多种字体。多种字体之间用逗号"，"分隔，按从左到右依次检测是否安装字体，如字体 1 存在，则使用字体 1，依此类推。

◆ 尽量使用系统默认字型，确保设置的字体能在任何浏览器中正常显示。

◆ 当需要设置英文字体时，英文字体名必须位于中文字体名之前，如下面的代码：

```
body{ font-family:Aral," 微软雅黑 "," 宋体 "," 黑体 ";}
```

【案例实现】

例 4-10　example10.html

```
<!DOCTYPE html>
<html lang="en">
<head>
    <meta charset="utf-8">
    <title>CSS 修饰文本字体 </title>
    <style type="text/css">
        .one{font-family: " 黑体 "; font-size: 20px; }
        .two{font-family: " 隶书 "," 仿宋 "," 微软雅黑 "; font-size: 20px; }
    </style>
```

```
</head>
<body>
    <p class="one"> 文本设置黑体 </p>
    <p class="two"> 文本设置多种字体 </p>
</body>
</html>
```

效果如图 4-12 所示。

2. font-size 属性

font-size 属性用于修饰文本的字体大小和尺寸等。

基本语法规则如下:

font-size: 长度 | 百分比 | 相对大小 | 绝对大小

其属性值描述见表 4-3。

表 4-3　font-size 属性值描述

字体属性	说明
长度	可使用 px、pt、pc、in、cm、mm、em 和 ex 长度单位指定字体的大小，网页中习惯使用 px 作为 CSS 常用的长度单位，与分辨率关联，1 个像素就是屏幕分辨率中最小的单位
百分比	用百分比指定文本字体的大小，相对于父对象中字体的尺寸
相对大小	表示相对于父对象中字体尺寸进行调整，可取值为 smaller 和 larger
绝对大小	表示每一个值都对应一个固定的尺寸，可取值为 xx-small（最小）、x-small（较小）、small（小）、medium（正常）、large（大）、x-larger（较大）、xx-large（最大），字体在逐级变大

【案例实现】

例 4-11　example11.html

```
<!DOCTYPE html>
<html lang="en">
<head>
    <meta charset="utf-8">
    <title>CSS 修饰文本字体大小 </title>
    <style type="text/css">
        .one{font-size: 20px; }
        .two{font-size: 150%;}
        .three{font-size: larger; }
        .four{font-size: x-large; }
    </style>
</head>
```

```
<body>
    <div>
        父对象字体大小
        <p class="one">字体指定长度为 20px</p>
        <p class="two">字体百分比为 150%</p>
        <p class="three">字体相对大小为 larger</p>
        <p class="four">字体绝对大小为 x-large</p>
    </div>
</body>
</html>
```

效果如图 4-13 所示。

拓展学习：font-weitht 属性、font-style 属性、font-variant 属性

【案例实现】

例 4-12　example12.html

```
<!DOCTYPE html>
<html>
    <head>
        <style type="text/css">
            p.normal {font-variant: normal;}
            p.small {font-variant: small-caps; }
        </style>
    </head>
    <body>
        <p class="normal">这是 normal 段落。</p>
        <p class="small">这是 small-caps 段落。</p>
    </body>
</html>
```

效果如图 4-16 所示。

3. font 复合属性

font 属性用于同时修饰文本字体多个属性值。

其基本语法规格如下：

font：font-style font-weight font-size font-family

使用 font 属性时，必须按照语法规则顺序书写，各属性值之间必须使用空格隔开，不想设置的属性可以省略，但 font-size 和 font-family 属性值不可忽略，否则没有效果。

【案例实现】

例 **4-13** example13.html

```
<!DOCTYPE html>
<html>
    <head>
        <style type="text/css">
            p.ex1 {font: italic arial, sans-serif; }
            p.ex2 {font: italic bold 12px/30px arial, sans-serif; }
        </style>
    </head>
    <body>
        <p class="ex1"> 层叠样式表 ( 英文全称: Cascading Style Sheets) 是一种用来表现 HTML ( 标准通用
标记语言的一个应用 ) 或 XML ( 标准通用标记语言的一个子集 ) 等文件样式的计算机语言。CSS 不仅可
以静态地修饰网页，还可以配合各种脚本语言动态地对网页各元素进行格式化。</p>
        <p class="ex2"> 层叠样式表 ( 英文全称: Cascading Style Sheets) 是一种用来表现 HTML ( 标准通用
标记语言的一个应用 ) 或 XML ( 标准通用标记语言的一个子集 ) 等文件样式的计算机语言。CSS 不仅可
以静态地修饰网页，还可以配合各种脚本语言动态地对网
页各元素进行格式化。</p>
    </body>
</html>
```

效果如图 4-17 所示。

任务 **4.2.5** CSS 修饰文本属性

【任务目标】

了解并掌握 CSS 修饰文本属性的方法。

【知识解析】

CSS 修饰文本属性见表 4-4。

表 4-4 CSS 修饰文本属性

字体属性	说明
text-align	修饰文本水平对齐方式
text-indent	修饰文本首行缩进
text-transform	修饰文本英文字母大小写转换
text-decoration	修饰文本线条样式
line-height	修饰文本行高
letter-spacing	修饰文本字符间距
word-spacing	修饰文本单词间距
vertical-align	修饰文本在框内的垂直对齐方式

1. text-align 属性

text-align 属性用于修饰文本的水平对齐方式。

基本语法规则如下：

> text-align:left | right | center | justify |

left 属性值表示内容左对齐；right 属性值表示内容右对齐；center 属性值表示内容居中对齐；justify 属性值表示内容两端对齐。

【案例引入】

通过 text-align 属性修饰文本的水平对齐方式，实现效果如图 4-18 所示。

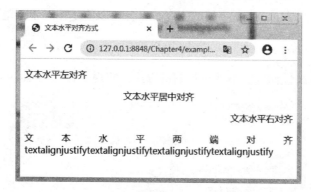

图 4-18　文本水平对齐方式

【案例实现】

例 4-14　example14.html

```
<!DOCTYPE html>
<html lang="en">
<head>
    <meta charset="utf-8">
    <title> 文本水平对齐方式 </title>
    <style type="text/css">
        .p1{text-align: left; }
        .p2{text-align: center; }
        .p3{text-align: right; }
        .p4{text-align: justify; }
    </style>
</head>
<body>
    <p class="p1"> 文本水平左对齐 </p>
    <p class="p2"> 文本水平居中对齐 </p>
    <p class="p3"> 文本水平右对齐 </p>
```

```
<p class="p4"> 文本水平两端对齐
textalignjustifytextalignjustifytextalignjustifytextalignjustify</p>
</body>
</html>
```

效果如图 4-18 所示。

2. text-indent 属性

text-indent 属性用于修饰文本首行缩进距离。

基本语法规则如下：

text-indent: 长度值 | 百分比

长度值常以 em 为单位，表示字符的宽度；百分比取值是相对于浏览器窗口的。

【案例引入】

通过 text-indent 属性修饰文本的首行缩进方式，实现效果如图 4-19 所示。

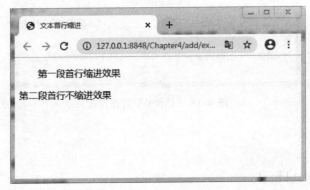

图 4-19　文本首行缩进

【案例实现】

例 4-15　example15.html

```
<!DOCTYPE html>
<html lang="en">
<head>
    <meta charset="utf-8">
    <title> 文本首行缩进 </title>
    <style type="text/css">
        .p1{text-indent: 2em; }
    </style>
</head>
<body>
    <p class="p1"> 第一段首行缩进效果 </p>
```

```
    <p> 第二段首行不缩进效果 </p>
</body>
</html>
```

效果如图 4–19 所示。

3. text–transform 属性

text–transform 属性用于修饰文本英文单词大小写转换。

基本语法规则如下：

```
text–transform:none | capitalize | lowercase | uppercase
```

none 表示无转换，正常显示；capitalize 表示每个单词的首字母大写；lowercase 表示单词每个字母转换成小写；uppercase 表示单词每个字母转换成大写。

【案例引入】

通过 text–transform 属性修饰文本英文单词大小写转换，实现效果如图 4–20 所示。

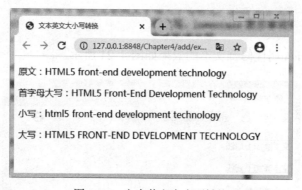

图 4–20　文本英文大小写转换

【案例实现】

例 4–16　example16.html

```
<!DOCTYPE html>
<html lang="en">
<head>
    <meta charset="utf–8">
    <title> 文本英文大小写转换 </title>
    <style type="text/css">
        .p1{text-transform: capitalize; }
        .p2{text-transform: lowercase; }
        .p3{text-transform: uppercase; }
    </style>
</head>
```

```
<body>
    <p> 原文：HTML5 front-end development technology</p>
    <p class="p1"> 首字母大写：HTML5 Front-End Development Technology</p>
    <p class="p2"> 小写：HTML5 front-end development technology</p>
    <p class="p3"> 大写：HTML5 FRONT-END DEVELOPMENT TECHNOLOGY</p>
</body>
</html>
```

效果如图 4-20 所示。

4. text-decoration 属性

text-decoration 属性用于修饰文本。

基本语法规则如下：

```
text-decoration: none | underline | overline | line-through
```

none 表示无效果，正常显示；underline 表示文本添加下划线；overline 表示文本添加上划线；line-through 表示文本添加删除线。

【案例引入】

通过 text-decoration 属性修饰文本的效果如图 4-21 所示。

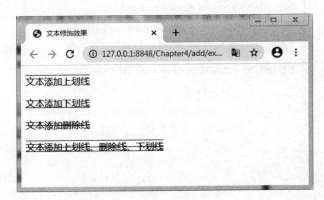

图 4-21　文本修饰效果

【案例实现】

例 4-17　example17.html

```
<!DOCTYPE html>
<html lang="en">
<head>
    <meta charset="utf-8">
    <title> 文本修饰效果 </title>
    <style type="text/css">
        .p1{text-decoration: overline; }
```

```
        .p2{text-decoration: underline; }
        .p3{text-decoration: line-through; }
        .p4{text-decoration: overline line-through underline; }
    </style>
</head>
<body>
    <p class="p1"> 文本添加上划线 </p>
    <p class="p2"> 文本添加下划线 </p>
    <p class="p3"> 文本添加删除线 </p>
    <p class="p4"> 文本添加上划线、删除线、下划线 </p>
</body>
</html>
```

效果如图 4-21 所示。

5. line-height 属性

line-height 属性用于修饰文本行高。

基本语法规则如下：

```
line-height: 长度 | 百分比 | 数值
```

长度表示用长度值修饰行高，不允许为负值，如 20 px；百分比表示用百分比修饰行高，如 150% 表示 1.5 倍行距；数值表示用乘积因子修饰行高，不允许为负值，如 line-height:2；相当于 2 倍行距。

【案例引入】

通过 line-height 属性修饰文本行高，实现效果如图 4-22 所示。

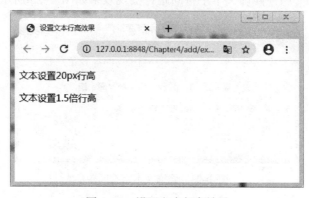

图 4-22　设置文本行高效果

【案例实现】

例 4-18　example18.html

```
<!DOCTYPE html>
```

```
<html lang="en">
<head>
    <meta charset="utf-8">
    <title> 设置文本行高效果 </title>
    <style type="text/css">
        .p1{line-height: 20px; }
        .p2{line-height: 1.5; }
    </style>
</head>
<body>
    <p class="p1"> 文本设置 20px 行高 </p>
    <p class="p2"> 文本设置 1.5 倍行高 </p>
</body>
</html>
```

效果如图 4-22 所示。

6. letter-spacing 属性

letter-spacing 属性用于修饰文本字符间的距离。

基本语法规则如下：

letter-spacing: normal | 长度 | 百分比

normal 表示默认间隔；长度表示用长度值修饰间隔，可以为负值；百分比表示用百分比修饰间隔，可以为负值，但目前主流浏览器均不支持百分比修饰。

【案例引入】

通过 letter-spacing 属性修饰文本字符间距，实现效果如图 4-23 所示。

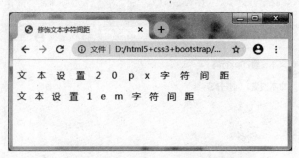

图 4-23　修饰文本字符间距

【案例实现】

例 4-19　example19.html

```
<!DOCTYPE html>
<html lang="en">
```

```
<head>
    <meta charset="utf-8">
    <title> 修饰文本字符间距 </title>
    <style type="text/css">
        .p1{letter-spacing: 20px; }
        .p2{letter-spacing: 1em; }
    </style>
</head>
<body>
    <p class="p1"> 文本设置 20px 字符间距 </p>
    <p class="p2"> 文本设置 1em 字符间距 </p>
</body>
</html>
```

效果如图 4-23 所示。

7. word-spacing 属性

word-spacing 属性用于修饰文本词或单词的间距。

基本语法规则如下：

word-spacing: normal | 长度 | 百分比

normal 表示默认间隔；长度表示用长度值修饰间隔，可以为负值；百分比表示用百分比修饰间隔，可以为负值，但目前主流浏览器均不支持百分比修饰。

【案例引入】

通过 word-spacing 属性修饰文本词或单词的间距，实现效果如图 4-24 所示。

图 4-24　修饰文本词或单词的间距

【案例实现】

例 4-20　example20.html

```
<!DOCTYPE html>
<html lang="en">
<head>
```

```
    <meta charset="utf-8">
    <title> 修饰文本词的间距 </title>
    <style type="text/css">
        .p1{word-spacing: 20px; }
        .p2{word-spacing: 1em; }
    </style>
</head>
<body>
    <p class="p1"> 文本 设置 20px 词语 间距 </p>
    <p class="p2">HTML5 front-end development technology</p>
</body>
</html>
```

效果如图 4-24 所示。

8. vertical-align 属性

vertical-align 属性用于修饰文本垂直对齐方式。

基本语法规则如下：

vertical-align: top | middle | bottom | super | sub

top 表示顶部对齐；middle 表示垂直居中对齐；bottom 表示垂直底部对齐；super 表示文字上标；sub 表示文字下标。

【案例引入】

通过 vertical-align 属性修饰文本的垂直对齐方式，实现效果如图 4-25 所示。

图 4-25　修饰文本垂直对齐方式

【案例实现】

例 4-21　example21.html

```
<!DOCTYPE html>
<html lang="en">
<head>
```

```
    <meta charset="utf-8">
    <title> 修饰文本垂直对齐 </title>
    <style type="text/css">
        p{font-size: 25px; }
        span{font-size: 5px; }
        .p1{vertical-align: top; }
        .p2{vertical-align: middle; }
        .p3{vertical-align: bottom; }
        .p4{vertical-align: super; }
        .p5{vertical-align: sub; }
    </style>
</head>
<body>
    <p> 参照比对文字 <span class="p1"> 顶部对齐 </span></p>
    <p> 参照比对文字 <span class="p2"> 中间对齐 </span></p>
    <p> 参照比对文字 <span class="p3"> 底部对齐 </span></p>
    <p> 参照比对文字 <span class="p4"> 上标文字 </span></p>
    <p> 参照比对文字 <span class="p5"> 下标文字 </span></p>
</body>
</html>
```

效果如图 4-25 所示。

任务 4.2.6　CSS 修饰超链接

【任务目标】

了解并掌握 CSS 修饰超链接的方法。

【知识解析】

CSS 中主要通过四个链接伪类来修饰链接的样式，基本语法是：

标记名：伪类名 { 样式表 }

其具体如下。

a:link，默认的样式，未访问的链接；

a:visited，已被访问过的样式；

a:hover，鼠标悬浮在链接上的样式；

a:active，单击链接时的样式。

使用四种样式的顺序是 "lvha"，否则，会出现样式覆盖现象，看不出效果。一般常使用 visited 和 hover 两种样式。

【案例引入】

通过伪类修饰超链接，实现效果如图 4-26 所示。

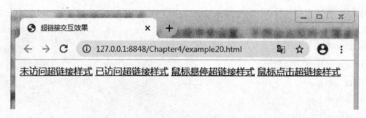

图 4-26　伪类修饰超链接交互效果

【案例实现】

例 4-22　example22.html

```
<!DOCTYPE html>
<html lang="en">
<head>
    <meta charset="utf-8">
    <title> 超链接交互效果 </title>
    <style type="text/css">
        a.a1:link{color: black; }
        a.a2:visited{color: green; }
        a.a3:hover{color: yellow; }
        a.a4:active{color: pink; }
    </style>
</head>
<body>
    <a href="#" class="a1"> 未访问超链接样式 </a>
    <a href="#" class="a2"> 已访问超链接样式 </a>
    <a href="#" class="a3"> 鼠标悬停超链接样式 </a>
    <a href="#" class="a4"> 鼠标单击超链接样式 </a>
</body>
</html>
```

效果如图 4-26 所示。

任务 4.2.7　CSS 修饰列表

【任务目标】

了解并熟练使用 CSS 制作列表效果。
掌握设置不同的列表项标记为有序列表。
掌握设置不同的列表项标记为无序列表。
掌握设置列表项标记为图像。

【知识解析】

在 HTML 中，常见的有如下几种类型列表的表现形式：

（1）无序列表

ul 列表项标记用特殊符号（如小黑点、空心圆等）表示。基本语法为：

```
<ul>
    <li> 列表 1</li>
    …
</ul>
```

（2）有序列表

ol 列表项标记用数字或字母表示。基本语法为：

```
<ol>
    <li> 列表 1</li>
    …
</ol>
```

（3）定义列表

dl 用于对术语、关键词或名词等进行描述和解释。基本语法为：

```
<dl>
    <dt> 术语 1</dt>
        <dd> 描述 1</dd>
        …
</dl>
```

（4）图像列表

列表项的标记用图像或者图片表示。

CSS 修饰列表常用的属性是 list-style-type，其属性值有的是无序列表，有的是有序列表。

list-style-type 属性常见属性值描述如下：

none：不使用项目符号。

disc：实心圆。

circle：空心圆。

square：实心方块。

demical：阿拉伯数字。

lower-alpha：小写英文字母。

upper-alpha：大写英文字母。

lower-roman：小写罗马数字。

upper-roman：大写罗马数字。

【案例引入】

通过 CSS 属性修饰列表样式，实现效果如图 4-27 所示。

图 4-27 无序、有序、定义列表效果

【案例实现】

例 4-23 example23.html

```
<!DOCTYPE html>
<html lang="en">
<head>
    <meta charset="utf-8">
    <title> 修饰列表样式 </title>
    <style type="text/css">
        .u1{list-style-type: disc;}
        .u2{list-style-type: circle;}
        .o1{list-style-type: upper-roman;}
        .o2{list-style-type: decimal;}
    </style>
</head>
<body>
    <h3> 无序、有序、定义列表 </h3>
    <ul class="u1">
        <li> 第一章
            <ul class="u2">
                <li> 第一节 </li>
                <li> 第二节 </li>
            </ul>
        </li>
    </ul>
    <ol class="o1">
```

```
            <li> 水果
                <ol class="o2">
                        <li> 苹果 </li>
                        <li> 香蕉 </li>
                </ol>
            </li>
    </ol>
    <dl>
        <dt>HTLM5 技术 </dt>
        <dd> 超文本标记语言，是 HTML 的衍生 </dd>
        <dd> 能够提供更多的功能和更好的用户体验 </dd>
        <dd> 有助于提高网站的可用性和交互性 </dd>
    </dl>
</body>
</html>
```

效果如图 4–27 所示。

任务 4.2.8　CSS 修饰表格

【任务目标】

掌握 CSS 修饰表格的方法。

【知识解析】

表格已成为可视化构成与格式化输出的主要方式，常用的修饰标记有：

table：定义表格。

caption：定义表格标题。

th：定义表格的表头。

tr：定义表格的行。

td：定义表格的单元格。

表格中常用的修饰属性有：

border：边框属性。

cellspacing：单元格间距属性。

cellpadding：单元格内容与单元格边界的间距属性。

table–layout：表格布局的设置属性。

border–collapse：合并表格边框属性。

【案例引入】

通过 CSS 属性修饰表格样式实现班级通讯录，效果如图 4–28 所示。

图 4-28　班级通讯录效果图

【案例实现】

　　例 4-24　example24.html

```
<!DOCTYPE html>
<html lang="en">
<head>
    <meta charset="utf-8" />
    <title> 修饰表格样式 </title>
    <style>
        table{border-collapse: collapse; text-align: center;table-layout: fixed;width: 800px; height: 200px;}
        td,th{border: 2px solid skyblue;}
        .head{background-color: royalblue; color: white;        }
        .Odd{background-color: lightblue;}
        .Even{background-color: whitesmoke;}
        .Even:hover{    background-color: pink;}
    </style>
</head>
<body>
<table cellspacing="0px" cellpadding="0px">
    <caption><h2> 软件技术专业 2017 级一班通讯录 </h2></caption>
    <tr class="head">
        <th> 班级 </th>
        <th> 学号 </th>
        <th> 姓名 </th>
        <th> 性别 </th>
        <th> 联系方式 </th>
        <th> 家庭住址 </th>
    </tr>
    <tr class="Odd">
```

```
        <td> 软件 1701</td>
        <td>2017001</td>
        <td> 张海 </td>
        <td> 男 </td>
        <td>1597510XXXX</td>
        <td> 上海市黄浦区 </td>
    </tr>
    <tr class="Even">
        <td> 软件 1701</td>
        <td>2017002</td>
        <td> 吴桦 </td>
        <td> 女 </td>
        <td>1399510XXXX</td>
        <td> 杭州市西湖区 </td>
    </tr>
    <tr class="Odd">
        <td> 软件 1701</td>
        <td>2017003</td>
        <td> 何昊 </td>
        <td> 男 </td>
        <td>1379521XXXX</td>
        <td> 广州市天河区 </td>
    </tr>
    <tr class="Even">
        <td> 软件 1701</td>
        <td>2017004</td>
        <td> 李莉 </td>
        <td> 女 </td>
        <td>1879471XXXX</td>
        <td> 北京市朝阳区 </td>
    </tr>
</table>
</body>
</html>
```

效果如图 4-28 所示。

任务 4.2.9　阶段案例

【任务目标】

熟练掌握 CSS 样式、基础选择器、CSS 字体、文本、修饰颜色与背景属性及高级特性。

【知识解析】

本例的活动通知页面由标题、段落、图片和一条水平线构成。其中标题分为主标题和副标题，可以分别使用 h3 标签和 h4 标签定义；段落文字可以使用 p 标签定义，为了设置段落中某些特殊显示的文本，还可以在段落中嵌套文本格式标签如 <strong>、<mark> 等。最后使用 CSS 修改文本外观样式，制作出一个活动通知页面。

【案例引入】

通过 CSS 文本相关样式及高级特性完成活动通知页面的制作，效果如图 4-29 所示。

图 4-29　活动通知页面

【案例实现】

页面结构：

```
<!DOCTYPE html>
<html>
    <head>
        <meta charset="utf-8">
        <title> 通知 </title>
    </head>
    <body>
        <h3> 活动通知 </h3>
        <h4>——第三期素质拓展活动主题为"放飞身心 踏青徒步"</h4>
        <hr />
        <p><strong> 各位亲爱的同学们：</strong></p>
        <p class="indent">
            为了让大家能够一睹如此盛景，亲近大自然的美丽，感受春天花海的芬芳，我院分三批组织同
学们到庐山植物园春游。<mark> 踏青徒步活动时间为 5 月 6 日 </mark>。
        </p>
        <img src="images/taqing.jpg" alt=" 踏青图片 " align="left">
        <p class="space">
            <strong>1、安排如下：</strong>
            ● <mark>7:30</mark> 在校门口集合，坐车去好汉坡；
            ● <mark>8:00</mark> 集体爬山前往目的地；
```

● \<mark\>13:30\</mark\> 活动结束，大家可以自由活动。
\<strong\>2、活动须知 \</strong\>
● 各位同学提前安排好工作，如因个人原因不能参加本次活动的人员请通
知学院素质拓展部；
● 各位同学自备饮用水、面包、餐布、扑克等必需物品；
● 上衣穿着学校统一发放的实训服，自行选择方便运动的徒步鞋。
　　　\</p\>
　　　\<br/\>
　　　\<p class="right"\>信息工程学院素质拓展部 \<br /\>2020 年 5 月 22 日 \</p\>
　　\</body\>
\</html\>

CSS 样式：

```
<style type="text/css">
        @font-face {font-family: jianzhi;
            /* 服务器字体名称 */
            src: url(font/FZJZJW.TTF);
            /* 服务器字体名称 */}
        body {color: #128095; }
        h3 {font-family: jianzhi;
            /* 设置字体样式 */
            font-size: 32px; text-align: center; letter-spacing: 10px; text-shadow: 2px 10px 20px #CCC; }
        h4 {font-family: " 楷体";text-align: center; }
        p {line-height: 28px; }
        .indent {text-indent: 2em; }
        .space {white-space: pre; }
        .right {text-align: right; font-weight: bold; }
</style>
```

效果如图 4-29 所示。

任务 4.3　CSS3 新增选择器

任务 4.3.1　属性选择器

【任务目标】

掌握 CSS3 使用 "*" "＾" "$" 3 种通配符扩展属性选择器的功能。

【知识解析】

使用 "*" "＾" "$" 通配符修饰不同元素的功能描述见表 4-5。

表 4-5　属性选择器及功能描述

选择器	描述
E[att*="value"]	匹配元素 E 中 att 属性包含特定的 value 值。E 元素省略时，则表示可匹配任意类型的元素
E[att^="value"]	匹配元素 E 中 att 属性包含以特定的 value 值开头。E 选择符省略时，表示可匹配任意类型的元素
E[att$="value"]	匹配元素 E 中 att 属性包含以特定的 value 值结尾。E 选择符省略时，表示可匹配任意类型的元素

属性选择器可以根据元素的属性及属性值来选择元素。

【案例引入】

通过属性选择器完成元素不同效果的修饰，如图 4-30 所示。

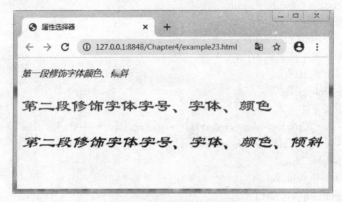

图 4-30　属性选择器修饰效果

【案例实现】

例 4-25　example25. html

```
<!DOCTYPE html>
<html lang="en">
<head>
    <meta charset="utf-8" />
    <title> 属性选择器 </title>
    <style>
        p[class*="w"]{color: red; }
        p[class^="t"]{font-size: 30px; font-family: 隶书 ; }
        p[class$="e"]{color: blue; font-style: italic; }
    </style>
</head>
<body>
    <p class="one"> 第一段修饰字体颜色、倾斜 </p>
```

```
    <p class="two"> 第二段修饰字体字号、字体、颜色 </p>
    <p class="three"> 第三段修饰字体字号、字体、颜色、倾斜 </p>
</body>
</html>
```

效果如图 4-30 所示。

任务 4.3.2　关系选择器

【任务目标】

掌握 CSS3 使用 ">""+""~" 符号实现关系选择器的功能。

【知识解析】

使用 ">""+""~" 符号修饰元素功能描述见表 4-6。

表 4-6　关系选择器及功能描述

选择器	描述
E>F	子代选择器，匹配所有 E 元素的子元素 F
E+F	相邻兄弟选择器，匹配所有紧随 E 元素之后的同层级元素 F
E~F	一般兄弟选择器，匹配所有紧随 E 元素后面的所有兄弟元素 F

1. 子代选择器

【案例引入】

通过子代选择器完成效果制作，如图 4-31 所示。

图 4-31　子代选择器效果图

【案例实现】

例 4-26　example26.html

```
<!DOCTYPE html>
<html lang="en">
```

```
<head>
    <meta charset="utf-8">
    <title> 子代选择器的应用 </title>
    <style type="text/css">
        h1>strong{color: red; font-size: 20px; font-family:" 微软雅黑 ";}
    </style>
</head>
<body>
    <h1> 国家 <strong> 和 </strong> 人民 <strong> 需要你们 </strong></h1>
    <h1> 中国 <em><strong> 欢迎 </strong></em> 你们的到来 !</h1>
</body>
</html>
```

在上述代码中,第 11 行代码中的 strong 元素为 h1 元素的子元素,第 12 行代码中的 strong 元素为 h1 元素的孙子元素,因此,代码中设置的样式只对第 11 行代码有效,效果如图 4-31 所示。

2. 兄弟选择器(+、~)

兄弟选择器用来选择与某元素位于同一个父元素之中,且位于该元素之后的兄弟元素。兄弟选择器分为相邻兄弟选择器和一般兄弟选择器两种。

(1)相邻兄弟选择器(+)

【案例引入】

通过相邻兄弟选择器完成效果制作,如图 4-32 所示。

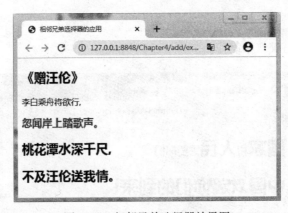

图 4-32　相邻兄弟选择器效果图

【案例实现】

例 4-27　example27.html

```
<!DOCTYPE html>
<html lang="en">
    <head>
```

```
            <meta charset="utf-8">
            <title> 相邻兄弟选择器的应用 </title>
            <style type="text/css">
                p+h2{color: green; font-family:" 宋体 ";font-size:20px; }
            </style>
        </head>
<body>
    <h2>《赠汪伦》</h2>
    <p> 李白乘舟将欲行 ,</p>
    <h2> 忽闻岸上踏歌声。</h2>
    <h2> 桃花潭水深千尺 ,</h2>
    <h2> 不及汪伦送我情。</h2>
<body>
</html>
```

在上述代码中，第 13 ~ 15 行代码用于为 p 元素后相邻的第一个兄弟元素 h2 修饰样式。从代码中看出，紧跟 p 元素的第一个兄弟元素所在位置为第 13 行代码，因此第 15 行代码的文字内容将以定义好的样式显示，效果如图 4-32 所示。

（2）一般兄弟选择器（~）

【案例引入】

通过一般兄弟选择器完成效果制作，如图 4-33 所示。

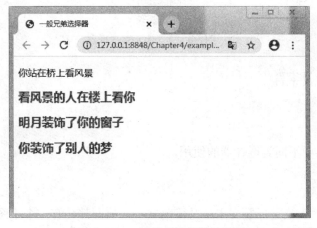

图 4-33　一般兄弟选择器效果图

【案例实现】

例 4-28　example28.html

```
<!DOCTYPE html>
<html lang="en">
<head>
```

```
<meta charset="utf-8">
<title> 一般兄弟选择器 </title>
    <style type="text/css">
        p~h2{color: green; font-family:" 微软雅黑 ";font-size: 20px; }
    </style>
</head>
<body>
    <p> 你站在桥上看风景 </p >
    <h2> 看风景的人在楼上看你 </h2>
    <h2> 明月装饰了你的窗子 </h2>
    <h2> 你装饰了别人的梦 </h2>
</body>
</html>
```

在上述代码中，第 12～14 行代码用于为 p 元素的所有兄弟元素定义文本样式。观察代码不难发现，所有的 h2 元素均为 p 元素的兄弟元素。效果如图 4-33 所示。

拓展任务 4.1　结构化伪类选择器

拓展任务 4.2　伪元素选择器

任务 4.3.3　阶段案例

【任务目标】

熟练掌握 CSS3 中不同类选择器的使用。

【知识解析】

在招聘页面中，无论是标题文本还是段落文本，前面都会有一个小图标，可以使用伪元素 :before 选择器来设置。仔细观察招聘页面会发现，页面中的奇数行文字和偶数行文字显示两种颜色。可以使用 "nth-of-type" 来匹配不同类型的元素。

【案例引入】

通过 CSS3 关系选择器、结构化伪类选择器、伪元素选择器完成效果制作，如图 4-34 所示。

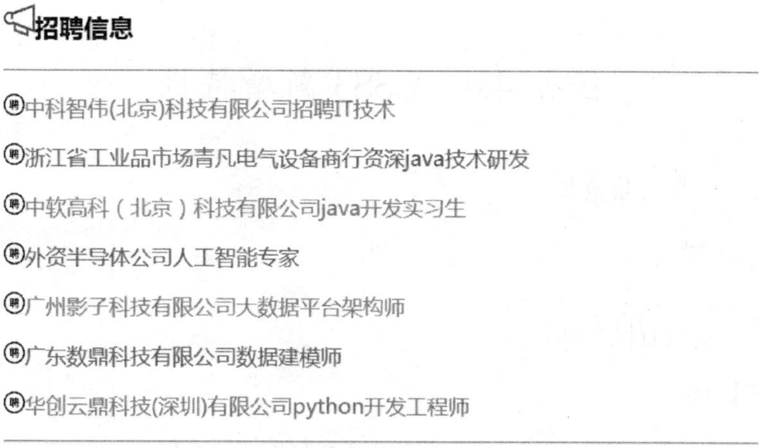

招聘信息

中科智伟(北京)科技有限公司招聘IT技术

浙江省工业品市场青凡电气设备商行资深java技术研发

中软高科（北京）科技有限公司java开发实习生

外资半导体公司人工智能专家

广州影子科技有限公司大数据平台架构师

广东数鼎科技有限公司数据建模师

华创云鼎科技(深圳)有限公司python开发工程师

图 4-34　招聘页面效果

【案例实现】

页面结构：

```
<!DOCTYPE html>
<html lang="en">
    <head>
        <meta charset="utf-8">
        <title> 招聘信息 </title>
    </head>
    <body>
        <h3> 招聘信息 </h3>
        <hr />
        <p> 中科智伟（北京）科技有限公司招聘 IT 技术 </p>
        <p> 浙江省工业品市场青凡电气设备商行资深 java 技术研发 </p>
        <p> 中软高科（北京）科技有限公司 java 开发实习生 </p>
        <p> 外资半导体公司人工智能专家 </p>
        <p> 广州影子科技有限公司大数据平台架构师 </p>
        <p> 广东数鼎科技有限公司数据建模师 </p>
        <p> 华创云鼎科技（深圳）有限公司 python 开发工程师 </p>
        <hr />
    </body>
</html>
```

CSS 样式：

```
<style type="text/css">
        :root {font-family: " 微软雅黑 ";font-size: 20px; }
        h3:before {content: url(images/title_bg.png); }
        p:nth-of-type(odd) {color: #999}
        p:nth-of-type(even) {color: #128095; }
        p:before {content: url(images/icon.png); }
    </style>
```

效果如图 4-34 所示。

<h1 style="text-align:center">任务 4.4　CSS3 新增特性</h1>

任务 4.4.1　实现圆角效果

【学习目标】

熟练掌握 CCS3 设置圆角属性。

【知识解析】

使用 CSS3 border-radius 属性，可以给任何元素制作"圆角"。

【案例引入】

通过 border-radius 属性完成指定背景颜色的元素圆角、边框的元素圆角、背景图片的元素圆角、圆角 border-radius 多值设置效果制作，如图 4-35 ~ 图 4-38 所示。

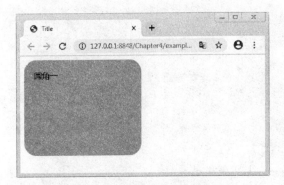

图 4-35　指定背景颜色的元素圆角

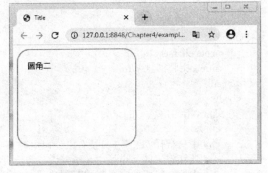

图 4-36　指定边框的元素圆角

图 4-37　指定背景图片的元素圆角

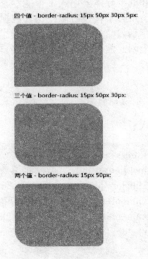

图 4-38　圆角 border-radius 多值设置

1. 指定背景颜色的元素圆角

【案例实现】

例 4-29 example29.html

```
<!DOCTYPE html>
<html lang="en">
<head>
    <meta charset="utf-8">
    <title>Title</title>
    <style>
        #rcorners1 {border-radius: 25px; background: #8AC007; padding: 20px; width: 200px; height: 150px; }
    </style>
</head>
<body>
<div id="rcorners1"> 圆角一 </div>
</body>
</html>
```

效果如图 4-35 所示。

2. 指定边框的元素圆角

【案例实现】

例 4-30 example30.html

```
<!DOCTYPE html>
<html lang="en">
<head>
    <meta charset="utf-8">
    <title>Title</title>
    <style>
        #rcorners2 {border-radius: 25px; border: 2px solid #8AC007; padding: 20px;
width: 200px; height: 150px; }
    </style>
</head>
<body>
    <div id="rcorners2"> 圆角二 </div>
</body>
</html>
```

效果如图 4-36 所示。

3. 指定背景图片的元素圆角

例 4-31 example31.html

```
<!DOCTYPE html>
```

```
<html lang="en">
<head>
    <meta charset="utf-8">
    <title>Title</title>
    <style>
        #rcorners3{border-radius:25px; background-image: url(images/ 例 4-31.jpg); background-position:left
top; background-repeat:repeat; padding:20px; width:200px;height:150px; }
    </style>
</head>
<body>
    <div id="rcorners3"> 圆角三 </div>
</body>
</html>
```

效果如图 4-37 所示。

4. 圆角 border-radius 多值设置

【案例实现】

例 4-32　example32.html

```
<!DOCTYPE html>
<html lang="en">
<head>
    <meta charset="utf-8">
    <title> 圆角试验 </title>
    <style>
        #rcorners4 {border-radius: 15px 50px 30px 5px; background: #8AC007;
    padding: 20px; width: 200px; height: 150px; }
        #rcorners5 {border-radius: 15px 50px 30px; background: #8AC007; padding: 20px; width: 200px; height:
150px; }
        #rcorners6 {border-radius: 15px 50px; background: #8AC007; padding: 20px; width: 200px; height:
150px; }
    </style>
</head>
<body>
    <p> 四个值 – border-radius: 15px 50px 30px 5px:</p>
    <p id="rcorners4"></p>
    <p> 三个值 – border-radius: 15px 50px 30px:</p>
    <p id="rcorners5"></p>
    <p> 两个值 – border-radius: 15px 50px:</p>
    <p id="rcorners6"></p>
</body>
</html>
```

效果如图 4-38 所示。

任务 4.4.2 文本效果

【学习目标】

熟练掌握 CCS3 文本效果新特性。

【知识解析】

CCS3 中增加了几个新的文本特性，常用的属性有 text-shadow 和 box-shadow 等，见表 4-7。

表 4-7 CSS3 文本特性描述

属性	描述
direction	规定文本的方向 / 书写方向
text-shadow	向文本添加阴影
box-shadow	可以设置一个或多个下拉阴影的框
text-overflow	规定当文本溢出包含元素时发生的事情
white-space	规定段落中的文本不进行换行
word-wrap	允许对长的不可分割的单词进行分割并换到下一行
word-break	规定非中日韩文本的换行规则

1. direction

direction 属性规定文本的方向/书写方向。其语法格式如下。

```
direction: ltr | rtl | inherit;
```

ltr：默认。文本方向从左到右。

rtl：文本方向从右到左。

inherit：规定应该从父元素继承 direction 属性的值。

【案例引入】

使用 direction 属性改变文本书写方向，如图 4-39 所示。

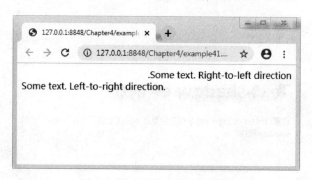

图 4-39 direction 属性效果图

【案例实现】

例 4–33   example33.html

```
<!DOCTYPE html>
<html>
    <head>
        <style type="text/css">
            div.one {direction: rtl}
            div.two {direction: ltr}
        </style>
    </head>
    <body>
        <div class="one">Some text. Right–to–left direction.</div>
        <div class="two">Some text. Left–to–right direction.</div>
    </body>
</html>
```

效果如图 4–39 所示。

2. text-shadow

text–shadow 可对文本应用阴影，可以规定水平阴影、垂直阴影、模糊距离，以及阴影的颜色，属性值描述见表 4–8。其语法格式如下。

text–shadow: h–shadow v–shadow blur color;

表 4–8   text–shadow 属性值描述

值	描述
h–shadow	必需。水平阴影的位置。允许负值
v–shadow	必需。垂直阴影的位置。允许负值
blur	可选。模糊的距离
color	可选。阴影的颜色

【案例引入】

使用 text–shadow 属性制作文本阴影，如图 4–40 所示。

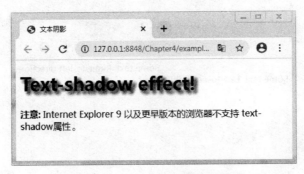

图 4–40   text–shadow 属性效果图

【案例实现】

例 4-34　example34.html

```
<!DOCTYPE html>
<html lang="en">
<head>
    <head>
        <meta charset="utf-8">
        <title> 文本阴影 </title>
        <style>
            h1{    text-shadow: 5px 5px 5px #FF0000; }
        </style>
    </head>
<body>
    <h1>Text-shadow effect!</h1>
    <p><b> 注意 :</b> Internet Explorer 9 以及更早版本的浏览器不支持 text-shadow 属性。
</p>
</body>
</html>
```

效果如图 4-40 所示。

3. box-shadow

box-shadow 属性可以设置一个或多个具有下拉阴影的框，属性值描述见表 4-9。其语法格式如下。

box-shadow:h-shadow v-shadow blur spread color inset;

注意：box-shadow 属性用于在元素的框架上添加阴影效果，该属性可设置的值包括 X 轴偏移、Y 轴偏移、阴影模糊半径、阴影扩散半径和阴影颜色；inset 可以设置成内部阴影。

表 4-9　box-shadow 属性值描述

值	描述
h-shadow	必需的。水平阴影的位置。允许负值
v-shadow	必需的。垂直阴影的位置。允许负值
blur	可选。模糊距离
spread	可选。阴影的大小
color	可选。阴影的颜色。在 CSS 颜色值中寻找颜色值的完整列表
inset	可选。从外层的阴影（开始时）改变内侧的阴影

【案例引入】

使用 box-shadow 为 div 元素添加阴影，如图 4-41 所示。

图 4-41　box-shadow 属性效果图

【案例实现】

例 **4-35**　example35.html

```
<!DOCTYPE html>
<html lang="en">
<head>
    <meta charset="utf-8">
    <title> 盒子阴影效果 </title>
    <style>
        div
        { width:200px; height:200px; border-radius:50%; background-color:yellow;box-shadow:10px 10px 15px
greenyellow; }
    </style>
</head>
<body>
    <div></div>
</body>
</html>
```

效果如图 4-41 所示。

拓展学习：text-overflow、white-space、word-wrap、word-break

任务 **4.4.3**　多列

【学习目标】

熟练掌握多列的使用。

【知识解析】

创建多个列来对文本进行布局，本任务将学习三个多列属性 column-count、column-gap、column-rule。

1. column-count

column-count 属性规定元素应该被分隔的列数。

> **注意：**
> Internet Explorer 10 和 Opera 支持多列属性。
> Firefox 需要前缀 -moz-。
> Chrome 和 Safari 需要前缀 -webkit-。

【案例引入】

使用 column-count 把 div 元素中的文本动态分隔为三列，如图 4-42 所示。

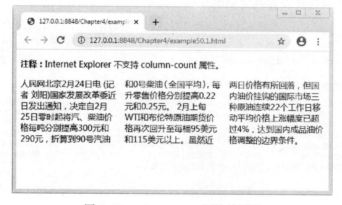

图 4-42　column-count 属性效果图

【案例实现】

例 4-36　example36.html

```
<!DOCTYPE html>
<html>
    <head>
        <style>
            .newspaper {-moz-column-count: 3; /* Firefox */
                        -webkit-column-count: 3; /* Safari and Chrome */
                        column-count: 3; }
        </style>
    </head>
    <body>
        <p><b> 注释: </b>Internet Explorer 不支持 column-count 属性。</p>
```

```
    <div class="newspaper">
        人民网北京 2 月 24 日电（记者  刘阳）国家发展改革委近日发出通知，决定自 2 月 25 日零时
起将汽、柴油价格每吨分别提高 300 元和 290 元，折算到 90 号汽油和 0 号柴油（全国平均），每升零售
价格分别提高 0.22 元和 0.25 元。
        2 月上旬 WTI 和布伦特原油期货价格再次回升至每桶 95 美元和 115 美元以上。虽然近两日价
格有所回落，但国内油价挂钩的国际市场三种原油连续 22 个工作日移动平均价格上涨幅度已超过 4%，
达到国内成品油价格调整的边界条件。
    </div>
    </body>
</html>
```

效果如图 4-42 所示。

2. column-gap

column-gap 属性规定列之间的间隔。

【案例引入】

使用 column-gap 属性设置列之间的间隔，效果如图 4-43 所示。

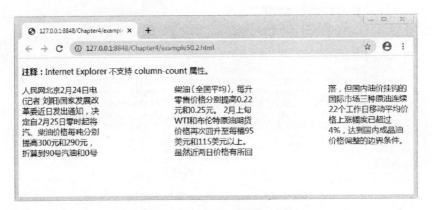

图 4-43　column-gap 属性效果图

【案例实现】

例 4-37　example37.html

```
<!DOCTYPE html>
<html>
    <head>
        <style>
            .newspaper {-moz-column-count: 3; /* Firefox */
                    -webkit-column-count: 3; /* Safari and Chrome */
                     column-count: 3;
                    -moz-column-gap: 150px; /* Firefox */
                    -webkit-column-gap: 150px; /* Safari and Chrome */
                    column-gap: 150px; }
```

```
    </style>
</head>
<body>
    <p><b>注释：</b>Internet Explorer 不支持 column-count 属性。</p>
    <div class="newspaper">
        人民网北京 2 月 24 日电（记者　刘阳）国家发展改革委近日发出通知，决定自 2 月 25 日零时
起将汽、柴油价格每吨分别提高 300 元和 290 元，折算到 90 号汽油和 0 号柴油（全国平均），每升零售
价格分别提高 0.22 元和 0.25 元。
        2 月上旬 WTI 和布伦特原油期货价格再次回升至每桶 95 美元和 115 美元以上。虽然近两日价
格有所回落，但国内油价挂钩的国际市场三种原油连续 22 个工作日移动平均价格上涨幅度已超过 4%，
达到国内成品油价格调整的边界条件。
    </div>
</body>
</html>
```

效果如图 4-43 所示。

3. column-rule

column-rule 属性设置列之间的宽度、样式和颜色规则。其语法格式如下。

column-rule: column-rule-width column-rule-style column-rule-color;

column-rule-width：设置列之间的宽度规则。

column-rule-style：设置列之间的样式规则。

column-rule-color：设置列之间的颜色规则。

【案例引入】

使用 column-rule 属性设置列之间的宽度、样式和颜色，效果如图 4-44 所示。

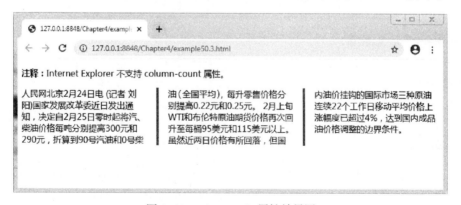

图 4-44　column-rule 属性效果图

【案例实现】

例 4-38　example38.html

```
<!DOCTYPE html>
<html>
    <head>
        <style>
            .newspaper {-moz-column-count: 3; /* Firefox */
                -webkit-column-count: 3; /* Safari and Chrome */
                column-count: 3;
                -moz-column-gap: 40px; /* Firefox */
                -webkit-column-gap: 40px; /* Safari and Chrome */
                column-gap: 40px;
                -moz-column-rule: 4px outset #ff0000; /* Firefox */
                -webkit-column-rule: 4px outset #ff0000; /* Safari and Chrome */
                column-rule: 4px outset #ff0000; }
        </style>
    </head>
    <body>
        <p><b> 注释: </b>Internet Explorer 不支持 column-count 属性。</p>
        <div class="newspaper">
            人民网北京 2 月 24 日电（记者　刘阳）国家发展改革委近日发出通知，决定自 2 月 25 日零时
起将汽、柴油价格每吨分别提高 300 元和 290 元，折算到 90 号汽油和 0 号柴油（全国平均），每升零售
价格分别提高 0.22 元和 0.25 元。
            2 月上旬 WTI 和布伦特原油期货价格再次回升至每桶 95 美元和 115 美元以上。虽然近两日价
格有所回落，但国内油价挂钩的国际市场三种原油连续 22 个工作日移动平均价格上涨幅度已超过 4%，
达到国内成品油价格调整的边界条件。
        </div>
    </body>
</html>
```

效果如图 4-44 所示。

任务 4.4.4　定义字体

【学习目标】

熟练掌握使用 @font-face 属性定义字体。

【知识解析】

@font-face 属性是 CCS3 的新增属性，用于定义服务器字体。通过 @font-face 属性，开发者可以在用户计算机未安装字体时，使用任何喜欢的字体。可将该字体文件存放到 Web 服务器上，它会在需要时被自动下载到用户的计算机上，并引用于网页字体的修饰。其语法格式如下。

```
@font-face{
    font-family: 服务器字体名称;
    src: 服务器字体路径; }
```

上述格式中，font-family 属性值用来声明服务器字体的名称；src 属性值用于指定该字体的文件路径。

【案例引入】

使用 @font-face 属性定义新字体，效果如图 4-45 所示。

图 4-45　@font-face 属性效果图

【案例实现】

例 4-39　example39.html

```
<!DOCTYPE html>
<html lang="en">
<head>
    <meta charset="utf-8">
    <title>定义服务器字体 </title>
    <style type="text/css">
        @font-face {font-family: webfont; src: url(font/FZJZJW.TTF); }
        h1{font-family: webfont; font-size: 30px; }
    </style>
</head>
<body>
    <h1>使用 WEB 服务器字体 </h1>
</body>
</html>
```

效果如图 4-45 所示。

任务 4.4.5　透 明 度

【学习目标】

熟练掌握透明度 opacity 属性和 rgba( ) 方法。

【知识解析】

rgba( ) 方法与 opacity 属性都可以实现透明度效果，但 rgba( ) 只作用于元素的颜色或其背景色（设置了 rgb( ) 透明度元素的子元素不会继承其透明效果）；而 opacity 具有继承性，既作用于元素本身，也会使元素内的所有子元素具有透明度。

1. opacity 属性

设置 opacity 属性的元素，所有后代元素会随着一起具有透明性，一般用于调整图片或者模块的整体透明度。

【案例引入】

使用 opacity 属性定义透明度，效果如图 4-46 所示。

图 4-46　opacity 属性效果图

【案例实现】

例 4-40　example40.html

```
<!DOCTYPE html>
<html lang="en">
<head>
    <meta charset="utf-8">
    <title> 背景透明度 </title>
    <style>
        .demo{padding: 25px; background-color:blue;
            filter:alpha(opacity:50); /* IE8 以及更早的浏览器 */
            opacity:0.5; -moz-opacity:0.5; -khtml-opacity: 0.5; }
        .demo p{background:yellow; color: red; }
    </style>
</head>
<body>
<div class="demo">
    <p> 背景透明，文字也透明 </p>
</div>
</body>
</html>
```

使用 opacity 后，整个模块将透明，效果如图 4-46 所示。使用 opacity 无法实现背景透明、文字不透明的效果。

2. rgba( )

RGBA 取自 Red（红色）、Green（绿色）、Blue（蓝色）和 Alpha（不透明度）单词的首字母。RGBA 颜色值是 RGB 颜色值的扩展，带有一个 Alpha 通道——它规定了对象的不透明度。其语法格式如下。

```
rgba(R,G,B,A);
```

R：红色值。正整数 0 ~ 255。
G：绿色值。正整数 0 ~ 255。
B：蓝色值。正整数 0 ~ 255。
A：透明度。取值为 0 ~ 1。

rgba( ) 可以设置颜色透明度，在页面的布局中有很多应用，如让背景出现透明效果，但上面的文字不透明。一般用于调整 background-color、box-shadow 等的不透明度。

【案例引入】

使用 rgba( ) 定义透明度，效果如图 4-47 所示。

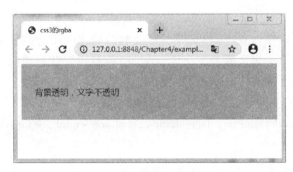

图 4-47　rgba( ) 效果图

【案例实现】

例 4-41　example41.html

```
<!DOCTYPE html>
<html lang="en">
<head>
    <meta charset="utf-8">
    <title>css3 的 rgba</title>
    <style>
        .demo {padding: 25px; background-color: blue; background-color: rgba(0,250, 2, 0.4); }
        .demo p{color: red; }
    </style>
</head>
```

```
</body>
<div class="demo">
    <p> 背景透明，文字也透明 </p>
</div>
</body>
</html>
```

拓展任务 4.3   HSL 和 HSLA 颜色表现方法

任务 **4.4.6**   阶段案例

【任务目标】

熟练掌握 CSS3 新增修饰文本外观、背景颜色、多列属性。

【知识解析】

在 demo 案例页面中，使用 border-radius 完成 <div> 边框圆角效果，column-count、column-gap、column-rule 使 <div> 标签文字分成 3 列，列之间用分割线样式修饰，box-shadow 修饰文字阴影，@font-face 定义服务器字体，rgba( ) 函数设置背景透明，文字不透明。

【案例引入】

通过 CSS3 中的 border-radius、box-shadow、column-count、@font-face 属性完成效果制作，如图 4-48 所示。

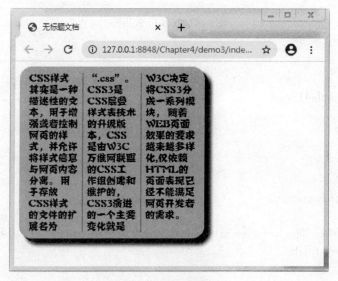

图 4-48   页面修饰效果

【案例实现】

例 4-42 example42.html

页面结构：

```
<!DOCTYPE html>
<html >
    <head>
        <meta charset="utf-8" />
        <title> 无标题文档 </title>
        </head>
    <body>
        <div class="baseBlock">
            <div class="baseBlockIn">CSS 样式其实是一种描述性的文本，用于增强或者控制网页的样式，
并允许将样式信息与网页内容分离。用于存放 CSS 样式的文件的扩展名为 ".css"。CSS3 是 CSS 层叠样式
表技术的升级版本，CSS 是由 W3C 万维网联盟的 CSS 工作组创建和维护的，CSS3 演进的一个主要变化
就是 W3C 决定将 CSS3 分成一系列模块，随着 WEB 页面效果的要求越来越多样化，仅依赖 HTML 的页
面表现已经不能满足网页开发者的需求。 </div>
            <div class="ieShadow"></div>
        </div>
    </body>
</html>
```

CSS 样式：

```
<style>
        .baseBlock {width: 300px; position: relative;}
        @font-face {font-family: webfont; src: url(font/fzjzjw.ttf) }
        .baseBlockIn {font-family: webfont; padding: 10px 15px; background: rgba(178, 189, 255, 127); border-
radius: 20px; column-count: 3; column-gap: 15px; column-rule: 2px outset #C09853; box-shadow: 10px 10px 5px
#444;
-moz-box-shadow: 10px 10px 5px #444; -webkit-box-shadow: 10px 10px 5px #444;
position: relative; z-index: 1; }
        .ieShadow {_width: 300px; _height: 220px; background-color: #444;
position: absolute; left: 5px; top: 5px; right: -5px; bottom: -5px; border-radius: 20px; }
    </style>
```

效果如图 4-48 所示。

任务 4.5 CSS3 的过渡、变形与动画

任务 4.5.1 CSS3 的过渡

【学习目标】

理解过渡属性，能够控制过渡时间、动画快慢等常见过渡效果。

【知识解析】

CSS3 提供了强大的过渡属性，它可以在不使用 Flash 动画或者 JavaScript 脚本的情况下，为元素从一种样式转变为另一种样式时添加效果，例如渐显、渐弱、动画快慢等。过渡 transition 是一个复合属性，包括 transition-property、transition-duration、transition-timing-function、transition-delay 四个子属性，通过这四个子属性的配合来完成一个完整的过渡效果，下面将分别对这些过渡属性进行详细讲解。

1. transition-property

transition-property 属性用于指定应用过渡效果的 CSS 属性的名称，属性值见表 4-10。其语法格式如下。

```
transition-property: none | all | property;
```

表 4-10　transition-property 属性值描述

属性值	描述
none	没有属性会获得过渡效果
all	所有属性都将获得过渡效果
property	定义应用过渡效果的 CSS 属性名称，多个名称之间以逗号分隔

【案例引入】

使用 transition-property 属性完成效果制作，如图 4-49 和图 4-50 所示。

图 4-49　默认红色背景效果　　　　　图 4-50　红色背景变为蓝色背景效果

【案例实现】

例 4-43　example43.html

```
<!DOCTYPE html>
<html>
    <head>
        <meta charset="utf-8">
        <title>transition-property 属性 </title>
        <style type="text/css">
            div {width: 400px; height: 100px; background-color: red; font-weight: bold; color: #FFF; }
```

```
    div:hover {background-color: blue; /* 指定动画过渡的 CSS 属性 */
        -webkit-transition-property: background-color;
        -moz-transition-property: background-color;
        -o-transition-property: background-color; }
    </style>
    </head>
    <body>
        <div> 使用 transition-property 属性改变元素背景色 </div>
    </body>
</html>
```

在例 4-43 中，通过 transition-property 属性指定产生过渡效果的 CSS 属性为 background-color，并设置了鼠标移上时背景颜色变为蓝色，如第 8 行代码所示，另外，为了解决各类浏览器的兼容性问题，分别添加了 -webkit-、-moz-、-o- 等不同的浏览器前缀兼容代码。

当鼠标指针悬浮到图 4-67 所示网页中的 <div> 区域时，背景色立刻由红色变为蓝色，如图 4-68 所示，不会产生过渡。这是因为在设置"过渡"效果时，必须使用 transition-duration 属性设置过渡时间，否则不会产生过渡效果。

2. transition-duration

transition-duration 属性用于定义过渡效果花费的时间，默认值为 0，常用单位是秒（s）或者毫秒（ms）。其语法格式如下。

```
transition-duration:time;
```

【案例引入】

使用 transition-duration 属性完成效果制作，如图 4-51 所示。

图 4-51　黄色背景过渡为红色背景效果

【案例实现】

例 4-44　example44.html

```
<!DOCTYPE html>
<html>
    <head>
        <meta charset="utf-8">
        <title>transition-duration 属性 </title>
```

```
<style type="text/css">
    div {width: 150px; height: 150px; margin: 0 auto; background-color: yellow; border: 2px solid #00F; color:
#000; }
    div:hover {background-color: red; /* 指定动画过渡的 CSS 属性 */
    -webkit-transition-property: background-color; /*Safari and Chrome 浏览器兼容代码 */
    -moz-transition-property: background-color; /*Firefox 浏览器兼容代码 */
    -o-transition-property: background-color; /*Opera 浏览器兼容代码 */
    /* 指定动画过渡的时间 */
    -webkit-transition-duration: 5s;    /*Safari and Chrome 浏览器兼容代码 */
    -moz-transition-duration: 5s;       /*Firefox 浏览器兼容代码 */
    -o-transition-duration: 5s;         /*Opera 浏览器兼容代码 */}
    </style>
</head>
<body>
    <div> 使用 transition-duration 属性设置过渡时间 </div>
</body>
</html>
```

在例 4-44 中，通过 transition-property 属性指定产生过渡效果的 CSS 属性为 background-color，并设置了鼠标移上时背景颜色变为红色，如第 9 行代码所示。同时，使用 transition-duration 属性来定义过渡效果需要花费 5 s 的时间。运行例 4-44，当鼠标指针悬浮到网页中的 <div> 区域时，黄色背景将逐渐过渡为红色的背景，效果如图 4-51 所示。

3. transiton-timing-function

transition-timing-function 属性规定过渡效果的速度曲线，默认值为 "ease"，其属性值的描述见表 4-11。其语法格式如下。

transition-timing-function:linear | ease | ease-in | ease-out | ease-in-out | cubic-bezier(n,n,n,n);

表 4-11　transition-timing-function 属性值描述

属性值	描述
linear	指定以相同速度开始至结束的过渡效果，等同于 cubic-bezier(0,0,1,1))
ease	指定以慢速开始，然后加快，最后慢慢结束的过渡效果，等同于 cubic-bezier(0.25,0.1,0.25,1)
ease-in	指定以慢速开始，然后逐渐加快（淡入效果）的过渡效果，等同于 cubic-bezier(0.42,0,1,1)
ease-out	指定以慢速结束（淡出效果）的过渡效果，等同于 cubic-bezier(0,0,0.58,1)
ease-in-out	指定以慢速开始和结束的过渡效果，等同于 cubic-bezier(0.42,0,0.58,1)
cubic-bezier(n,n,n,n)	定义用于加速或者减速的贝塞尔曲线的形状，它们的值在 0~1 之间

【案例引入】

使用 transiton-timing-function 属性完成效果制作，如图 4-52 所示。

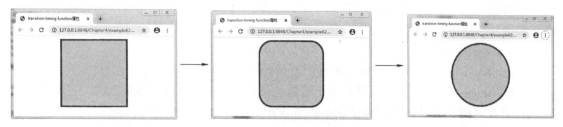

图 4-52　使用 transition-timing-function 属性完成正方形逐渐过渡为正圆形效果

【案例实现】

例 4-45　example45.html

```
<!DOCTYPE html>
<html>
    <head>
        <meta charset="utf-8">
        <title>transition-timing-function 属性 </title>
        <style type="text/css">
            div {width: 200px; height: 200px; margin: 0 auto; background-color: yellow; border: 5px solid red;
border-radius: 0px; }
            div:hover {border-radius: 105px;
            /* 指定动画过渡的 CSS 属性 */
            -webkit-transition-property: border-radius;    /*Safari and Chrome 浏览器兼容代码 */
            -moz-transition-property: border-radius;    /*Firefox 浏览器兼容代码 */
            -o-transition-property: border-radius;    /*Opera 浏览器兼容代码 */
            /* 指定动画过渡的时间 */
            -webkit-transition-duration: 5s;        /*Safari and Chrome 浏览器兼容代码 */
            -moz-transition-duration: 5s;        /*Firefox 浏览器兼容代码 */
            -o-transition-duration: 5s;        /*Opera 浏览器兼容代码 */
            /* 指定动画以慢速开始和结束的过渡效果 */
            -webkit-transition-timing-function: ease-in-out;    /*Safari and Chrome 浏览器兼容代码 */
            -moz-transition-timing-function: ease-in-out;    /*Firefox 浏览器兼容代码 */
            -o-transition-timing-function: ease-in-out;    /*Opera 浏览器兼容代码 */}
        </style>
    </head>
    <body>
        <div></div>
    </body>
</html>
```

在例 4-45 中，通过 transition-property 属性指定产生过渡效果的 CSS 属性为 "border-radius"，并指定过渡动画由正方形变为正圆形。然后使用 transition-duration 属性定义过渡效果需要花费 5 s 的时间，同时使用 transition-timing-function 属性规定过渡效果以慢速开始和结束。

运行例 4-45，当鼠标指针悬浮到网页中的 `<div>` 区域时，过渡的动作将会触发，正方形将慢速开始变化，然后逐渐加深，随后慢速变为正圆形，效果如图 4-52 所示。

4. transition-delay

transition-delay 属性规定过渡效果何时开始，默认值为 0，常用单位是秒（s）或者毫秒（ms）。transition-delay 的属性值可以为正整数、负整数和 0。当设置为负数时，过渡动作会从该时间点开始，之前的动作被截断；设置为正数时，过渡动作会延迟触发。其语法格式如下。

```
transition-delay:time;
```

【案例引入】

使用 transition-delay 属性完成效果制作，如图 4-53 所示。

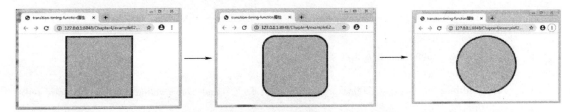

图 4-53　延迟 2 s 正方形逐渐过渡变为正圆形效果

【案例实现】

例 4-46　example46.html

下面在例 4-45 的基础上演示 transition-delay 属性的用法。在 CSS 代码里面增加如下样式。

```
/* 指定动画延迟触发 */
-webkit-transition-delay: 2s;    /*Safari and Chrome 浏览器兼容代码 */
-moz-transition-delay: 2s;       /*Firefox 浏览器兼容代码 */
-o-transition-delay: 2s;         /*Opera 浏览器兼容代码 */
```

在例 4-46 中，使用 transition-delay 属性指定过渡的动作会延迟 2 s 触发。当鼠标指针悬浮到网页中的 `<div>` 区域时，经过 2 s 后过渡的动作会被触发，正方形将慢速开始变化，然后逐渐加深，随后慢速变为正圆形，效果如图 4-53 所示。

5. transition

transition 属性是一个复合属性，用于在一个属性中设置 transition-property、transition-duration、transition-timing-function、transition-delay 四个过渡属性。其语法格式如下。

```
transition: property duration timing-function delay;
```

【案例引入】

使用 transition 属性完成效果制作，如图 4-54 所示。

图 4-54　使用 transition 属性完成正方形逐渐过渡变为正圆形效果

【案例实现】

如例 4-45 中设置的四个过渡属性，可以直接通过如下代码实现。

transition: border-radius 5s ease-in-out 2s;

在使用 transition 属性设置多个过渡效果时，它的各个参数必须按照顺序进行定义，不能颠倒。

任务 4.5.2　CSS3 的变形

【学习目标】

掌握 CSS3 中的变形属性，能够制作 2D 转换、3D 转换效果。

【知识解析】

在 CSS3 之前，如果需要为页面设置变形效果，需要依赖于图片、Flash 或 JavaScript 才能完成。CSS3 出现后，CSS3 的变形（transform）属性可以让元素在一个坐标系统中变形。通过 transform 属性就可以实现变形效果，如移动、倾斜、缩放及翻转元素等。transform 属性的基本语法如下。

transform: none | transform-functions;

在上面的语法格式中，transform 属性的默认值为 none，适用于内联元素和块元素，表示不进行变形。transform-function 用于设置变形函数，可以是一个或多个变形函数列表。transform-function 函数包括 matrix( )、translate( )、scale( )、rotate( ) 和 skew( ) 等。下面将详细讲解 transform-function 函数，见表 4-12。

表 4-12　transform-function 函数

matrix( )	定义矩形变换，即基于 X 和 Y 坐标重新定位元素的位置
translate( )	移动元素对象，即基于 X 和 Y 坐标重新定位元素
scale( )	缩放元素对象，可以使任意元素对象尺寸发生变化，取值包括正数、负数和小数
rotate( )	旋转元素对象，取值为一个度数值
skew( )	倾斜元素对象，取值为一个度数值

1. 2D 转换

（1）平移

使用 translate( ) 方法能够重新定义元素的坐标，实现平移的效果。该函数包含两个参数值，分别用于定于 X 轴和 Y 轴坐标。其语法格式如下。

```
transform:translate(x-value,y-value);
```

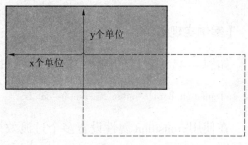

在上述语法中，x-value 指元素在水平方向上移动的距离，y-value 指元素在垂直方向上移动的距离。如果省略了第二个参数，则取默认值 0。当值为负数时，表示反方向移动元素。

在使用 translate( ) 方法移动元素时，基点默认为元素中心点，然后根据指定的 X 坐标和 Y 坐标进行移动，效果如图 4-55 所示。在该图中，实线表示平移前的元素，虚线表示平移后的元素。

图 4-55　translate( ) 方法平移示意

【案例引入】

使用 translate( ) 方法完成效果制作，如图 4-56 所示。

图 4-56　translate( ) 方法实现平移效果

【案例实现】

例 4-47　example47.html

```
<!DOCTYPE html>
<html>
    <head>
        <meta charset="utf-8">
        <title>translate( ) 方法 </title>
        <style type="text/css">
            div {width: 100px; height: 50px; background-color: #FF0; border: 1px solid black; }
```

```
    #div2 {transform: translate(100px, 30px);
        -ms-transform: translate(100px, 30px); /* IE9 浏览器兼容代码 */
        -webkit-transform: translate(100px, 30px); /*Safari and Chrome 浏览器兼容代码 */
        -moz-transform: translate(100px, 30px); /*Firefox 浏览器兼容代码 */
        -o-transform: translate(100px, 30px); /*Opera 浏览器兼容代码 */ }
    </style>
</head>
<body>
    <div> 我是元素原来的位置 </div>
    <div id="div2"> 我是元素平移后的位置 </div>
</body>
</html>
```

在例 4-47 中，使用 <div> 标记定义两个样式完全相同的盒子，然后通过 translate( ) 方法将第二个 <div> 沿 X 坐标向右移动 100 像素，沿 Y 坐标向下移动 30 像素。效果如图 4-56 所示。

（2）缩放

scale( ) 方法用于缩放元素大小，该函数包含两个参数值，分别用来定义宽度和高度的缩放比例。其语法格式如下。

```
transform:scale(x-axis,y-axis);
```

在上述语法中，x-axis 和 y-axis 参数值可以是正数、负数和小数。正数值表示基于指定的宽度和高度放大元素；负数值不会缩小元素，而是反转元素（如文字被反转），然后再缩放元素。

如果第二个参数省略，则第二个参数等于第一个参数值。另外，使用小于 1 的小数可以缩小元素。scale( ) 方法缩放示意图如图 4-57 所示。其中，实线表示放大前的元素，虚线表示放大后的元素。

【案例引入】

使用 scale( ) 方法完成效果制作，如图 4-58 所示。

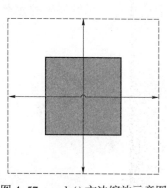

图 4-57 scale( ) 方法缩放示意图

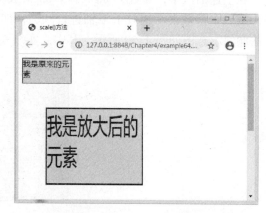

图 4-58 scale( ) 方法实现缩放效果

【案例实现】

例 4-48   example48.html

```
<!DOCTYPE html>
<html>
    <head>
        <meta charset="utf-8">
        <title>scale( ) 方法 </title>
        <style type="text/css">
            div {width: 100px;height: 50px; background-color: #FF0; border: 1px solid black; }
            #div2 {margin: 100px; transform: scale(2, 3);
            -ms-transform: scale(2, 3);          /* IE9 浏览器兼容代码 */
            -webkit-transform: scale(2, 3);      /*Safari and Chrome 浏览器兼容代码 */
            -moz-transform: scale(2, 3);         /*Firefox 浏览器兼容代码 */
            -o-transform: scale(2, 3);           /*Opera 浏览器兼容代码 */}
        </style>
    </head>
    <body>
        <div> 我是原来的元素 </div>
        <div id="div2"> 我是放大后的元素 </div>
    </body>
</html>
```

在例 4-48 中，使用 <div> 标记定义两个样式相同的盒子，并且通过 scale( ) 方法将第二个 <div> 的宽度放大两倍、高度放大三倍，效果如图 4-58 所示。

（3）倾斜

skew( ) 方法能够让元素倾斜显示，该函数包含两个参数值，分别用来定义 X 轴和 Y 轴坐标倾斜的角度。skew( ) 可以将一个对象围绕 X 轴和 Y 轴按照一定的角度倾斜。其语法格式如下。

```
transform:skew(x-angle,y-angle);
```

在上述语法中，参数 x-angle 和 y-angle 表示角度值，第一个参数表示相对于 X 轴进行倾斜，第二个参数表示相对于 Y 轴进行倾斜，如果省略了第二个参数，则取默认值 0。skew( ) 方法倾斜示意图如图 4-59 所示，其中，实线表示倾斜前的元素，虚线表示倾斜后的元素。

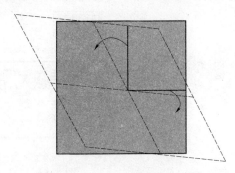

图 4-59　skew( ) 方法倾斜示意图

【案例引入】

使用 skew( ) 方法完成效果制作，如图 4-60 所示。

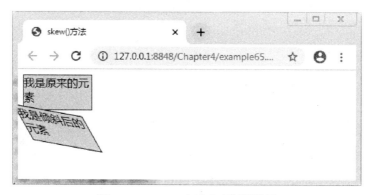

图 4-60　skew( ) 方法实现倾斜效果

【案例实现】

例 4-49　example49.html

```
<!DOCTYPE html>
<html>
    <head>
        <meta charset="utf-8">
        <title>skew( ) 方法 </title>
        <style type="text/css">
            div {width: 100px; height: 50px; background-color: #FF0; border: 1px solid black; }
            #div2 {transform: skew(30deg, 10deg);
            -ms-transform: skew(30deg, 10deg);          /* IE9 浏览器兼容代码 */
            -webkit-transform: skew(30deg, 10deg);       /*Safari and Chrome 浏览器兼容代码 */
            -moz-transform: skew(30deg, 10deg);          /*Firefox 浏览器兼容代码 */
            -o-transform: skew(30deg, 10deg);            /*Opera 浏览器兼容代码 */}
        </style>
    </head>
    <body>
        <div> 我是原来的元素 </div>
        <div id="div2"> 我是倾斜后的元素 </div>
    </body>
</html>
```

在例 4-49 中，使用 <div> 标记定义两个样式相同的盒子，并且通过 skew( ) 方法将第二个 <div> 元素沿 X 轴倾斜 30°，沿 Y 轴倾斜 10°，效果如图 4-60 所示。

（4）旋转

rotate( ) 方法能够旋转指定的元素对象，主要在二维空间内进行操作。该方法中的参数允许传入负值，这时元素将逆时针旋转。其语法格式如下。

```
transform:rotate(angle);
```

在上述语法中，参数 angle 表示要旋转的角度值。如果角度为正数值，则按照顺时针进行旋转；否则，按照逆时针旋转。rotate( ) 方法旋转示意图如图 4-61 所示。其中，实线表示旋转前的元素，虚线表示旋转后的元素。

【案例引入】

使用 rotate( ) 方法完成效果制作，如图 4-62 所示。

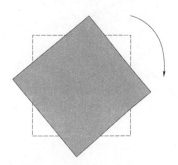
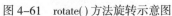

图 4-61　rotate( ) 方法旋转示意图　　　　图 4-62　rotate( ) 方法实现旋转效果

【案例实现】

例 4-50　example50.html

```
<!DOCTYPE html>
<html>
    <head>
        <meta charset="utf-8">
        <title>rotate( ) 方法 </title>
        <style type="text/css">
        div {width: 100px; height: 50px; background-color: #FF0; border: 1px solid black; }
        #div2 {transform: rotate(30deg);
        -ms-transform: rotate(30deg);        /* IE9 浏览器兼容代码 */
        -webkit-transform: rotate(30deg);  /*Safari and Chrome 浏览器兼容代码 */
        -moz-transform: rotate(30deg);      /*Firefox 浏览器兼容代码 */
        -o-transform: rotate(30deg);          /*Opera 浏览器兼容代码 */}
        </style>
    </head>
    <body>
        <div> 我是元素原来的位置 </div>
        <div id="div2"> 我是元素旋转后的位置 </div>
    </body>
</html>
```

在例 4-50 中，使用 <div> 标记定义两个样式相同的盒子，并且通过 rotate( ) 方法将第二个 <div> 元素沿顺时针方向旋转 30°，效果如图 4-62 所示。

（5）更改变换的中心点

变形操作都是以元素的中心点为基准进行的，如果需要改变这个中心点，可以使用 transform-origin 属性。其语法格式如下。

```
transform-origin: x-axis y-axis z-axis;
```

在上述语法中，transform-origin 属性包含三个参数，其默认值分别为 50%、50%、0。各参数的具体含义见表 4-13。

表 4-13　transform-origin 属性值描述

参数	描述
x-axis	定义视图被置于 X 轴的何处。可能的值有： ● left ● center ● right ● length ● %
y-axis	定义视图被置于 Y 轴的何处。可能的值有： ● top ● center ● bottom ● length ● %
z-axis	定义视图被置于 Z 轴的何处。可能的值有： ● length

【案例引入】

使用 transform-origin 属性完成效果制作，如图 4-63 所示。

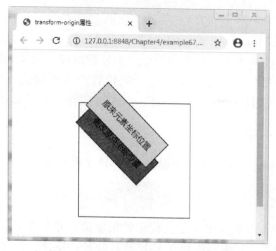

图 4-63　transform-origin 属性效果图

【案例实现】

例 4–51　example51.html

```
<!DOCTYPE html>
<html>
    <head>
        <meta charset="utf-8">
        <title>transform-origin 属性 </title>
        <style>
            #div1 {position: relative; width: 200px; height: 200px; margin: 100px auto; padding: 10px; border: 1px
solid black; }
        #box02 {padding: 20px; position: absolute; border: 1px solid black;
    background-color: red; transform: rotate(45deg); /* 旋转 45 度 */
    -webkit-transform: rotate(45deg);        /*Safari and Chrome 浏览器兼容代码 */
    -ms-transform: rotate(45deg);            /*IE9 浏览器兼容代码 */
    transform-origin: 20% 40%;               /* 更改原点坐标的位置 */
    webkit-transform-origin: 20% 40%;      /*Safari and Chrome 浏览器兼容代码 */
    -ms-transform-origin: 20% 40%;           /*IE9 浏览器兼容代码 */}
            #box03 {padding: 20px; position: absolute; border: 1px solid black;
    background-color: #FF0; transform: rotate(45deg); /* 旋转 45 度 */
    -webkit-transform: rotate(45deg);        /*Safari and Chrome 浏览器兼容代码 */
    -ms-transform: rotate(45deg);            /*IE9 浏览器兼容代码 */}
        </style>
    </head>
    <body>
        <div id="div1">
            <div id="box02">更改原点坐标位置 </div>
            <div id="box03">原来元素坐标位置 </div>
        </div>
    </body>
</html>
```

　　在例 4–51 中，通过 transform 的 rotate( ) 方法将 box02、box03 盒子分别旋转 45°，然后通过 transform–origin 属性来更改 box02 盒子原点坐标的位置，效果如图 4–63 所示。

　　通过图 4–63 可以看出，box02、box03 盒子的位置产生了错位。两个盒子的初始位置相同，旋转角度相同，发生错位的原因是 transform–origin 属性改变了 box02 盒子的旋转中心点。

　　2. 3D 转换

　　（1）rotateX( )

　　rotateX( ) 函数用于指定元素围绕 X 轴旋转。其语法格式如下。

```
transform:rotateX(a);
```

　　在上述语法格式中，参数 a 用于定义旋转的角度值，单位为 deg，其值可以是正数，也可以是负数。如果值为正，元素将围绕 X 轴顺时针旋转；反之，如果值为负，元素将围绕 X

轴逆时针旋转。

【案例引入】

使用 rotateX( ) 属性完成效果制作，如图 4-64 所示。

图 4-64　元素围绕 X 轴顺时针旋转

【案例实现】

例 4-52　example52.html

```
<!DOCTYPE html>
<html>
    <head>
        <meta charset="utf-8">
        <title>rotateX( ) 方法 </title>
        <style type="text/css">
            div {width: 100px; height: 50px; background-color: #FF0; border: 1px solid black; }
            #div2 {transform: rotateX(45deg);
-ms-transform: rotateX(45deg);        /* IE9 浏览器兼容代码 */
webkit-transform: rotateX(45deg);    /* Safari and Chrome 浏览器兼容代码 */
-moz-transform: rotateX(45deg);      /* Firefox 览器兼容代码 */
-o-transform: rotateX(45deg);        /*Opera 浏览器兼容代码 */}
        </style>
    </head>
    <body>
        <div> 元素原来的位置 </div>
        <div id="div2"> 元素旋转后的位置 </div>
    </body>
</html>
```

运行例 4-52，元素将围绕 X 轴顺时针旋转 45°，效果如图 4-64 所示。

（2）rotateY( )

rotateY( ) 函数指定一个元素围绕 Y 轴旋转。其语法格式如下。

```
transform:rotateY(a);
```

在上述语法中，参数 a 与 rotateX(a) 中的 a 含义相同，用于定义旋转的角度。如果值为正，元素围绕 Y 轴顺时针旋转；反之，如果值为负，元素围绕 Y 轴逆时针旋转。

【案例引入】

使用 rotateY( ) 属性完成效果制作，如图 4-65 所示。

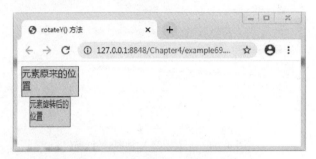

图 4-65　元素围绕 Y 轴顺时针旋转

【案例实现】

例 4-53　example53.html

```
<!DOCTYPE html>
<html>
    <head>
        <meta charset="utf-8">
        <title>rotateY( )方法 </title>
        <style type="text/css">
            div {width: 100px; height: 50px; background-color: #FF0; border: 1px solid black; }
            #div2 {transform: rotateY(45deg);
-ms-transform: rotateY(45deg);          /* IE9 浏览器兼容代码 */
-webkit-transform: rotateY(45deg);      /* Safari and Chrome 浏览器兼容代码 */
-moz-transform: rotateY(45deg);         /* Firefox 览器兼容代码 */
-o-transform: rotateY(45deg);            /*Opera 浏览器兼容代码 */}
        </style>
    </head>
    <body>
        <div> 元素原来的位置 </div>
        <div id="div2"> 元素旋转后的位置 </div>
    </body>
</html>
```

效果如图 4-65 所示。

（3）translate3d( ) 方法

在三维空间里，除了 rotateX( )、rotateY( ) 和 rotateZ( ) 函数可以让元素在三维空间中旋转之外，rotate3d( ) 函数也可以。在 3D 空间，三个维度也就是三个坐标，即长、宽、高。轴的旋转是围绕一个（x,y,z）向量并经过元素原点。其语法格式如下。

rotate3d(x,y,z,angle);

x：代表横向坐标位移向量的长度。

y：代表纵向坐标位移向量的长度。

z：代表 Z 轴位移向量的长度。此值不能是一个百分比值，否则，将会被视为无效值。

angle：角度值，主要用来指定元素在 3D 空间旋转的角度。如果其值为正，元素顺时针旋转；反之，元素逆时针旋转。

CSS3 中包含很多转换的属性，通过这些属性可以设置不同的转换效果，具体属性见表 4-14。

表 4-14　转换的属性

属性名称	描述
transform	向元素应用 2D 或 3D 转换
transform-origin	允许改变被转换元素的位置
transform-style	规定被嵌套元素如何在 3D 空间中显示
perspective	规定 3D 元素的透视效果
perspective-origin	规定 3D 元素的底部位置
backface-visibility	定义元素在不面对屏幕时是否可见

CSS3 中还包含很多转换的方法，运用这些方法可以实现不同的转换效果，具体方法见表 4-15。

表 4-15　转换的方法

方法名称	描述
matrix3d(n, n, n, n, n, n, n, n, n, n, n, n, n, n, n, n)	定义 3D 转换，使用 16 个值的 4×4 矩阵
translate3d(x, y, z)	定义 3D 转换
translateX(x)	定义 3D 转换，仅使用 X 轴的值
translateY(y)	定义 3D 转换，仅使用 Y 轴的值
translateZ(z)	定义 3D 转换，仅使用 Z 轴的值
scale3d(x, y, z)	定义 3D 缩放转换
scaleX(x)	定义 3D 缩放转换，仅使用 X 轴的值
scaleY(y)	定义 3D 缩放转换，仅使用 Y 轴的值
scaleZ(z)	定义 3D 缩放转换，仅使用 Z 轴的值

方法名称	描述
rotate3d(x, y, z, angle)	定义 3D 旋转
rotateX(angle)	定义沿 X 轴的 3D 旋转
rotateY(angle)	定义沿 Y 轴的 3D 旋转
rotateZ(angle)	定义沿 Z 轴的 3D 旋转
perspective(n)	定义 3D 转换元素的透视视图

【案例引入】

使用转换的属性和方法完成效果制作，如图 4-66 和图 4-67 所示。

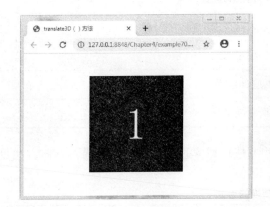

图 4-66　元素默认效果

图 4-67　元素沿 X 轴逆时针旋转 90°效果

【案例实现】

例 4-54　example54.html

```
<!DOCTYPE html>
<html>
    <head>
        <meta charset="utf-8">
        <title>translate3d( ) 方法 </title>
        <style type="text/css">
            div {width: 200px; height: 200px; margin: 50px auto; border: 5px solid #000; position: relative;
perspective: 50000px;    /* 规定 3D 元素的透视效果 */
    -ms-perspective: 50000px;            /* IE9 浏览器兼容代码 */
    -webkit-perspective: 50000px;        /* Safari and Chrome 浏览器兼容代码 */
    -moz-perspective: 50000px;          /* Firefox 览器兼容代码 */
    -o-perspective: 50000px;            /*Opera 浏览器兼容代码 */
```

```
transform-style: preserve-3d;          /* 规定被嵌套元素如何在 3D 空间中显示 */
-ms-transform-style: preserve-3d;       /* IE9 浏览器兼容代码 */
-webkit-transform-style: preserve-3d;    /* Safari and Chrome 浏览器兼容代码 */
-moz-transform-style: preserve-3d;       /* Firefox 览器兼容代码 */
-o-transform-style: preserve-3d;         /*Opera 浏览器兼容代码 */
transition: all 1s ease 0s;             /* 设置过渡效果 */
-webkit-transition: all 1s ease 0s;     /*Safari and Chrome 浏览器兼容代码 */
-moz-transition: all 1s ease 0s;        /*Firefox 浏览器兼容代码 */
o-transition: all 1s ease 0s;           /*Opera 浏览器兼容代码 */}
        div:hover {transform: rotateX(-90deg);    /* 设置旋转轴 */
-ms-transform: rotateX(-90deg);          /* IE9 浏览器兼容代码 */
-webkit-transform: rotateX(-90deg); /* Safari and Chrome 浏览器兼容代码 */
-moz-transform: rotateX(-90deg);         /* Firefox 览器兼容代码 */
-o-transform: rotateX(-90deg);           /*Opera 浏览器兼容代码 */}
        div img {position: absolute; top: 0; left: 0; }
        div img.no1 {transform: translateZ(100px); /* 设置旋转轴 */
-ms-transform: rotateZ(100px);           /* IE9 浏览器兼容代码 */
-webkit-transform: rotateZ(100px);      /* Safari and Chrome 浏览器兼容代码 */
-moz-transform: rotateZ(100px);          /* Firefox 览器兼容代码 */
-o-transform: rotateZ(100px);            /*Opera 浏览器兼容代码 */
            z-index: 2; }
    div img.no2 {transform: rotateX(90deg) translateZ(100px); /* 设置旋转轴 */
-ms-transform: rotateX(90deg) translateZ(100px); /* IE9 浏览器兼容代码 */
-webkit-transform: rotateX(90deg) translateZ(100px); /* Safari and Chrome 浏览器兼容代码 */
-moz-transform: rotateX(90deg) translateZ(100px); /* Firefox 览器兼容代码 */
-o-transform: rotateX(90deg) translateZ(100px); /*Opera 浏览器兼容代码 */}
    </style>
</head>
<body>
    <div>
        <img class="no1" src="images/1.png" alt="1">
        <img class="no2" src="images/2.png" alt="2">
    </div>
</body>
</html>
```

　　在例 4-54 中，通过 perspective 属性规定 3D 元素的透视效果、transform-style 属性规定元素在 3D 空间中的显示方式，并且分别针对 <div> 和 <img> 设置不同的旋转轴和旋转角度，效果如图 4-66 所示。鼠标移上时，<div> 将沿着 X 轴逆时针旋转 90°，旋转后的效果如图 4-67 所示。

任务 4.5.3　CSS3 的动画

【学习目标】

掌握 CSS3 中的动画制作方法，能够熟练制作网页中常见的动画效果。

【知识解析】

CSS3 除了支持渐变、过渡和转换特效外，还可以实现强大的动画效果。在 CSS3 中，使用 animation 属性可以定义复杂的动画。下面将对动画中的 @keyframes 关键帧及 animation 属性进行详细讲解。

1. @keyframes

使用动画之前，先定义关键帧，一个关键帧表示动画过程中的一个状态。在 CSS3 中，@keyframes 规则用于创建动画。在 @keyframes 中规定某项 CSS 样式，就能创建由当前样式逐渐变为新样式的动画效果。其语法格式如下。

```
@keyframes animationname {keyframes-selector{css-styles;}}
```

在上述语法中，animationname 表示当前动画的名称，它将作为引用时的唯一标识，因此不能为空。

keyframes-selector 表示关键帧选择器，即指定当前关键帧要应用到整个动画过程中的位置，值可以是一个百分比、from 或者 to。其中，from 和 0 效果相同，表示动画的开始；to 和 100% 效果相同，表示动画的结束。

css-styles 定义执行到当前关键帧时对应的动画状态，由 CSS 样式属性进行定义，多个属性之间用分号分隔，不能为空。

【案例引入】

使用 @keyframes 属性制作完成一个淡入淡出动画，如图 4-68 和图 4-69 所示。

图 4-68 元素初始状态

图 4-69 元素淡入淡出效果

【案件实现】

例 4-55 example55.html

```
<!DOCTYPE html>
<html>
    <head>
        <meta charset="utf-8">
        <title>animation-duration 属性 </title>
        <style type="text/css">
            div {width: 100px; height: 100px; background: red; position: relative;
```

```
animation-name: appeardisappear; animation-duration: 5s; }
        @keyframes appeardisappear {
            from,to {opacity: 0;    /* 动画开始和结束时的状态，完全透明 */
            20%,80% {opacity: 1;    /* 动画的中间状态，完全不透明 */
        }
        @-webkit-keyframes appeardisappear {    /* Safari and Chrome 浏览器兼容代码 */
            from, to {opacity: 0;    /* 动画开始和结束时的状态，完全透明 */
            20%,80% {opacity: 1;    /* 动画的中间状态，完全不透明 */
        }
    </style>
</head>
<body>
    <div></div>
</body>
</html>
```

在上述代码中，为了实现淡入淡出的效果，需要定义动画开始和结束时元素不可见，然后淡入淡出，在动画的 20% 处变得可见，动画效果持续到 80% 处，再慢慢淡出。效果如图 4-68 和图 4-69 所示。

2. animation 属性

animation 属性也是一个简写属性，用于在一个属性中设置 animation-name、animation-duration、animation-timing-function、animation-delay、animation-iteration-count、animation-direction 6 个动画属性，见表 4-16。

表 4-16　animation 属性包含的 6 个动画属性

属性	描述
animation-name	规定 @keyframes 动画的名称
animation-duration	规定动画完成一个周期所花费的秒或毫秒。默认是 0
animation-timing-function	规定动画的速度曲线。默认是 "ease"
animation-delay	规定动画何时开始。默认是 0
animation-iteration-count	规定动画被播放的次数。默认是 1
animation-direction	规定动画是否在下一周期逆向地播放。默认是 "normal"

（1）animation-name 属性

animation-name 属性用于定义要应用的动画名称，为 @keyframes 动画规定名称。其语法格式如下。

```
animation-name: keyframename | none;
```

在上述语法中，animation-name 属性初始值为 none，适用于所有块元素和行内元素。keyframename 参数用于规定需要绑定到选择器的 keyframe 的名称，如果值为 none，则表示不应用任何动画，通常用于覆盖或者取消动画。

（2）animation-duration 属性

animation-duration 属性用于定义整个动画效果完成所需要的时间，以秒或毫秒计。其语法格式如下。

```
animation-duration: time;
```

在上述语法中，animation-duration 属性初始值为 0，适用于所有块元素和行内元素。time 参数是以秒（s）或者毫秒（ms）为单位的时间，默认值为 0，表示没有任何动画效果。当值为负数时，则被视为 0。

【案例引入】

使用 animation-name 属性和 animation-duration 属性完成效果制作，如图 4-70~图 4-72 所示。

图 4-70　动画开始和结束时的状态

图 4-71　动画中间状态，向右移动

图 4-72　元素移动到最右端状态

【案件实现】

例 4–56 example56.html

```
<!DOCTYPE html>
<html>
    <head>
        <meta charset="utf-8">
        <title>animation-duration 属性 </title>
        <style type="text/css">
            div {width: 100px; height: 100px; background: red; position: relative;
                animation-name: mymove;    /* 定义动画名称 */
                animation-duration: 5s;    /* 定义动画时间 */
                /* Safari and Chrome 浏览器兼容代码 */
                -webkit-animation-name: mymove;
                -webkit-animation-duration: 5s; }
            @keyframes mymove {
                from {left: 0px; }
                to {left: 200px; }        }
            @-webkit-keyframes mymove {/* Safari and Chrome 浏览器兼容代码 */
                from {left: 0px; }        /* 动画开始和结束时的状态 */
                to {left: 200px; }        /* 动画中间时的状态 */    }
        </style>
    </head>
    <body>
        <div></div>
    </body>
</html>
```

在例 4-56 中，分别使用 animation-name 属性定义要应用的动画名称、使用 animation-duration 属性定义整个动画效果完成所需要的时间。另外，使用 form 和 to 函数指定当前关键帧行动轨迹的位置变化。

动画开始的效果如图 4-70 所示。首先，元素以低速开始，然后加快向右移动，当距离左边约 200 px 的位置时速度减慢，直至移动到最右端，效果如图 4-71 和图 4-72 所示。最后，元素迅速回到动画开始时的位置。

（3）animation-timing-function 属性

animation-timing-function 用来规定动画的速度曲线，可以定义使用哪种方式来执行动画效果。其语法格式如下。

```
animation-timing-function:value;
```

在上述语法中，animation-timing-function 包括 linear、ease-in、ease-out、ease-in-out、cubic-bezier(n, n, n, n) 等常用属性值，具体见表 4-17。

表 4-17　animation-timing-function 属性值描述

属性值	描述
linear	动画从头到尾的速度是相同的
ease	默认。动画以低速开始，然后加快，在结束前变慢
ease-in	动画以低速开始
ease-out	动画以低速结束
ease-in-out	动画以低速开始和结束
cubic-bezier(n, n, n, n)	在 cubic-bezier 函数中自己的值。可能的值是从 0 到 1 的数值
all	所有属性都将获得过渡效果
property	定义应用过渡效果的 CSS 属性名称，多个名称之间以逗号分隔

【案例引入】

使用 animation-timing-function 属性完成制作效果，如图 4-73 和图 4-74 所示。

图 4-73　动画开始和结束时的状态　　　　图 4-74　动画中间状态，匀速向右移动

【案件实现】

例 4-57　example57.html

```
<!DOCTYPE html>
<html>
    <head>
        <meta charset="utf-8">
        <title>animation-timing-function 属性 </title>
        <style type="text/css">
            div {width: 100px; height: 100px; background: red; position: relative;
            animation-name: mymove;                /* 定义动画名称 */
            animation-duration: 5s;                /* 定义动画时间 */
            animation-timing-function: linear;     /* 定义动画速度曲线 */
            /* Safari and Chrome 浏览器兼容代码 */
            -webkit-animation-name: mymove;
            -webkit-animation-duration: 5s;
            -webkit-animation-timing-function: linear; }
```

```
            @keyframes mymove {
                 from {left: 0px; }
                 to {left: 200px; } }
            @-webkit-keyframes mymove {/* Safari and Chrome 浏览器兼容代码 */
                 from {left: 0px; }              /* 动画开始和结束时的状态 */
                 to {left: 200px; }          /* 动画中间时的状态 */       }
        </style>
    </head>
    <body>
        <div></div>
    </body>
</html>
```

在例 4-57 中，分别使用 animation-name 属性定义要应用的动画名称，使用 animation-duration 属性定义整个动画效果需要 5 s 时间，使用 animation-timing-function 属性规定动画从头到尾的速度相同。

动画开始时的效果如图 4-73 所示，元素匀速向右移动，直至移动到距离左边 200 px 的位置，效果如图 4-74 所示。然后元素迅速回到动画开始时的位置，效果如图 4-73 所示。

（4）animation-delay 属性

animation-delay 属性用于定义执行动画效果之前延迟的时间，即规定动画什么时候开始。其语法格式如下。

```
    animation-delay:time;
```

在上述语法中，参数 time 用于定义动画开始前等待的时间，其单位是秒或者毫秒，默认属性值为 0。animation-delay 属性适用于所有的块元素和行内元素。

在例 4-57 的基础上演示 animation-delay 属性的使用。在 CSS 中添加如下代码。

```
    animation-delay:2s;
    -webkit- animation-delay:2s;
```

此时，刷新浏览器页面，动画开始前将延迟 2 s 的时间，然后才开始执行动画。

（5）animation-iteration-count 属性

animation-iteration-count 属性用于定义动画的播放次数。其语法格式如下。

```
    animation-iteration-count: number | infinite;
```

在上述语法格式中，animation-iteration-count 属性初始值为 1，适用于所有的块元素和行内元素。如果属性值为 number，则用于定义播放动画的次数；如果是 infinite，则指定动画循环播放。

继续在例 4-57 的基础上进行演示，在 CSS 中添加如下代码。

```
    animation-iteration-count:3;
    -webkit-animation-iteration-count:3;
```

使用 animation–iteration–count 属性定义动画效果需要播放 3 次。此时，刷新页面，动画效果将连续播放 3 次后停止。

（6）animation–direction 属性

animation–direction 属性定义当前动画播放的方向，即动画播放完成后是否逆向交替循环。其语法格式如下。

```
animation–direction: normal | alternate;
```

在上述语法格式中，animation–direction 属性初始值为 normal，适用于所有的块元素和行内元素。该属性包括两个值：默认值 normal 表示动画每次都会正常显示；如果属性值是 alternate，则动画会在奇数次数（1、3、5 等）正常播放，而在偶数次数（2、4、6 等）逆向播放。

【案例引入】

使用 animation-direction 属性完成制作效果，如图 4–75 和图 4–76 所示。

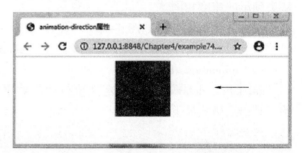

图 4–75　动画在奇数次数正常播放　　　　图 4–76　动画在偶数次数逆向播放

【案件实现】

例 4–58　example58.html

```html
<!DOCTYPE html>
<html>
    <head>
        <meta charset="utf-8">
        <title>animation-direction 属性 </title>
        <style type="text/css">
            div {width: 100px; height: 100px; background: red; position: relative;
            animation-name: mymove;                /* 定义动画名称 */
            animation-duration: 5s;                /* 定义动画时间 */
            animation-timing-function: linear;     /* 定义动画速度曲线 */
            animation-delay: 2s;                   /* 定义动画延迟时间 */
            animation-iteration-count: 3;          /* 定义动画播放的次数 */
            animation-direction: alternate;        /* 定义动画播放的方向 */
            /* Safari and Chrome 浏览器兼容代码 */
            -webkit-animation-name: mymove; -webkit-animation-duration: 5s;
```

```
        -webkit-animation-timing-function: linear; -webkit-animation-delay: 2s;
        -webkit-animation-iteration-count: 3; -webkit-animation-direction: alternate; }
        @keyframes mymove {
            from {left: 0px; }
            to {left: 200px; }      }
        @-webkit-keyframes mymove {/* Safari and Chrome 浏览器兼容代码 */
            from {left: 0px; }              /* 动画开始和结束时的状态 */
            to {left: 200px; }              /* 动画中间时的状态 */}
    </style>
</head>
<body>
    <div></div>
</body>
</html>
```

效果如图 4-75 和图 4-76 所示。

（7）animation 属性

animation 属性也是一个简写属性，用于综合设置以上 6 个动画属性。其语法格式如下。

```
animation:animation-name  animation-duration
animation-timing-function  animation-delay  animation-iteration-count
animation-direction;
```

在上述语法中，使用 animation 属性时必须指定 animation-name 和 animation-duration 属性，否则持续的时间为 0，并且永远不会播放动画。

使用 animation 属性可以将例 4-58 中的第 8～13 行代码进行简写。具体如下。

```
animation:mymove 5s linear 2s 3 alternate;
```

任务 4.5.4　阶段案例

【任务目标】

理解 transition 属性、2D 变形的使用。

熟练运用 transition 属性、transform 属性实现过渡及变形效果。

【知识解析】

在 HTML 页面中定义一个 <ul>、<li> 列表结构，分别用来搭建四幅图片的结构。设置鼠标移到四张图像上时，四张图像的过渡或变形效果。其中，第一张为直角边框变为圆角边框的过渡效果；第二张为图片逐渐放大的过渡效果；第三张为图片旋转的变形效果；第四张为图片透明度逐渐变为 0 的过渡效果。

【案例引入】

通过 transition 属性及 2D 变形完成效果制作，如图 4-77～图 4-81 所示。

图 4-77　过渡前的默认效果

图 4-78　当鼠标移到第一张图像上时，产生直角边框过渡为圆角边框的效果

图 4-79　当鼠标移到第二张图像上时，产生图片逐渐放大的过渡效果

图 4-80　当鼠标移到第三张图像上时，产生图片旋转的过渡效果

图 4-81　当鼠标移到第四张图像上时，产生图片透明度逐渐变暗的过渡效果

【案例实现】

请扫描二维码查看。

案例实现

项 目 小 结

本项目详细讲解了 CSS3 字体样式属性、文本外观属性及高级特性；介绍了 CSS3 中新增的多种选择器，以便可以更轻松地控制网页元素；深入讲解了 CSS3 中强大的动画特效，可以实现旋转、缩放、移动和过渡等效果。

项 目 实 训

为了进一步熟悉和掌握 CSS3 高级特性的应用，请独立完成图 4-82 所示效果。

图 4-82　项目实训效果

项目五

盒子模型

【书证融通】

本书依据《Web 前端开发职业技能等级标准》和职业标准打造初中级 Web 前端工程师规划学习路径，以职业素养和岗位技术技能为重点学习目标，以专业技能为模块，以工作任务为驱动进行编写，详细介绍了 Web 前端开发中涉及的三大前端技术（HTML5、CSS3 和 Bootstrap 框架）的内容和技巧。本书可以作为期望从事 Web 前端开发职业的应届毕业生和社会在职人员的入门级自学参考用书。

本项目讲解盒子模型、CSS3 边框新特性、盒子渐变属性等内容，对应《Web 前端开发职业技能初级标准》中静态网页开发和移动端静态网页开发工作任务的职业标准要求构建项目任务内容和案例，如图 5-1 所示。

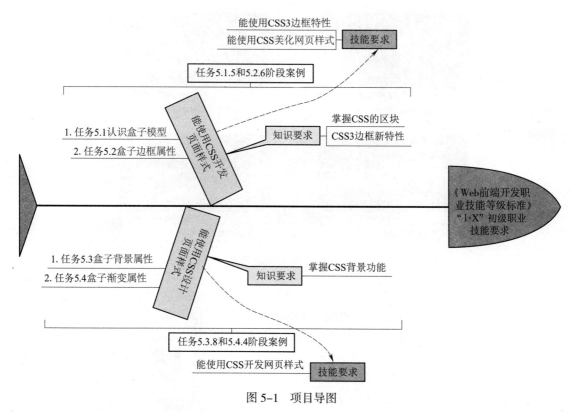

图 5-1 项目导图

任务 5.1　认识盒子模型

任务 5.1.1　盒子模型的构成

【任务目标】

了解并掌握 CSS 盒子模型的构成。

【知识解析】

CSS 盒子模型本质上是一个盒子，它包括边距、边框等内容，类似于一个包含手机、填充泡沫和盛装手机的手机盒子。在手机盒子里，手机为 CSS 盒子模型的内容，填充泡沫的厚度为 CSS 盒子模型的内边距，纸盒的厚度为 CSS 盒子模型的边框。当多个手机盒子放在一起时，它们之间的距离就是 CSS 盒子模型的外边距，如图 5-2 所示。

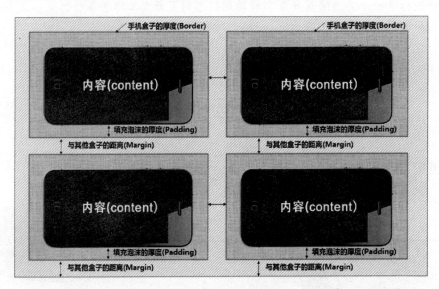

图 5-2　手机盒子的构成

1. 盒子模型

盒子模型是以方形为基础显示，由内容（content）、内边距（padding）、边框（border）、外边距（margin）4 个部分组成。

所有页面中的元素都由图 5-3 所示的基本结构组成，并呈现出矩形的盒子效果。第一部分是内容，包含的是盒子中真正的内容（文本、图片等）；第二部分是外边距，设置元素与相邻元素之间的距离；第三部分是边框；第四部分是内边距，设置内容和边框之

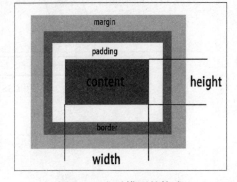

图 5-3　盒子模型的构成

间的距离。

【案例引入】

下面通过一个案例对盒子模型的构成进行演示，实现效果如图 5-4 所示。

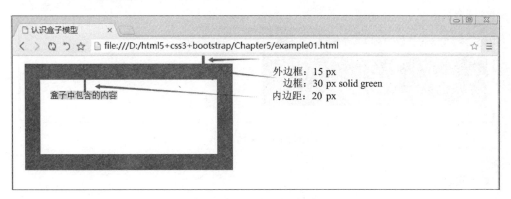

图 5-4　盒子模型的构成

【案例实现】

例 5-1　example1.html

```
<!DOCTYPE html>
<html lang="en">
<head>
    <meta charset="utf-8">
    <title> 认识盒子模型 </title>
    <style>
        .box{ width: 300px; height:100px; border: 30px solid green; background: #FFF;
padding:20px; margin: 15px;    }
        span{background:yellow; }
    </style>
</head>
<body>
    <p class="box" >
        <span> 盒子中包含的内容 </span>
    </p>
</body>
</html>
```

2. <div> 标记

div 标记定义 HTML 文档中的一个分隔区块或者一个区域部分，可以将网页分割为独立的、不同的部分。div 标记内部可以放段落、标题、表格、图像等各种网页元素，div 标记里面还可以嵌套多层 div 标记。

【案例引入】

下面通过一个案例对块元素 div 属性进行演示，实现效果如图 5-5 所示。

图 5-5　块元素 div

【案例实现】

例 5-2　example2.html

```
<!DOCTYPE html>
<html lang="en">
<head>
    <meta charset="utf-8"/>
    <title>div 标记 </title>
    <style type="text/css">
        .div{width: 450px; height: 100px;background: #F00;
font-size:30px;text-align: center;    }
    </style>
</head>
<body>
<div class="div">
    div 标记
</div>
</body>
</html>
```

3. 盒子的宽与高

在 CSS 中，盒子的大小由宽度属性 width 和高度属性 height 进行控制。width 和 height 的属性值通常使用像素值，也可以使用相对于父元素的百分比。

在计算盒子的总宽度和总高度时，还需要加上内边距、外边距的长度，计算公式如下：

● 盒子的总宽度 =width+ 左右内边距之和 + 左右边框宽度之和 + 左右外边距之和

● 盒子的总高度 =height+ 上下内边距之和 + 上下边框高度之和 + 上下外边距之和

【案例引入】

下面通过一个案例对 width 和 height 属性进行演示，实现效果如图 5-6 所示。

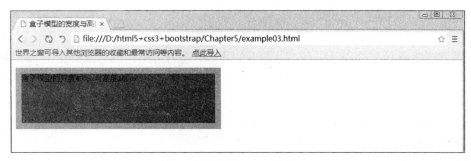

图 5-6 控制盒子的宽度与高度

【案例实现】

例 5-3 example3.html

```
<!DOCTYPE html>
<html lang="en">
<head>
    <meta charset="utf-8">
    <title> 盒子模型的宽度与高度 </title>
    <style types="text/css">
        .box {width: 400px;height: 100px; background: #F00; border: 12px solid #0F0; }
    </style>
</head>
<body>
<p class="box"> 盒子模型的宽度 400px 与高度 100px</p>
</body>
</html>
```

【小贴士】

① <div> 标记最大的意义在于和浮动属性 float 配合，实现网页的布局，这就是常说的 DIV+CSS 网页布局。对于浮动和布局，这里了解即可，后面的章节将会详细介绍。

② <div> 可以替代块级元素如 <h>、<p> 等，但是它们在语义上有一定的区别，例如 <div> 和 <h2> 的不同在于 <h2> 具有特殊的含义，语义较重，代表着标题，而 <div> 是一个通用的块级元素，主要用于布局。

任务 5.1.2 边距属性

【任务目标】

了解并掌握边距属性的用法。

【知识解析】

CSS 的边距属性包括"内边距"和"外边距"两种，具体说明如下。

1. 内边距

内边距指的是元素内容与边框之间的距离,在 CSS 中用 padding 属性来设置内边距。padding 既可以使用 padding-top/right/bottom/left 设置单边的边距,也可以只使用 padding 来设置所有边的边距。相关设置方法如下:

- padding-top:上内边距;
- padding-right:右内边距;
- padding-bottom:下内边距;
- padding-left:左内边距;
- padding:上内边距[右内边距 下内边距 左内边距]。

在定义内边距时,必须按顺时针顺序来赋值,一个值为四边、两个值为上下/左右、三个值为上/左右/下、四个值为上/右/下/左。

需要注意的是,内边距只能使用正值。

【案例引入】

下面通过一个案例对内边距进行演示,实现效果如图 5-7 所示。

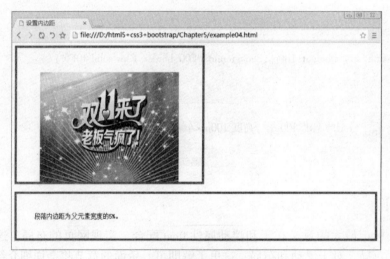

图 5-7　设置内边距

【案例实现】

例 5-4　example4.html

```
<!DOCTYPE html>
<html lang="en">
<head>
    <meta charset="utf-8">
    <title> 设置内边距 </title>
    <style type="text/css">
        .border{ border:5px solid  red;}
```

```
        img{ padding: 60px; padding-bottom:0;   }
        p{padding: 5%;}
    </style>
</head>
<body>
    <img class="border" src="images/9 双十一 .jpg" alt=" 双十一马上升级 ">
    <p  class="border"> 段落内边距为父元素宽度的 5%。</p>
</body>
</html>
```

注意：

如果设置内外边距为百分比，则不论上下或左右的内外边距，都是相对于父元素宽度 width 的百分比，随父元素 width 的变化而变化，和高度 height 无关。

2. 外边距

外边距指的是元素边框与相邻元素之间的距离。在 CSS 中，用 margin 属性来设置外边距，它也是一个复合属性，与内边距 padding 的用法类似。相关设置方法如下。

● margin-top：上外边距；
● margin-right：右外边距；
● margin-bottom：下外边距；
● margin-left：左外边距；
● margin 上外边距［右外边距 下外边距 左外边距］。

margin 属性在使用上与 padding 相同，但外边距可以使用负值，使相邻元素重叠。

当对块级元素应用宽度属性 width，并将左右的外边距都设置为 auto 时，可使块级元素水平居中。实际工作中常用这种方式进行网页布局，示例代码如下。

```
.header {width: 960px;margin: 0 auto;}
```

【案例引入】

下面通过一个案例对外边距进行演示，实现效果如图 5-8 和图 5-9 所示。

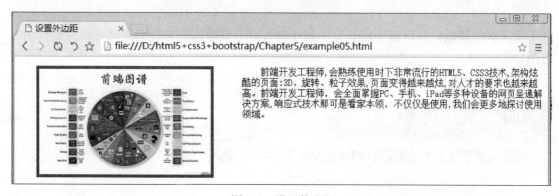

图 5-8　设置外边距

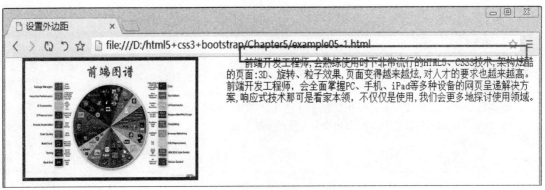

图 5-9　清除默认内外边距

【案例实现】

例 5-5　example5.html

```
<!DOCTYPE html>
<html lang="en">
<head>
    <meta charset="utf-8">
    <title> 设置外边距 </title>
    <style>
        img{ width: 300px; border :5px solid red; float:left; margin-right :50px; margin-left: 30px; }
        p{text-indent: 2em;}
    </style>
</head>
<body>
    <img  src="images/10 前端 .jpg" alt="2019 前端全新优化升级课程 "/>
    <p> 前端开发工程师，会熟练使用时下非常流行的 HTML5、CSS3 技术，架构炫酷的页面 :3D、旋
转、粒子效果，页面变得越来越炫，对人才的要求也越来越高。前端开发工程师，会全面掌握 PC、手机、
iPad 等多种设备的网页呈递解决方案，响应式技术那可是看家本领，不仅仅是使用，我们会更多地探讨使
用领域。</p>
</body>
</html>
```

为了更方便地控制网页中的元素，制作网页时，可使用如下代码清除元素的默认内外
边距。

```
*{padding: 0; /* 清除内边距 */
margin: 0;   /* 清除外边距 */
}
```

清除元素默认内外边距后，网页效果如图 5-9 所示。

任务 5.1.3　box-shadow 属性

【任务目标】

了解并掌握 box-shadow 属性的用法。

【知识解析】

box-shadow 属性用于设置阴影效果，其基本语法格式如下。

> box-shadow: 像素值1　像素值2　像素值3　像素值4　颜色值 阴影类型;

在上面的语法格式中，box-shadow 属性共包含 6 个参数值，具体说明见表 5-1。

表 5-1　box-shadow 属性参数值

参数值	功能说明
像素值 1	表示元素水平阴影位置，可以为负值（必选属性）
像素值 2	表示元素垂直阴影位置，可以为负值（必选属性）
像素值 3	阴影模糊半径（可选属性）
像素值 4	阴影扩展半径，不能为负值（可选属性）
颜色值	阴影颜色（可选属性）
阴影类型	内阴影（inset）/ 外阴影（默认）（可选属性）

表 5-1 列举了 box-shadow 属性参数值，其中，"像素值 1"和"像素值 2"为必选参数值，不可以省略，其余为可选参数值。不设置"阴影类型"参数时，默认为"外阴影"；设置"inset"参数值后，阴影类型变为内阴影。

【案例引入】

下面通过一个案例对 box-shadow 属性进行演示，实现效果如图 5-10 和图 5-11 所示。

图 5-10　盒模型阴影

图 5-11　多重阴影

【案例实现】

例 5-6　example6.html

```
<!DOCTYPE html>
<html lang="en">
<head>
    <meta charset="utf-8">
    <title>box-shadow 属性 </title>
    <style >
        img{padding: 20px; border-radius: 50%; border: 1px solid #ccc; box-shadow: 5px 5px 10px 2px #999
inset; }
    </style>
</head>
<body>
    <img class=" border"src="images/9 双十一 .jpg"alt=" 双十一课程马上升级 "/>
</body>
</html>
```

效果如图 5-10 所示。

在图 5-10 中，图片出现了内阴影效果。值得一提的是，同 text-shadow 属性（文字阴影性）一样，box-shadow 属性也可以改变阴影的投射方向及添加多重阴影效果，示例代码如下。

```
box-shadow: 5px 5px 10px 2px #999 inset,-5px -5px 10px 2px #333 inset;
```

实现效果如图 5-11 所示。

任务 5.1.4　box-sizing 属性

【任务目标】

了解并掌握 box-sizing 属性的用法。

【知识解析】

box-sizing 属性用于定义盒子的宽度值和高度值是否包含元素的内边距和边框，其基本语法格式如下。

```
box-sizing:content-box/border-box;
```

box-sizing 属性的两个取值说明如下。

● content-box：当定义 width 和 height 时，它的参数值不包括 border 和 padding。

● border-box：当定义 width 和 height 时，border 和 padding 的参数值包含在 width 和 height 之内。

【案例引入】

下面通过一个案例对 box-sizing 属性进行演示，实现效果如图 5-12 所示。

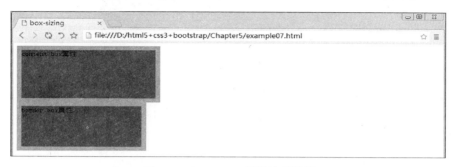

图 5-12　box-sizing 属性演示效果

【案例实现】

例 5-7　example7.html

```
<!DOCTYPE html>
<html lang="en">
<head>
    <meta charset="utf-8">
    <title>box-sizing</title>
    <style>
        .box1{width:280px; height:120px; padding-right:10px; background: #F00; border: 10px
solid #0F0; box-sizing: content-box; }
        .box2{width: 280px; height: 120px; padding-right: 10px; background: #F00; border: 10px solid #0F0; box-
sizing: border-box; }
    </style>
</head>
<body>
    <div class="box1"> content box 属性 </div>
    <div class="box2"> border box 属性 </div>
</body>
</html>
```

【小贴士】

①　设置边框颜色时，必须设置边框样式，如果未设置样式或设置为 none，则其他的边框属性无效。

②　如果设置内外边距为百分比，则不论上下或左右的内外边距，都是相对于父元素宽度 width 的百分比，随父元素 width 的变化而变化，和高度 height 无关。

任务 5.1.5　阶段案例

运用本节学习的知识制作如图 5-13 所示的页面效果。

图 5-13　百度旅游城市搜索指数排行榜

任务 5.2　盒子边框属性

在 CSS 中，边框属性包括边框样式属性、边框宽度属性、边框颜色属性及边框的综合属性。在 CSS3 中，还增加了圆角边框、图片边框等属性。见表 5-2。

表 5-2　边框属性

设置内容	样式属性	常用属性值
边框样式	border-style：上边［右边　下边　左边］	none 无（默认）、solid 单实线、dashed 虚线、dotted 点线、double 双实线
边框宽度	border-width：上边［右边　下边　左边］	像素值
边框颜色	border-color：上边［右边　下边　左边］	颜色值、十六进制、RGB 值
综合设置边框	border：四边宽度　四边样式　四边颜色	
圆角边框	border-radius：水平半径参数 / 垂直半径参数	像素值或百分比
图片边框	border-images：图片路径裁切方式 / 边框宽度 / 边框扩展距离重复方式	

任务 5.2.1　边框样式

【任务目标】

了解并掌握盒子边框样式的用法。

【知识解析】

border-style 属性用于设置元素所有边框的样式，或者单独为各边设置边框样式。见表 5-3。

表 5-3　border-style 设置边框样式说明

属性	功能说明
border-style：属性值 1	设置四条边都为属性值 1
border-style：属性值 1 属性值 2	设置上下边为属性值 1、左右边为属性值 2
border-style：属性值 1 属性值 2 属性值 3	设置上边为属性值 1、左右边为属性值 2、下边为属性值 3
border-style：属性值 1 属性值 2 属性值 3 属性值 4	设置上边为属性值 1、右边为属性值 2、下边为属性值 3、左边为属性值 4

border-style 属性的常用属性值有 4 个，分别用于定义不同的显示样式，具体说明如下。
● solid：边框为单实线。
● dashed：边框为虚线。
● dotted：边框为点线。
● double：边框为双实线。

【案例引入】

下面通过一个案例对边框样式属性进行演示，实现效果如图 5-14 所示。

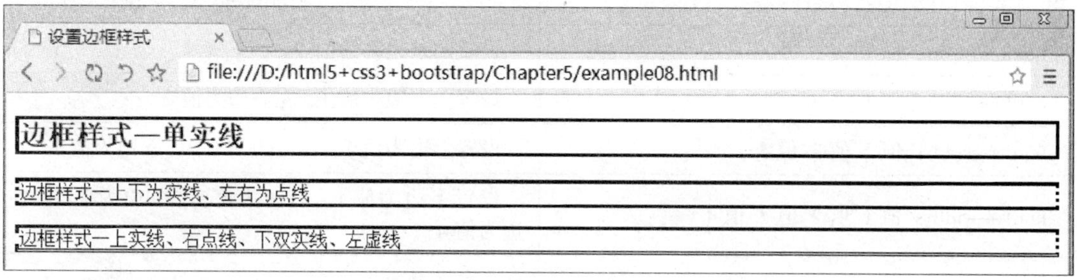

图 5-14　边框样式效果

【案例实现】

例 5-8　example8.html

```
<!DOCTYPE html>
<html lang="en">
<head>
    <meta charset="utf-8">
    <title> 设置边框样式 </title>
```

```
        <style type="text/css">
            h2{border-style: solid;}
            .one{border-style: solid dotted; }
            .two{border-style: solid dotted double dashed; }
        </style>
<body>
    <h2> 边框样式—单实线 </h2>
    <p class="one"> 边框样式—上下为实线、左右为点线 </p>
    <p class="two"> 边框样式—上实线、右点线、下双实线、左虚线 </p>
</body>
</html>
```

需要注意的是，由于兼容性的问题，在不同的浏览器中点线 dotted 和虚线 dashed 的显示样式可能会略有差异。

任务 5.2.2　边框宽度

【任务目标】

了解并掌握盒子边框宽度的用法。

【知识解析】

border-width 属性用于设置元素所有边框的宽度，或者单独为各边设置边框宽度。见表 5-4。

表 5-4　border-width 设置边框宽度说明

属性	功能说明
border-width: 值 1	设置四条边都为值 1
border-width: 值 1 值 2	设置上下边为值 1、左右边为值 2
border-width: 值 1 值 2 值 3	设置上边为值 1、左右边为值 2、下边为值 3
border-width: 值 1 值 2 值 3 值 4	设置上边为值 1、右边为值 2、下边为值 3、左边为值 4

【案例引入】

下面通过一个案例对边框宽度属性进行演示，实现效果如图 5-15 和图 5-16 所示。

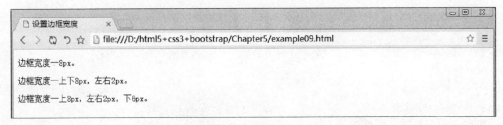

图 5-15　设置边框宽度

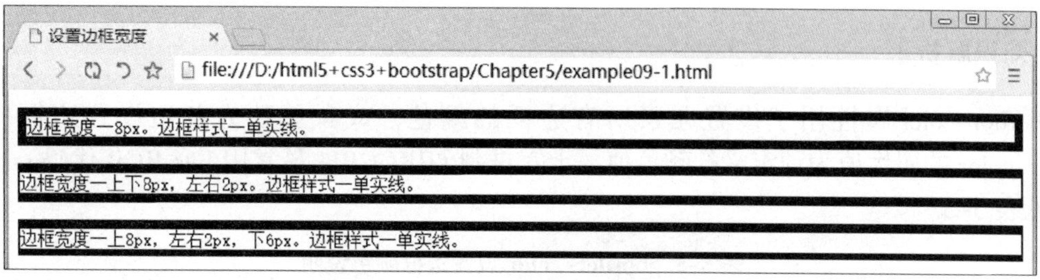

图 5-16　同时设置边框宽度和样式

【案例实现】

例 5-9　example9.html

```
<!DOCTYPE html>
<html lang="en">
<head>
    <meta charset="utf-8">
    <title> 设置边框宽度 </title>
    <style    type="text/css">
        .one{ border-width: 8px;}
        .two {border-width: 8px 2px;}
        .three{ border-width: 8px 2px 6px;}
        p{border-style:solid;}
</style>
</head>
<body>
    <p    class="one"> 边框宽度—8px。边框样式—单实线。</p >
    <p    class="two"> 边框宽度—上下 8px，左右 2px。边框样式—单实线。</p>
    <p    class="three"> 边框宽度—上 8px，左右 2px，下 6px。边框样式—单实线。</p>
</body>
</html>
```

效果如图 5-15 所示。

在例 5-9 的 CSS 代码中，为 <p> 标记添加边框样式，代码为：

```
p{border-style: solid;} /* 综合设置边框样式 */
```

保存 HTML 文件，刷新网页，实现效果如图 5-16 所示。

任务 5.2.3　边框颜色

【任务目标】

了解并掌握盒子边框颜色的用法。

【知识解析】

border-color 属性用于设置元素所有边框的颜色，或者单独为各边设置边框颜色。border-color 的属性值为预定义的颜色值、十六进制 #RRGGBB(最常用) 或 RGB 代码 rgb (r, g, b)，见表 5-5。

表 5-5　border-color 设置边框颜色说明

属性	功能说明
border-color：值 1	设置四条边都为值 1
border-color：值 1 值 2	设置上下边为值 1、左右边为值 2
border-color：值 1 值 2 值 3	设置上边为值 1、左右边为值 2、下边为值 3
border-color：值 1 值 2 值 3 值 4	设置上边为值 1、右边为值 2、下边为值 3、左边为值 4

值得一提的是，在 CSS3 中对边框颜色属性进行了增强，运用该属性可以制作渐变等绚丽的边框效果。CSS 在原边框颜色属性（border-color）的基础上派生了 4 个边框颜色属性：

- border-left-colors
- border-right-colors
- border-bottom-colors
- border-left-colors

上面的 4 个边框属性的属性值同样为预定义的颜色值、十六进制 # RRGGBB 或 RGB 代码 rgb (r, g, b)，并且每个属性最多可以设置的边框颜色数和其边框宽度相等，这时每种边框颜色占 1 px 宽度，边框颜色从外向内渲染。例如，边框的宽度是 10 px，那么它最多可以设置 10 种边框颜色。需要注意的是，如果边框的宽度为 10 px，却只设置了 8 种边框颜色，那么最后一个边框色将自动渲染剩余的宽度。

需要注意的是，由于目前只有 Firefox3.0 版本以上的浏览器才支持 CSS3 的新边框颜色属性，所以，在使用时，会加上 "-moz-" 火狐浏览器私有前缀。

【案例引入】

下面通过一个案例对边框颜色属性进行演示，实现效果如图 5-17 所示。

图 5-17　火狐浏览器中的渐变边框

【案例实现】

例 5-10　example10.html

```
<!DOCTYPE html>
<html lang="en">
<head>
    <meta charset="utf-8">
    <title> 设置边框宽度 </title>
    <style   type="text/css">
        p{border-style: solid; border-color: #CCC #FF0000; }
        p{border-style: solid; border-width: 10px;
        -moz-border-top-colors:#a0a#909#808#707#606#505#404#303;
        -moz-border-right-colors:#a0a#909#808#707#606#505#404#303;
        -moz-border-bottom-colors: #a0a #909#808#707#606#505 #404#303;
        er-left-colors:#a0a#909#808#707#606#505#404#303; }
    </style>
    </head>
    <body>
        <p> 渐变边框 </p>
</body>
</html>
```

任务 5.2.4　综合设置边框

【任务目标】

了解并掌握综合设置边框的用法。

【知识解析】

在 CSS 中，除了通过单个语句来设置边框属性、边框宽度、边框颜色，还可以把它们放在一个语句中一起进行设置，其基本格式如下。

border: 宽度样式颜色

上面的设置方式中，宽度、样式、颜色的顺序不分先后，可以只指定需要设置的属性，省略的部分将取默认值（样式不能省路）。当每一侧的边框样式都不相同，或者只需单独定义某一侧的边框时，可以使用单侧边框的综合属性 border-top、border-bottom、border-left 或 border-right 进行设置。例如，单独定义段落的上边框，代码如下。

p{ border-left: 5px solid #0F0;}

当四条边的边框样式都相同时，可以使用 border 属性进行综合设置。例如，将二级标题的边框设置为虚线、绿色、6 像素宽，代码如下。

> h2{border: 6px dashed green;}

像 border、border-top 等，能够一个属性定义元素的多种样式，在 CSS 中称为复合属性。常用的复合属性有 font、border、margin、padding 和 background 等。实际工作中常使用复合属性，它可以简化代码，提高页面的运行速度。

【案例引入】

下面通过一个案例对综合设置边框进行演示，实现效果如图 5-18 所示。

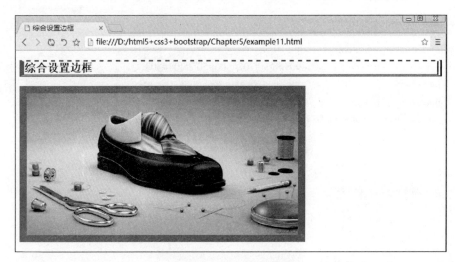

图 5-18　综合设置边框

【案例实现】

例 5-11　example11.html

```
<!DOCTYPE html>
<html lang="en">
<head>
    <meta charset="utf-8">
    <title> 综合设置边框 </title>
    <style types="text/css">
        h2{border-top: 3px dashed #F00; border-right: 10px double #900; border-bottom: 5px double #FF6600;
border-left:10px solid green; }
        .pingmian{border:15px solid #FF6600;}
    </style>
</head>
<body>
    <h2> 综合设置边框 </h2>
    <img class="pingmian" src="images/6 平面设计 .jpg" alt=" 网页平面设计 "/>
</body>
</html>
```

任务 5.2.5 圆角边框

【任务目标】

了解并掌握圆角边框的用法。

【知识解析】

border-radius 属性用于设置圆角边框，其基本语法格式为：

border-radius: 参数 1/参数 2

在上面的语法格式中，border-radius 的属性值包含两个参数，它们的取值可以为像素值或百分比。其中"参数 1"表示圆角的水平半径，"参数 2"表示圆角的垂直半径，两个参数之间用"/"隔开。

【案例引入】

下面通过一个案例对 border-radius 属性进行演示，实现效果如图 5-19 ~ 图 5-23 所示。

图 5-19 圆角边框图

图 5-20   未设置的圆角边框

图 5-21   2 个参数值的圆角边框

图 5-22   3 个参数值的圆角边框

图 5-23　4 个参数值的圆角边框

【案例实现】

例 5-12　example12.html

```
<!DOCTYPE html>
<html lang="en">
<head>
    <meta charset="utf-8">
    <title> 圆角边框 </title>
    <style type="text/css">
        img{border: 17px solid red; border-radius:100px/80px;    }
    </style>
</head>
<body>
    <img class="yuanjiao"src=" images/7 圆角边框 .jpg" alt=" 圆角边框 "/>
</body>
</html>
```

效果如图 5-19 所示。

需要注意的是，在使用 border-radius 属性时，如果第二个参数省略，则会默认等于第一个参数。

例如，将例 5-12 中的第 7 行代码替换为：

```
border-radius:100px;        /* 设置圆角半径为 50 像素 */
```

保存 HTML 文件，刷新页面，实现效果如图 5-20 所示。

在图 5-20 中，圆角边框四角弧度相同，这是因为未定义 "参数 2"（垂直半径）时，系统会将其取值设定为 "参数 1"（水平半径）。值得一提的是，border-radius 属性同样遵循值复制的原则，其水平半径（参数 1）和垂直半径（参数 2）均可以设置 1 ~ 4 个参数值，用来表示四角圆角半径的大小，具体解释如下。

● 参数 1 和参数 2 设置一个参数值时，表示四角的圆角半径。
● 参数 1 和参数 2 设置两个参数值时，第一个参数值代表左上和右下圆角半径，第二个参数值代表右上和左下圆角半径，具体示例代码如下。

```
border-radius: 50px 20px/30px 60px;
```

在上面的示例代码中，设置图像左上和右下圆角水平半径为 50 px、垂直半径为 30 px，右上和左下圆角水平半径为 20 px、垂直半径为 60 px。实现效果如图 5-21 所示。

● 参数 1 和参数 2 设置三个参数值时，第一个参数值代表左上圆角半径，第二个参数值代表右上和左下圆角半径，第三个参数值代表右下圆角半径，具体示例代码如下。

```
border-radius: 80px 20px 20px/30px 60px 90px;
```

在上面的示例代码中，设置图像左上圆角的水平半径为 50 px、垂直半径为 30 px，右上和左下圆角水平半径为 20 px、垂直半径为 40 px，右下圆角的水平半径为 10 px、垂直半径为 60 px。实现效果如图 5-22 所示。

● 参数 1 和参数 2 设置四个参数值时，第一个参数值代表左上圆角半径，第二个参数值代表右上圆角半径，第三个参数值代表右下圆角半径，第四个参数值代表左下圆角半径，具体示例代码如下。

```
border-radius: 80px 90px 20px 10px/80px 90px 20px 10px;
```

在上面的示例代码中，设置图像左上圆角的水平垂直半径均为 50 px，右上圆角的水平和垂直半径均为 30 px，右下圆角的水平和垂直半径均为 20 px，左下圆角的水平和垂直半径均为 10 px。实现效果如图 5-23 所示。

需要注意的是，当应用值复制原则设置圆角边框时，如果"参数 2"省略，则会默认等于"参数 1"的参数值。此时圆角的水平半径和垂直半径相等。例如设置 4 个参数值的示例代码：

```
border-radius: 80px 90px 20px 10px/80px 90px 20px 10px;
```

可以简写为：

```
border-radius: 80px 90px 20px 10px;
```

拓展任务 5.1　图片边框

任务 5.2.6　阶段案例

运用本节学习的知识制作如图 5-24 所示的页面效果。

图 5-24　望庐山瀑布

任务 5.3　盒子背景属性

通过添加背景图像能够增强网页的显示效果，所以，在网页设计中，合理控制背景颜色和背景图像至关重要。本节将详细介绍 CSS 控制背景样式的方法。

任务 5.3.1　设置背景颜色

【任务目标】

了解并掌握设置背景颜色的用法。

【知识解析】

background-color 属性用于设置网页元素的背景颜色，其属性值可使用预定义的颜色值、十六进制 #RRGGBB 或 RGB 代码 rgb (r, g, b)。

background-color 的默认值为 tansparent，即背景透明，此时子元素会显示其父元素的背景。

【案例引入】

下面通过一个案例对背景颜色进行演示，实现效果如图 5-25 所示。

图 5-25　设置背景颜色

【案例实现】

例 5-13　example13.html

```
<!DOCTYPE html>
<html lang="en">
<head>
    <meta charset="utf-8">
    <title> 设置背景颜色 </title>
    <style type="text/css">
        body {background-color: #CCC; }
        h2{font-family:" 微软雅黑 "; color: #FFF; background-color: #FC3;    }
    </style>
</head>
<body>
    <h2> 国庆 70 周年 </h2>
    <p> 特大喜讯 :2019 年 10 月 1 日是中华人民共和国成立 70 周年纪念日。庆祝中华人民共和国成立
70 周年大会于 10 月 1 日举行，习近平发表重要讲话。</p >
</body>
</html>
```

任务 5.3.2　设置背景图像

【任务目标】

了解并掌握设置背景图像的用法。

【知识解析】

background-image 属性用于设置背景图像。

【案例引入】

下面通过一个案例对设置背景图像的操作进行演示，实现效果如图 5-26 所示。

【案例实现】

例 5-14　example14.html

```
<!DOCTYPE html>
<html lang="en">
<head>
    <meta charset="utf-8">
    <title> 设置背景颜色 </title>
    <style type="text/css">
        body {background-color: #CCC; background-image: url(images/13 背景图 .jpg); }
        h2{font-family:" 微软雅黑 ";color: #FFF; background-color: #FC3;}
```

```
        </style>
    </head>
    <body>
        <h2> 国庆 70 周年 </h2>
        <p> 特大喜讯:2019 年 10 月 1 日是中华人民共和国成立 70 周年纪念日。庆祝中华人民共和国成立
70 周年大会于 10 月 1 日举行，习近平发表重要讲话。</p>
    </body>
</html>
```

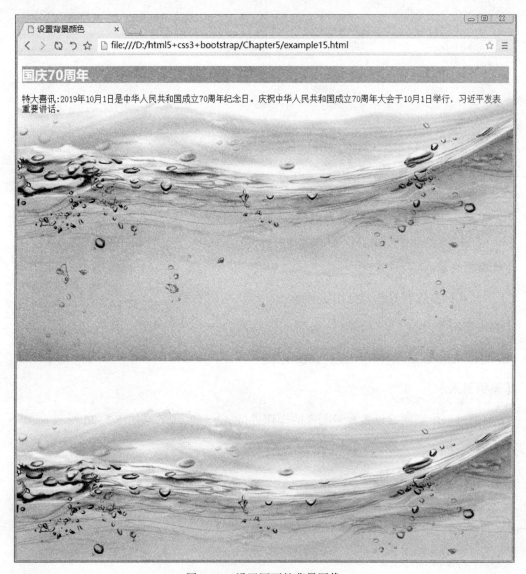

图 5-26　设置网页的背景图像

图片素材如图 5-27 所示，将图像放置在 images 文件夹中，然后更改 body 元素的 CSS
样式代码：

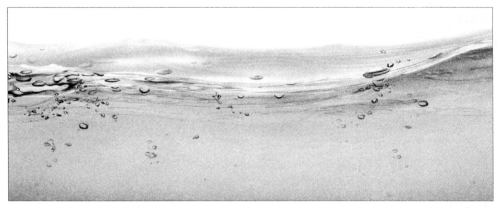

图 5-27　图片素材

```
background-color: #ccc
background-image;url(images/jianbian,png);
```

保存 HTML 文件，刷新网页，实现效果如图 5-26 所示。

任务 5.3.3　背景与图片不透明度的设置

【任务目标】

了解并掌握背景与图片不透明度的设置方法。

【知识解析】

1. RGBA 模式

其语法格式为：

```
rgba(r,g,b,alpha);
```

例如，使用 RGBA 模式为 p 元素指定透明为 0.3，颜色为绿色的背景，代码如下。

```
p{background-color:rgba(0,255,0,0.3);}
```

2. opacity 属性

opacity 属性能够使任何元素呈现出透明效果。其语法格式为：

```
opacity:value;
```

在上述语法中，opacity 属性用于定义元素的不透明度，参数 value 表示不透明度的值，它是一个介于 0 ~ 1 的浮点数值。其中，0 表示完全透明，1 表示完全不透明，而 0.5 则表示半透明。

【案例引入】

下面通过一个案例对 opacity 属性设置进行演示，实现效果如图 5-28 所示。

图 5-28　opacity 属性设置图像的透明度

【案例实现】

例 5-15　example15.html

```
<!DOCTYPE html>
<html lang="en">
<head>
    <meta charset="utf-8">
    <title>opacity 属性设置图像的透明度 </title>
    <style    type="text/css">
        #boxwrap{width: 330px; margin: 10px auto; border: solid 1px #FF6666;}
        img:first-child{opacity:1;}
        img:nth-child(2) {opacity: 0.8; }
        img:nth-child(3){opacity: 0.5; }
        img:nth-child(4){opacity: 0.2;}
    </style>
</head>
<body>
    <div id="boxwrap">
        <img src=" images/14 渐变图 .jpg" width="160" height="160">
        <img src="images/14 渐变图 .jpg" width="160" height="160">
        <img src="images/14 渐变图 .jpg" width="160" height="160">
        <img src="images/14 渐变图 .jpg" width="160" height="160">
    </div>
</body>
</html>
```

任务 5.3.4　设置背景图像平铺

【任务目标】

了解并掌握设置背景图像平铺的用法。

【知识解析】

background-repeat 属性用于设置背景图像的平铺方向，该属性的取值如下。

● repeat：沿水平和竖直两个方向平铺（默认值）。
● no-repeat：不平铺（图像位于元素的左上角，只显示一个）。
● repeat-x：只沿水平方向平铺。
● repeat-y：只沿竖直方向平铺。

【案例引入】

下面通过一个案例对设置背景图像平铺进行演示，实现效果如图 5-29 所示。

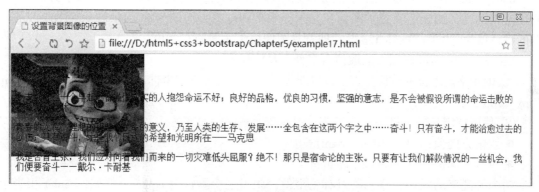

图 5-29　背景图像不平铺

【案例实现】

　　例 5-16　example16.html

```
<!DOCTYPE html>
<html lang="en">
<head>
    <meta charset="utf-8">
    <title> 设置背景图像的位置 </title>
    <style type="text/css">
        body{background-image:url(images/15 背景 .jpg); background-repeat: no-repeat;}
    </style>
</head>
<body>
    <h2> 奋斗的人生 </h2>
    <p> 我未曾见过一个早起勤奋谨慎诚实的人抱怨命运不好；良好的品格，优良的习惯，坚强的意志，是不会被假设所谓的命运击败的——富兰克林 </p>
    <p> 青春的光辉，理想的钥匙，生命的意义，乃至人类的生存、发展……全包含在这两个字之中……奋斗！只有奋斗，才能治愈过去的创伤；只有奋斗，才是我们民族的希望和光明所在——马克思 </p>
    <p> 我是否曾主张，我们应对向着我们而来的一切灾难低头屈服？绝不！那只是宿命论的主张。只要有让我们解救情况的一丝机会，我们便要奋斗——戴尔·卡耐基 </p>
```

```
</body>
</html>
```

任务 5.3.5　设置背景图像的位置

【任务目标】

了解并掌握设置背景图像的位置的用法。

【知识解析】

background-position 属性用于设置背景图像的起始位置，其属性值通常设置为两个，中间用空格隔开，用于定义背景图像在元素的水平和垂直方向的坐标。background-position 属性的默认值为"0 0"或"left top"，即背景图像位于元素的左上角。

background-position 属性的取值有多种，具体如下。

① 使用不同单位的数值：直接设置图像左上角在元素中的坐标，如"background-position: 10px　10px;"

② 使用预定义的关键字：指定背景图像在元素中的对齐方式。

● 水平方向值：left、center、right。

● 垂直方向值：top、center、bottom。

两个关键字的顺序任意，若只有一个值，则另一个默认为 center。例如，center 相当于 center center（居中显示），top 相当于 center top（水平居中、上对齐）。

③ 使用百分比：按背景图像和元素的指定点对齐。

● 0%0%　表示图像左上角与元素的左上角对齐。

● 50%50%　表示图像 50%50% 中心点与元素 50%50% 的中心点对齐。

● 20%30%　表示图像 20%30% 的点与元素 20%30% 的点对齐。

● 100%100% 表示图像右下角与元素的右下角对齐，而不是图像充满元素。

如果只有一个百分数，将作为水平值，垂直值则默认为 50%。

【案例引入】

下面通过一个案例对设置背景图像的位置进行演示，实现效果如图 5-30 和图 5-31 所示。

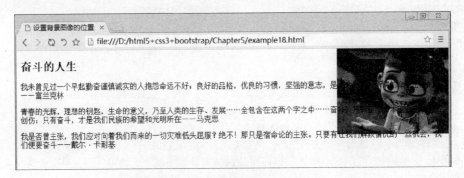

图 5-30　背景图像在右上角

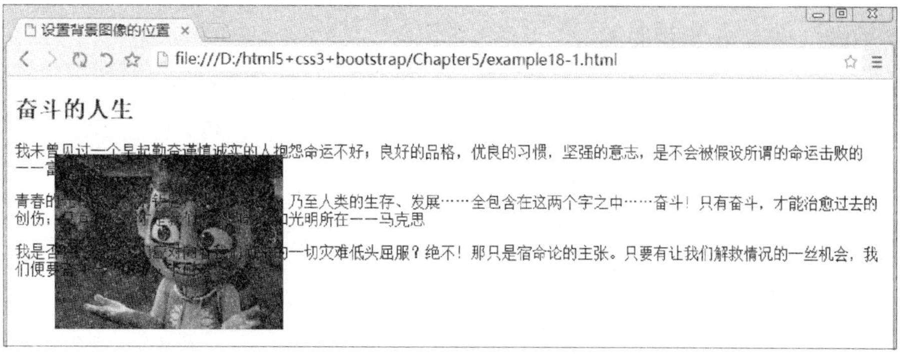

图 5-31 控制背景图像的位置

【案例实现】

例 5-17 example17.html

```
<!DOCTYPE html>
<html lang="en">
<head>
    <meta charset="utf-8">
    <title> 设置背景图像的位置 </title>
    <style type="text/css">
        body{background-image:url(images/15 背景 .jpg);background-repeat: no-repeat;background-position: right top;  }
            </style>
        </head>
        <body>
            <h2> 奋斗的人生 </h2>
            <p> 我未曾见过一个早起勤奋谨慎诚实的人抱怨命运不好；良好的品格，优良的习
惯，坚强的意志，是不会被假设所谓的命运击败的——富兰克林 </p>
            <p> 青春的光辉，理想的钥匙，生命的意义，乃至人类的生存、发展……全包含在
这两个字之中……奋斗！只有奋斗，才能治愈过去的创伤；只有奋斗，才是我们民族的希望和光明所在
——马克思 </p>
            <p> 我是否曾主张，我们应对向着我们而来的一切灾难低头屈服？绝不！那只是宿
命论的主张。只要有让我们解救情况的一丝机会，我们便要奋斗——戴尔·卡耐基 </p>
</body>
</html>
```

效果如图 5-30 所示。

在例 5-17 中，将 background-position 的值定义为像素值来控制，body 元素的 CSS 样式
代码如下。

```
body{background-image:url(images/15 背景 .jpg);
background-repeat: no-repeat;
background-position: 50px 80px;          }
```

保存 HTML 文件，再次刷新网页，实现效果如图 5-31 所示。

任务 5.3.6　设置背景图像固定

【任务目标】

了解并掌握设置背景图像固定的用法。

【知识解析】

background-attachment 属性用于设置背景图像是否固定或者随着页面的其余部分滚动，它有两个属性值，分别代表不同的含义。

- scroll：图像随页面元素一起滚动（默认值）。
- fixed：图像固定在屏幕上，不随页面元素滚动。

【案例引入】

下面通过一个案例对设置背景图像固定进行演示，实现效果如图 5-32 所示。

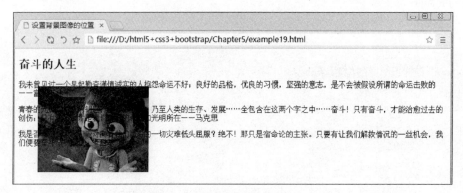

图 5-32　设置背景图像固定

【案例实现】

例 5-18　example18.html

```
<!DOCTYPE html>
<html lang="en">
<head>
    <meta charset="utf-8">
    <title> 设置背景图像的位置 </title>
    <style type="text/css">
        body{background-image: url(images/15 背景.jpg);
background-repeat: no-repeat; background-position:50px 80px;
background-attachment: fixed;}
    </style>
</head>
<body>
```

```
<h2> 奋斗的人生 </h2>
    <p> 我未曾见过一个早起勤奋谨慎诚实的人抱怨命运不好；良好的品格，优良的习惯，坚强的意
志，是不会被假设所谓的命运击败的——富兰克林 </p >
    <p> 青春的光辉，理想的钥匙，生命的意义，乃至人类的生存、发展……全包含在这两个字之
中……奋斗！只有奋斗，才能治愈过去的创伤；只有奋斗，才是我们民族的希望和光明所在——马
克思 </p >
    <p> 我是否曾主张，我们应对向着我们而来的一切灾难低头屈服？绝不！那只是宿命论的主张。只
要有让我们解救情况的一丝机会，我们便要奋斗——戴尔·卡耐基 </p >
</body>
</html>
```

任务 5.3.7 设置背景图像的大小

【任务目标】

了解并掌握设置背景图像的大小的方法。

【知识解析】

background-size 属性用于设置背景图像的尺寸，其基本语法格式如下。

background-size: 属性值 1 属性值 2;

在上面的语法格式中，background-size 属性可以设置一个或两个值定义背景图像的宽
高，其中属性值 1 为必选属性值，属性值 2 为可选属性值。属性值可以是像素值、百分比、
"cover" 或 "contain" 关键字，具体解释见表 5-6。

表 5-6　background-size 属性值

属性值	说明
像素值	设置背景图像的高度和宽度。第一个值设置宽度，第二个值设置高度。如果只设置一个值，则第二个值会默认为 auto
百分比	以父元素的百分比来设置背景图像的宽度和高度。第一个值设置宽度，第二个值设置高度。如果只设置一个值，则第二个值会默认为 auto
cover	把背景图像扩展至足够大，使背景图像完全覆盖背景区域。背景图像的某些部分也许无法显示在背景定位区域中
contain	把图像扩展至最大尺寸，以使其宽度和高度完全适应内容区域

【案例引入】

下面通过一个案例对控制背景图像大小的方法进行演示，实现效果如图 5-33 和图 5-34
所示。

图 5-33 背景图像填充

图 5-34 控制背景图像大小

【案例实现】

例 5-19 example19.html

```
<!DOCTYPE html>
<html lang="en">
<head>
    <meta charset="utf-8">
    <title> 设置背景图像的大小 </title>
    <style type="text/css">
        div{width: 300px; height: 300px; border: 3px solid #666; margin: 0 auto;
background-color: #FCC; background-image:url(images/15 背景 .jpg); background-repeat:
no-repeat; background-position: center center; }
    </style>
</head>
<body>
    <div>300px 的盒子 </div>
</body>
</html>
```

效果如图 5-33 所示。

在图 5-33 中，背景图片居中显示。此时运用 background-size 属性可以对图片的大小进行控制，为 div 添加 CSS 样式代码，具体如下。

```
background-size: 100px 200px;
```

保存 HIML 文件，刷新页面，实现效果如图 5-34 所示。

拓展任务 5.2 设置背景的显示区域

拓展任务 5.3　设置背景的裁剪区域

拓展任务 5.4　设置多重背景图像

拓展任务 5.5　背景复合属性

任务 5.3.8　阶段案例

运用本节学习的知识制作如图 5-35 所示的页面效果。

图 5-35　龙猫拼图

任务 5.4　盒子渐变属性

在 CSS3 中，渐变属性主要包括线性渐变、径向渐变和重复渐变，本节将对这三种常见的渐变方式进行讲解。

任务 5.4.1　线性渐变

【任务目标】

了解并掌握线性渐变的用法。

【知识解析】

通过在 background-image 属性中设置 linear-gradient 参数，从而实现线性的渐变效果，基本语法格式如下。

> background-image:linear-gradient(渐变角度 , 颜色值 1, 颜色值 2, ..., 颜色值 n);

在上面的语法格式中，linear-gradient 用于定义渐变方式为线性渐变，括号内用于设定渐变角度和颜色值，具体解释如下。

● 渐变角度

渐变角度指水平线和渐变线之间的夹角，可以是以 deg 为单位的角度数值或 "to" 加 "left" "right" "top" 和 "bottom" 等关键词。在使用角度设定渐变起点的时候，0deg 对应 "to top"，90deg 对应 "to right"，180deg 对应 "to bottom"，270deg 对应 "to left"，整个过程就是以 bottom 为起点顺时针旋转，具体如图 5-36 所示。

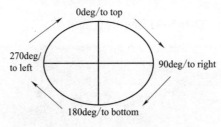

图 5-36　渐变角度图

当未设置渐变角度时，会默认为 "180deg" 等同于 "to bottom"。

● 颜色值

颜色值用于设置渐变颜色，其中 "颜色值 1" 表示起始颜色，"颜色值 n" 表示结束颜色，起始颜色和结束颜色之间可以添加多个颜色值，各颜色值之间用 "," 隔开。

【案例引入】

下面通过一个案例对线性渐变的用法和效果进行演示，实现效果如图 5-37 和图 5-38 所示。

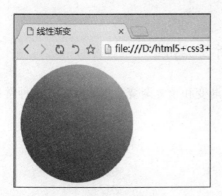

图 5-37　线性渐变 1

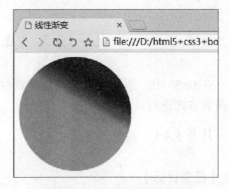

图 5-38　定义渐变颜色位置

例 **5-20**　example20.html

```
<!DOCTYPE html>
<html lang="en">
<head>
    <meta charset="utf-8">
    <title> 线性渐变 </title>
    <style type="text/css">
        div{ width: 200px; height: 200px; border-radius:50%;background-image:
linear-gradient(30deg ,red,yellow); }
</style>
</head>
<body>
    <div></div>
</html>
```

效果如图 5-37 所示。

值得一提的是，在每一个颜色值后面还可以书写一个百分比数值，用于标示颜色渐变的位置，具体示例代码如下：

> background-image: linear-gradient(30deg, #0F0 50%,#00F 80%);

实现效果如图 5-38 所示。

任务 5.4.2　径向渐变

【任务目标】

了解并掌握径向渐变的用法。

【知识解析】

通过在 background-image 属性中设置 radial-gradient 参数，从而实现径向的渐变效果，基本语法格式如下。

> background-image: radial-gradient(渐变形状圆心位置 , 颜色值 1, 颜色值 2, ..., 颜色值 n);

在上面的语法格式中，radial-gradient 用于定义渐变的方式为径向渐变，括号内的参数值用于设定渐变形状、圆心位置和颜色值，对各参数的具体介绍如下。

1. 渐变形状

渐变形状用来定义径向渐变的形状，其取值既可以是定义水平和垂直半径的像素值或百分比，也可以是相应的关键词。其中关键词主要包括 "circle" 和 "ellipse" 两个值。具体解释如下。

● 像素值/百分比：用于定义形状的水平和垂直半径，如 "70 px 30 px" 表示一个水平半径为 70 px、垂直半径为 30 px 的椭圆形。

● circle：指定圆形的径向渐变。

● ellipse：指定椭圆形的径向渐变。

2. 圆心位置

圆心位置用于确定元素渐变的中心位置，用"at"加上关键词或参数值来定义径向渐变的中心位置。该属性值类似于 CSS 中的 background-position 属性值，如果省略，则默认为"center"。该属性值主要有以下几种。

- 像素值/百分比：用于定义圆心的水平和垂直坐标，可以为负值。
- left：设置左边为径向渐变圆心的横坐标值。
- center：设置中间为径向渐变圆心的横坐标值或纵坐标值。
- right：设置右边为径向渐变圆心的横坐标值。
- top：设置顶部为径向渐变圆心的纵坐标值。
- bottom：设置底部为径向渐变圆心的纵坐标值。

3. 颜色值

"颜色值 1"表示起始颜色，"颜色值 n"表示结束颜色，起始颜色和结束颜色之间可以添加多个颜色值，各颜色值之间用","隔开。

【案例引入】

下面运用径向渐变来制作一个小球，实现效果如图 5-39 所示。

图 5-39　径向渐变

【案例实现】

例 5-21　example21.html

```
<!DOCTYPE html>
<html lang="en">
<head>
    <meta charset="utf-8">
    <title> 径向渐变 </title>
    <style type="text/css">
        div{width: 180px; height: 180px; border-radius: 50%; background-image:
radial-gradient(ellipse at center, #00F, #FFF);    /* 设置径向渐变 */}
    </style>
</head>
<body>
    <div></div>
</body>
</html>
```

同"线性渐变"类似,在"径向渐变"的颜色值后面也可以书写一个百分比数值,用于设置渐变的位置。

任务 5.4.3 重复渐变

【任务目标】

了解并掌握径向渐变的用法。

【知识解析】

1. 重复线性渐变

通过在 background-image 属性中设置 repeating-linear-gradient 参数,从而实现重复线性的渐变效果,基本语法格式如下。

> background-image: repeating-linear-gradient(渐变角度 , 颜色值 1, 颜色值 2, ..., 颜色值 n);

在上面的语法格式中,"repeating-linear-gradient(参数值)"用于定义渐变方式为重复线性渐变,括号内的参数取值和线性渐变相同,分别用于定义渐变角度和颜色值。

【案例引入】

下面通过一个案例来对重复线性渐变进行演示,实现效果如图 5-40 所示。

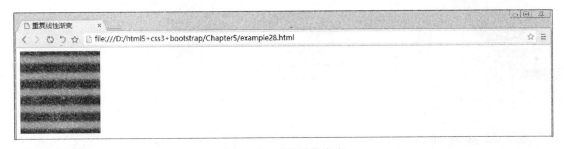

图 5-40 重复线性渐变

【案例实现】

例 5-22 example22.html

```
<!DOCTYPE html>
<html lang="en">
<head>
        <meta charset="utf-8">
        <title> 重复线性渐变 </title>
        <style>
           div{width: 180px; height: 180px; background-image: repeating-linear-gradient(180deg, #F00 #0F0
10%,#00F 20%);}
        </style>
```

```
</head>
<body>
        <div></div>
</body>
</html>
```

2. 重复径向渐变

通过在 background-image 属性中设置 repeating-radial-gradient t 参数，从而实现重复径向的渐变效果，基本语法格式如下。

background-image: repeating-radial-gradient(渐变形状圆心位置 , 颜色值 1，颜色值 2, ..., 颜色值 n);

在上面的语法格式中，"repeating-radial-gradient(参数值)"用于定义渐变方式为重复径向渐变，括号内的参数取值和径向渐变相同，分别用于定义渐变形状、圆心位置和颜色值。

【案例引入】

下面通过一个案例来对重复径向渐变进行演示，实现效果如图 5-41 所示。

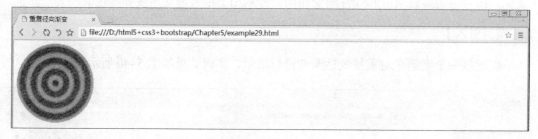

图 5-41　重复径向渐变

【案例实现】

例 5-23　example23.html

```
<!DOCTYPE html>
<html lang="en">
<head>
        <meta charset="utf-8">
        <title> 重复径向渐变 </title>
        <style type="text/css">
            div{width: 180px; height: 180px; border-radius: 50%;background-image:
repeating-radial-gradient(circle at 50% 50%,#F00,#0F0 10%,#00F 20%);}
        </style>
</head>
<body>
    <div></div>
</body>
</html>
```

任务 5.4.4　阶段案例

运用本节学习的知识制作如图 5-42 所示的页面效果。

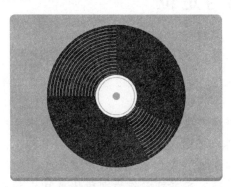

图 5-42　黑胶唱片

项 目 小 结

盒子模型是样式表（CSS）控制页面的重要概念，只有理解了盒子模型和其中每个元素的用法，才能熟练使用 CSS 的定位方法和技巧。通过设置盒子模型的边距、边框、背景、渐变等属性来呈现网页布局技术的灵活性、多样性。

① 模型构成。盒子模型由内容、内边距、边框、外边距 4 个部分组成。

② 边框属性。从样式、宽度、颜色等方面进行设置，从而实现边框效果。

③ 背景属性。从颜色、图像、透明度、平铺等方面进行设置，从而实现背景效果。

④ 渐变属性。从线性、径向等方面进行设置，从而实现渐变效果。

项 目 实 训

运用本章学习的知识制作如图 5-43 所示的页面效果。

图 5-43　艺术展品

项目六

元素的浮动与定位

【书证融通】

本书依据《Web 前端开发职业技能等级标准》和职业标准打造初中级 Web 前端工程师规划学习路径，以职业素养和岗位技术技能为重点学习目标，以专业技能为模块，以工作任务为驱动进行编写，详细介绍了 Web 前端开发中涉及的三大前端技术（HTML5、CSS3 和 Bootstrap 框架）的内容和技巧。本书可以作为期望从事 Web 前端开发职业的应届毕业生和社会在职人员的入门级自学参考用书。

本项目讲解网页定位布局属性和元素类型转换等内容，对应《Web 前端开发职业技能初级标准》中静态网页开发工作任务的职业标准要求构建项目任务内容和案例，如图 6-1 所示。

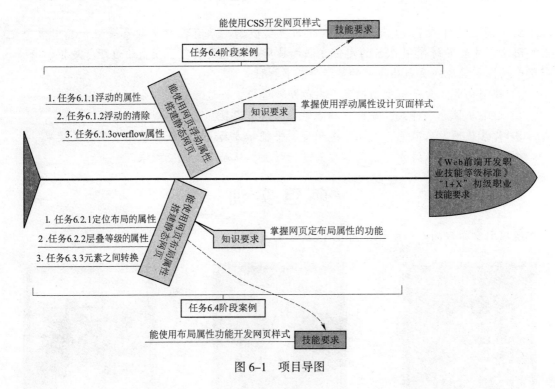

图 6-1　项目导图

【问题引入】

在标准流布局中，块级元素都是上下排列，行内元素都是左右排列的，这样的网页会单调、混乱，受限制。为了使网页的排版更加丰富、合理，在 CSS 中可以对元素设置浮动和定位样式。本项目将对元素的浮动和定位进行详细讲解。

【学习任务】

- 元素的浮动
- 清除浮动的方法
- 常见的几种定位模式
- 元素的类型与转换

【学习目标】

- 掌握元素浮动的方法，能够为元素设置浮动效果
- 掌握清除元素浮动的方法，能够使用不同方法清除浮动效果
- 掌握元素的定位与类型转换，能够为元素设置不同的定位模式

任务6.1　浮　　动

任务6.1.1　浮动的属性

【任务目标】

理解元素的浮动，能够为元素设置浮动样式。

【知识解析】

　　所谓元素的浮动，是指设置了浮动属性的元素会脱离标准文档流（标准文档流指的是内容元素排版布局过程中，会自动从左到右，从上往下进行流式排列）的控制，移动到其父类中指定位置的过程。

　　CSS 的 Float（浮动）会使元素向左或向右移动，其周围的元素也会重新排列。它允许任何元素的浮动，不论是图像、段落或是列表，无论先前是什么状态，浮动后都成为块级元素，浮动的宽度缺省为 auto。

　　在页面设计时，页面多个元素通常会排列整齐，按照一定的顺序展现，如图 6-2 所示，但这样从上到下顺利排列看起来有些呆板，那么如何排列看起来比较美观、舒服、有序呢？这就需要设置元素的浮动效果，如图 6-3 所示。下面将对元素的浮动进行详细讲解。

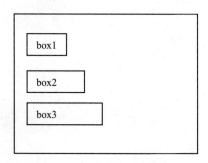

图 6-2　元素默认排列方式

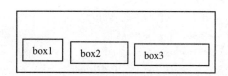

图 6-3　元素浮动后的排列方式

元素的浮动属性主要用来进行页面布局，通过 float 属性来定义元素的浮动，其作用是移动到其父类中指定的位置。其基本语法格式为：

选择器 { float: 属性值 ;}

常用的 float 属性值有 3 个，具体见表 6-1。

表 6-1　float 的常用属性值

属性值	功能描述
left	元素向左浮动
right	元素向右浮动
none	元素不浮动（默认值）

【案例引入】

下面通过案例分别演示这三个属性的实际应用效果。

首先来查看一下不设置浮动元素的默认排列，实现效果如图 6-4 所示。

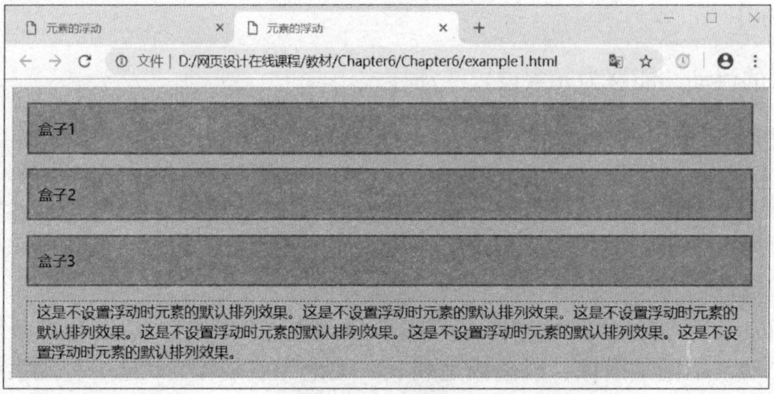

图 6-4　不设置浮动时元素的默认排列效果

【案例实现】

例 6-1　example1.html

```
<!DOCTYPE html>
<html lang="en">
<head>
    <meta charset="utf-8">
    <title> 元素的浮动 </title>
    <style type="text/css">
        .father {background: #ccc; border: 1px dashed #999; }
        .Box01,.Box02,.Box03{height: 50px; line-height: 50px;
        background:#00A2E8; border: 2px solid #EFE9B3; margin: 15px;
```

```
            padding: 0px 10px; }
            p{    background: #FCF; border: 1px dashed #E33; margin:15px;
            padding: 0px 10px;            }
</style>
            </head>
            <body>
                <div class="father">
                    <div class="Box01"> 盒子 1</div>
                    <div class="Box02"> 盒子 2</div>
                    <div class="Box03"> 盒子 3</div>
                    <p> 这是不设置浮动时元素的默认排列效果。这是不设置浮动时元素的默认排列效
果。这是不设置浮动时元素的默认排列效果。这是不设置浮动时元素的默认排列效果。这是不设置浮动
时元素的默认排列效果。这是不设置浮动时元素的默认排列效果。</p>
                </div>
            </body>
            </html>
```

在例 6-1 中，所有的元素均不应用 float 属性，也就是说，元素的 float 属性值都为其默认值 none。

在图 6-4 中，Box01、Box02、Box03 及段落文本从上到下一一罗列。可见如果不对元素设置浮动，则该元素及其内部的子元素将按照标准文档流的样式显示，即块元素占据页面整行。

接下来，在例 6-1 的基础上演示元素的左浮动效果。以 Box01 为设置对象，对其应用左浮动样式，具体 CSS 代码如下。

```
.Box01{float: left ; }
```

保存 HTML 文件，刷新页面，效果如图 6-5 所示。

通过图 6-5 容易看出，设置左浮动的 Box01 漂浮到了 Box02 的左侧，也就是说，Box01 不再受文档流控制，出现在了一个新的层次上。

在上述案例的基础上，继续为 Box02 设置左浮动，具体 CSS 代码如下。

```
.Box01,.Box02{float: left; }
```

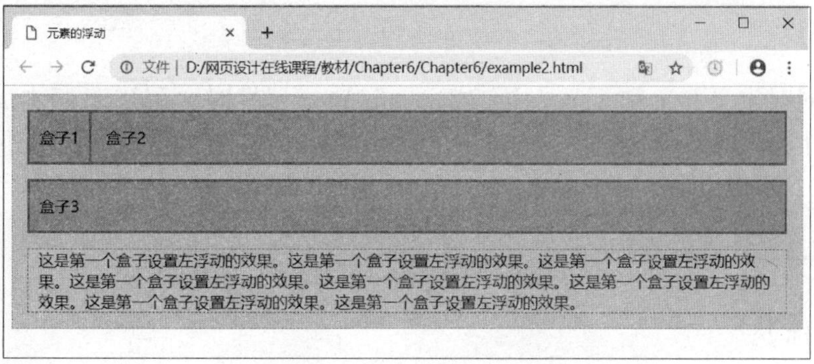

图 6-5　Box01 左浮动效果

保存 HTML 文件，刷新页面，效果如图 6-6 所示。

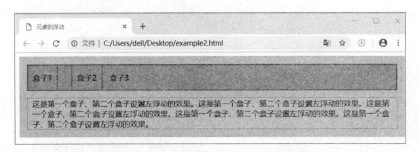

图 6-6　Box01 和 Box02 同时左浮动效果

在图 6-6 中，Box01、Box02、Box03 三个盒子整齐地排列在同一行，可见通过应用
"float:left;"样式可以使 Box01 和 box2 同时脱离标准文档流的控制而向左漂浮。

在上述案例的基础上，继续为 Box03 设置左浮动，具体 CSS 代码如下。

```
.Box01,.Box02,.Box03{ float: left; }
```

保存 HTML 文件，刷新页面，效果如图 6-7 所示。

在图 6-7 中，Box01、Box02、Box03 三个盒子排列在同一行，同时周围的段落文本将环
绕盒子，出现了图文混排的网页效果。

需要说明的是，float 另一个属性值"right"在进行网页布局时也会经常用到，它与"left"
属性值的用法相同，但方向相反。应用了"float:right;"样式的元素将向右侧浮动，读者要学
会举一反三。

图 6-7　Box01、Box02、Box03 同时左浮动效果

【小贴士】

对元素同时定义 float 和 margin-left 或 margin-right 属性时，在 IE 低版本浏览器中，左
外边距或右外边距将是所设置的 margin-left 或 margin-right 值的两倍，这就是网页制作中经
常出现的"IE6 双倍边距"问题。

任务 6.1.2　浮动的清除

【任务目标】

熟悉清除浮动的方法，可以使用不同方法清除浮动。

【知识解析】

在网页中，由于浮动元素不再占用原文档流的位置，所以它对页面中其他标签的排版产生影响。例如，图 6-7 中的段落文本受到其周围元素浮动的影响，产生了图文混排的效果，这时如果要避免浮动对其他元素的影响，就需要清除浮动。在 CSS 中，使用 clear 属性清除浮动，其基本语法格式如下：

> 选择器 {clear: 属性值 ;}

在上面的语法中，clear 属性的常用值有 3 个，具体见表 6-2。

表 6-2　clear 的常用属性值

属性值	功能描述
left	不允许左侧有浮动元素（清除左侧浮动的影响）
right	不允许右侧有浮动元素（清除右侧浮动的影响）
both	同时清除左右两侧浮动的影响

【案例引入】

通过对例 6-1 中的 <p> 标记采用 clear 属性来清除浮动元素对段落文本的影响，如例 6-2 所示。实现效果如图 6-8 所示。

图 6-8　清除浮动后的效果

【案例实现】

例 6-2　example2.html

```
<!DOCTYPE html>
<html lang="en">
<head>
    <meta    charset="utf-8">
    <title> 清除元素的左浮动 </title>
    <style type="text/css">
        .father{background: #ccc; border: 1px dashed #999; }
        .Box01,.Box02,.Box03{height: 50px; line-height:50px;
background: #FF9; border: 1px solid #F33; margin:15px; padding: 0px 10px; float: left; }
        p{background: #FCF; border: 1px dashed #F33; margin:15px; padding: 0px 10px; clear: left; }
```

```
        </style>
      </head>
      <body>
        <div class="father">
            <div class="Box01">Box01</div>
            <div class="Box02">Box02</div>
            <div class="Box03">Box03</div>
            <p> 这是用 clear 对 p 标签进行左浮动的清除。这是用 clear 对 p 标签进行左浮动的清
除。这是用 clear 对 p 标签进行左浮动的清除。这是用 clear 对 p 标签进行左浮动的清除。这是用 clear 对
p 标签进行左浮动的清除。这是用 clear 对 p 标签进行左浮动的清除。</p>
        </div>
      </body>
      </html>
```

通过图 6-8 可以看出，对段落标签使用清除左浮动后，段落文本不再受到浮动元素的影响，而是按照元素自身的默认排列方式，独占一行，排列在浮动元素 Box01、Box02、Box03 的下面。

【案例引入】

需要注意的是，clear 属性只能清除元素左右两侧浮动的影响。然而在制作网页时，经常遇到一些特殊的浮动影响。例如，对子元素设置浮动时，如果不对其父元素定义高度，则子元素浮动会对父元素产生影响。接下来看看子元素浮动对父元素的影响。实现效果如图 6-9 所示。

图 6-9　子元素浮动对父元素的影响

【案例实现】

例 6-3　example3.html

```
<!DOCTYPE html>
<html lang="en">
<head>
    <meta charset="utf-8">
    <title> 清除浮动 </title>
    <style type="text/css">
        father { background: #ccc; border: 1px dashed #999; }
        .Box01,.Box02,.Box03{height: 50px; line-height: 50px;
        background: #f9c; border: 1px dashed #999; margin: 15px;
        padding: 0px 10px; float: left; }
```

```
    </style>
</head>
<body>
    <div class="father">
        <div class="Box01"> 盒子 1</div>
        <div class="Box02"> 盒子 2</div>
        <div class="Box03"> 盒子 3</div>
    </div>
</body>
</html>
```

在例 6-3 中，为 Box01、Box02、Box03 三个子盒子定义左浮动，同时，不给其父元素设置高度。

运行例 6-3，可以发现由于受到子元素浮动的影响，没有设置高度的父元素变成了一条直线，即父元素不能自适应子元素的高度了。

由于子元素和父元素为嵌套关系，不存在左右位置，所以使用 clear 属性并不能清除子元素浮动对父元素的影响。那么还有什么方法可以解决此类情况呢？下面总结 3 种常用的清除浮动的方法，具体介绍如下。

方法一：使用空标记清除浮动

【案例引入】

在浮动元素之后添加空标记，并对该标记应用 "clear:both" 样式，可清除元素浮动所产生的影响，这个空标记可以为 <div>、<p>、<hr/> 等任何标记。下面在例 6-3 的基础上，演示使用空标记清除浮动的方法，实现效果如图 6-10 所示。

图 6-10　空标记清除浮动效果

【案例实现】

例 6-4　example4.html

```
<!DOCTYPE html>
<html lang="en">
<head>
    <meta charset="utf-8">
    <title> 空标记清除浮动 </title>
    <style type="text/css">
        .father { background: #ccc; border: 1px dashed #999; }
```

```
        .Box01,.Box02,.Box03{height: 50px; line-height: 50px; background: #f9c; border: 1px dashed #999; margin:
15px;
        padding: 0px 10px; float: left;    }
        .Box03 {clear: both;}
    </style>
</head>
<body>
    <div class="father">
        <div class="Box01"> 盒子 1</div>
        <div class="Box02"> 盒子 2</div>
        <div class="Box03"> 盒子 3</div>
        <div class="Box03"></div>
    </div>
</body>
</html>
```

例 6-4 中，在浮动元素 Box01、Box02、Box3 之后添加 class 为 Box03 的空 div，然后对 Box03 应用 "clear both;" 样式，清除浮动对父盒子的影响。

在图 6-10 中，父元素被其子元素撑开了，即子元素的浮动对父元素的影响已经不存在。

需要注意的是，上述方法虽然可以清除浮动，但是在无形中增加了毫无意义的结构元素（空标记），因此，在实际工作中不建议使用。

方法二：使用 overflow 属性清除浮动

【案例引入】

对元素应用 "overflow:hidden;" 样式，也可以清除浮动对该元素的影响，该方法弥补了空标记清除浮动的不足。下面继续在例 6-3 的基础上，演示使用 overflow 属性清除浮动的方法，实现效果如图 6-11 所示。

图 6-11　overflow 属性清除浮动效果

【案例实现】

例 6-5 example5.html

```
<!DOCTYPE html>
<html lang="en">
<head>
    <meta charset="utf-8">
```

```
<title> overflow 属性清除浮动 </title>
<style type="text/css">
    .father{    background: #ccc;border: 1px dashed #999; overflow:hidden;    }
    .Box01,.Box02,.Box03{height: 50px; line-height: 50px; background:skyblue; border: 1px dashed #999;
margin: 15px; padding: 0px 10px; float: left;    }
</style>
    </head>
    <body>
        <div class="father">
            <div class="Box01"> 盒子 1</div>
            <div class="Box02"> 盒子 2</div>
            <div class="Box03"> 盒子 3</div>
        </div>
    </body>
    </html>
```

在例 6-5 中，对父元素应用"overflow:hidden;"样式来清除子元素浮动对父元素的影响。

运行例 6-5，效果如图 6-11 所示。在图 6-10 中，父元素又被其子元素撑开了，即子元素浮动对父元素的影响已经不存在了。

方法三：使用 after 伪对象清除浮动

【案例引入】

使用 after 伪对象也可以清除浮动，但是该方法只适用于 IE8 及以上版本浏览器和其他非 IE 浏览器。使用 after 伪对象清除浮动时，需要注意以下两点。

① 必须为需要清除浮动的元素伪对象设置"height:0;"样式，否则，该元素会比其实际高度高出若干像素。

② 必须在伪对象中设置 content 属性，属性值可以为空，如"content:"";"。

下面继续在例 6-3 的基础上演示使用 after 伪对象清除浮动的方法，实现效果如图 6-12 所示。

图 6-12　after 伪对象清除浮动效果

【案例实现】

例 **6-6**　example6.html

```
<!DOCTYPE html>
<html lang="en">
<head>
    <meta charset="utf-8">
    <title> 使用 after 伪对象清除浮动 </title>
    <style types="text/css">
        .father{ background: #ccc; border: 1px dashed #999; }
        .father:after {display: block; clear: both; content:" ";
            visibility: hidden; height: 0; }
        .Box01,.Box02,.Box03{height: 50px; line-height: 50px; background: lightgreen; border: 1px dashed #999;
margin: 15px; padding: 0px 10px; float: left; }
    </style>
</head>
<body>
<div class="father">
    <div class="Box01"> 盒子 1</div>
    <div class="Box02"> 盒子 2</div>
    <div class="Box03"> 盒子 3</div>
</div>
</body>
</html>
```

在例 6-6 中，为父元素应用 after 伪对象样式来清除浮动。

在图 6-12 中，父元素又被其子元素撑开了，即子元素浮动对父元素的影响已经不存在。

【技能拓展】

清除元素的侧面：演示如何使用清除元素侧面的浮动元素。

任务 6.1.3　overflow 属性

【任务目标】

学会灵活使用 overflow 属性来创建滚动条。如图 6-13 所示。

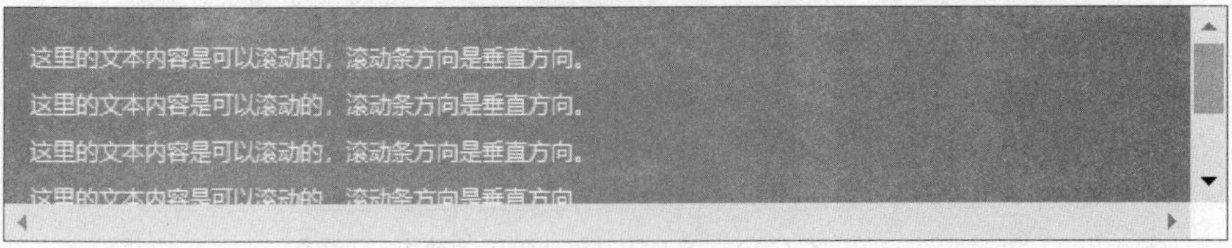

图 6-13　滚动条

【知识解析】

overflow 属性是 CSS 中的重要属性。当盒子内的元素超出盒子自身的大小时，内容就会溢出，如果想要处理溢出内容的显示方式，就需要使用 overflow 属性，其基本语法格式如下。

选择器 { overflow: 属性值 ;}

在上面的语法中，overflow 属性的属性值有 4 个，分别表示不同的含义，具体见表 6-3。

表 6-3　overflow 的常用属性值

属性值	功能描述
visible	内容不会被修剪，会呈现在元素框之外（默认值）
hidden	溢出内容会被修剪，并且被修剪的内容是不可见的
auto	在需要时产生滚动条，即自适应所要显示的内容
scroll	溢出内容会被修剪，且浏览器会始终显示滚动条

【案例引入】

overflow 属性用于控制内容溢出元素框时显示的方式。下面通过一个案例来演示 overflow 属性的用法和效果，实现效果如图 6-14 所示。

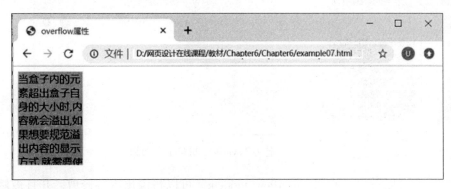

图 6-14　定义"overflow:visible;"效果

【案例实现】

例 6-7　example7.html

```
<!DOCTYPE html>
<html lang="en">
<head>
    <meta charset="utf-8">
    <title> overflow 属性 </title>
    <style type="text/css">
    div{ width: 100px; height: 140px; background: #F99; overflow: visible;    }
    </style>
</head>
<body>
    <div>
```

当盒子内的元素超出盒子自身的大小时，内容就会溢出，如果想要规范溢出内容的显示方式，就需要使用 overflow 属性，它用于规范元素中溢出内容的显示方式。
```
    </div>
</body>
</html>
```

在例 6-7 中，通过 "overflow:visible;" 样式定义溢出的内容不会被修剪，而呈现在元素框之外。一般而言，并没有必要设定 overflow 的属性为 visible，除非你想覆盖它在其他地方设定的值。

在图 6-14 中，溢出的内容不会被修剪，而呈现在元素框之外。

如果希望溢出的内容被修剪，且不可见，可将 overflow 的属性值定义为 hidden。接下来，在例 6-7 的基础上进行演示，将代码更改如下。

```
overflow:hidden;        /* 溢出内容被修剪，且不可见 */
```

保存 HTML 文件，刷新页面，效果如图 6-15 所示。

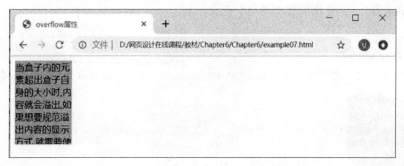

图 6-15　定义 "overflow: hidden;" 效果

从图 6-15 可以看出，使用 "overflow: hidden;" 可以将溢出内容修剪，并且被修剪的内容不可见。

另外，如果希望元素能够自适应其内容的多少，在内容溢出时，产生滚动条。如果不产生滚动条，可以将 overflow 的属性值定义为 auto。接下来，继续在例 6-7 的基础上进行演示，将代码更改如下。

```
overflow: auto;/* 根据需要产生滚动条 */
```

保存 HTML 文件，刷新页面，效果如图 6-16 所示。

在图 6-16 中，元素框的右侧产生了滚动条，拖动滚动条即可查看溢出的内容。当盒子中的内容减少时，滚动条就会消失。

值得一提的是，当定义 overflow 的属性值为 scroll 时，元素框中也会产生滚动条。接下来，继续在例 6-7 的基础上进行演示，将代码更改如下。

```
overflow:scroll;/* 始终显示滚动条 */
```

保存 HTML 文件，刷新页面，效果如图 6-17 所示。

图 6-16 定义 "overflow:auto;" 效果

图 6-17 定义 "overflow:scroll;" 效果

在图 6-17 中，元素框中出现了水平和竖直的滚动条。与 "overflow:auto;" 不同，当定义 "overflow:scroll;" 时，不论元素是否溢出，元素框中的水平和竖直方向的滚动条都始终存在。

任务 6.2 定 位 布 局

任务 6.2.1 定位布局的属性

【任务目标】

掌握元素的定位，能够为元素设置常见的定位模式。默认情况下，网页中的元素会按照从上到下或从左到右的顺序一一罗列，如果按照这种默认的方式进行排版，网页将会单调、混乱。为了使网页的排版更加丰富、合理，在 CSS 中可以对元素设置浮动和定位样式。

【知识解析】

制作网页时，如果希望元素出现在某个特定的位置，就需要使用定位属性对元素进行精确定位。元素的定位就是将元素放置在页面的指定位置，主要包括定位模式和边偏移两部分。

1. 定位模式

在 CSS 中，position 属性用于定义元素的定位模式，其基本语法格式如下。

选择器 {position: 属性值 ;}

在上面的语法中，position 属性的常用值有 4 个，分别表示不同的定位模式，具体见表 6-4。

表 6-4 position 属性的常用值

属性值	功能描述
static	静态定位（默认定位方式）
relative	相对定位，相对于其原文档流的位置进行定位
absolute	绝对定位，相对于其上一个已经定位的父元素进行定位
fixed	固定定位，相对于浏览器窗口进行定位

从表6-4可以看出，定位的方法有多种，分别为静态定位（static）、相对定位（relative）、绝对定位（absolute）及固定定位（fixed），后面将对它们进行详细讲解。

2. 边偏移

定位模式（position）仅仅用于定义元素以哪种方式定位，并不能确定元素的具体位置。在 CSS 中，通过边偏移属性 top、bottom、left 或 right 来精确定义定位元素的位置，具体解释见表6-5。

表6-5　边偏移设置方式

边偏移属性	描述
top	顶端偏移量，定义元素相对于其父元素上边线的距离
bottom	底部偏移量，定义元素相对于其父元素下边线的距离
left	左侧偏移量，定义元素相对于其父元素左边线的距离
right	右侧偏移量，定义元素相对于其父元素右边线的距离

从表6-5可以看出，边偏移可以通过 top、bottom、left、right 进行设置，其取值为不同单位的数值或百分比，示例如下。

```
position: relative;      /* 相对定位 */
left: 50px;              /* 距左边线 50px*/
top: 10px;              /* 距顶部边线 10px*/
```

定位方式又分成静态定位（static）、相对定位（relative）和绝对定位（absolute）。

1. 静态定位 static

静态定位是元素的默认定位方式，当 position 属性的取值为 static 时，可以将元素定位于静态位置。所谓静态位置，就是各个元素在 HTML 文档流中默认的位置。

任何元素在默认状态下都会以静态定位来确定自己的位置，所以，当没有定义 position 属性时，并不说明该元素没有自己的位置，它会遵循默认值显示为静态位置。在静态定位状态下，无法通过边偏移属性（top、bottom、left 或 right）来改变元素的位置。

2. 相对定位 relative

相对定位是将元素相对于它在标准文档流中的位置进行定位，当 position 属性的取值为 relative 时，可以将元素定位于相对位置。对元素设置相对定位后，可以通过边偏移属性改变元素的位置，但是它在文档流中的位置仍然保留。

【案例引入】

下面通过一个案例来演示对元素设置相对定位的方法和效果，实现效果如图6-18所示。

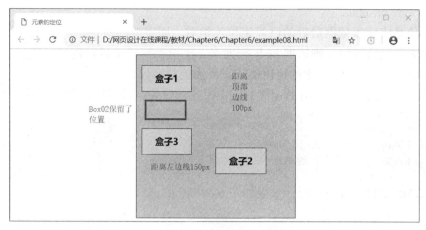

图 6-18 相对定位效果

【案例实现】

例 **6-8** example8.html

```
<!DOCTYPE html>
<html lang="en">
<head>
    <meta charset="utf-8">
    <title> 元素的定位 </title>
    <style type="text/css">
        body{margin: 0px; padding: 0px; font-size: 18px; font-weight: bold; }
        .father{ margin: 10px    auto; width: 300px; height: 300px;
            padding: 10px; background: #ccc; border: 1px solid #000; }
        .Box01,.Box02,.Box03{width: 100px; height: 50px; line-height: 50px; background: #ff0; border: 1px solid
#000; margin: 10px 0px; text-align: center; }
        .Box02{position: relative; left: 150px; top: 100px;        }
    </style>
</head>
<body>
    <div class="father">
        <div class="Box01"> 盒子 1</div>
        <div class="Box02"> 盒子 2</div>
        <div class="Box03"> 盒子 3</div>
    </div>
</body>
</html>
```

在例 6-8 中，对 Box02 设置相对定位模式，并通过边偏移属性 left 和 top 来改变它的位置。

通过图 6-18 不难看出，对 Box02 设置相对定位后，它会相对于其自身的默认位置进行偏移，但是它在文档流中的位置仍然保留。

3. 绝对定位 absolute

绝对定位是将元素依据最近的已经定位（绝对、固定或相对定位）的父元素进行定位，若所有父元素都没有定位，则依据 body 根元素（浏览器窗口）进行定位。当 positon 属性的取值为 absolute 时，可以将元素的定位模式设置为绝对定位。

下面在例 6-8 的基础上，将 Box02 的定位模式设置为绝对定位，即将代码更改如下。

```
.Box02{position: absolute;        /* 绝对定位 */
    left: 150px;      /* 距左边线 150px*/
    top: 100px;       /* 距顶部边线 100px*/    }
```

保存 HTML 文件，刷新页面，效果如图 6-19 所示。

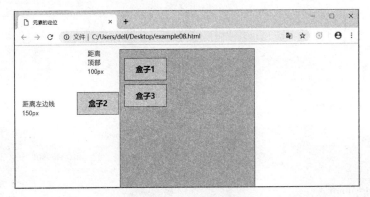

图 6-19　绝对定位效果

在图 6-19 中，设置绝对定位的元素为 Box02，依据浏览器窗口进行定位，并且这时 Box03 占据了 Box02 的位置，即 Box02 脱离了标准文档流的控制，不再占据标准文档流中的空间。

在上面的案例中，对 Box02 设置了绝对定位，当浏览器窗口放大或缩小时，Box02 相对于其直接父元素的位置都将发生变化。当缩小浏览器窗口时，页面将呈现图 6-20 所示效果，很明显，Box02 相对于其直接父元素的位置发生了变化。

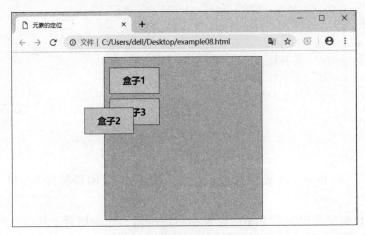

图 6-20　缩小浏览器窗口效果

然而，在网页中，一般需要子元素相对于其直接父元素的位置保持不变，即子元素依据其直接父元素绝对定位，如果直接父元素不需要定位，该怎么办呢？

　　对于上述情况，可将直接父元素设置为相对定位，但不对其设置偏移量，然后再对子元素应用绝对定位，并通过偏移属性对其进行精确定位。这样父元素既不会失去其空间，同时还能保证子元素依据直接父元素准确定位。

【案例引入】

　　下面通过一个案例来演示子元素依据其直接父元素准确定位的方法，实现效果如图 6-21 所示。

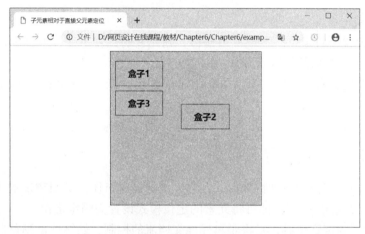

图 6-21　子元素相对于直接父元素绝对定位效果

【案例实现】

　　例 6-9　example9.html

```
<!DOCTYPE html>
<html lang="en">
<head>
    <meta charset=utf-8">
    <title> 子元素相对于直接父元素定位 </title>
    <style type="text/css">
        body{margin: 0px; padding: 0px; font-size: 18px; font-weight: bold;}
        .father {margin: 10px auto; width: 300px; height: 300px; padding: 10px; background: #ccc; border: 1px
solid #000; position: relative; }
        .Box01,.Box02,.Box03{width: 100px; height: 50px; line-height: 50px; background: skyblue; border:1px    solid
#000; margin: 10px    0px;
text-align: center; }
        .Box02{position: absolute; left: 150px; top: 100px;    }
    </style>
</head>
<body>
```

```
<div class=" father">
    <div class="Box01"> 盒子 1</div>
    <div class="Box02"> 盒子 2</div>
    <div class="Box03"> 盒子 3</div>
</div>
</body>
</html>
```

在图 6-21 中，子元素相对于父元素进行偏移。这时，无论如何缩放浏览器的窗口，子元素相对于其直接父元素的位置都将保持不变。

【小贴士】

① 如果仅设置绝对定位，不设置边偏移，则元素的位置不变，但其不再占用标准文档流中的空间，与上移的后续元素重叠。

② 定义多个边偏移属性时，如果 left 和 right 冲突，以 left 为准；top 和 bottom 冲突，以 top 为准。

4. 固定定位 fixed

【知识解析】

固定定位是绝对定位的一种特殊形式，它以浏览器窗口作为参照物来定义网页元素。当 position 属性的取值为 fixed 时，即可将元素的定位模式设置为固定定位。

当对元素设置固定定位后，它将脱离标准文档流的控制，始终依据浏览器窗口来定义自己的显示位置。不管浏览器滚动条如何滚动，也不管浏览器窗口的大小如何变化，该元素都会始终显示在浏览器窗口的固定位置。但是，由于 IE6 不支持固定定位，因此，在实际工作中较少使用，本书在这里暂不做详细介绍。

【小贴士】

fixed 在 IE7 和 IE8 下需要描述 !DOCTYPE 才能支持。

fixed 使元素的位置与文档流无关，因此不占据空间。

fixed 的元素和其他元素重叠。

【技能拓展】

相对定位：演示如何相对于一个元素的正常位置来对其定位。

绝对定位：演示如何使用绝对值来对元素进行定位。

固定定位：演示如何相对于浏览器窗口来对元素进行定位。

使用固定值设置图像的上边缘：演示如何使用固定值来设置图像的上边缘。

使用百分比设置图像的上边缘：演示如何使用百分比值来设置图像的上边缘。

使用像素值设置图像的底部边缘：演示如何使用像素值来设置图像的底部边缘。

使用百分比设置图像的底部边缘：演示如何使用百分比值来设置图像的底部边缘。

使用固定值设置图像的左边缘：演示如何使用固定值来设置图像的左边缘。

使用百分比设置图像的左边缘：演示如何使用百分比值来设置图像的左边缘。

使用固定值设置图像的右边缘：演示如何使用固定值来设置图像的右边缘。

使用百分比设置图像的右边缘：演示如何使用百分比值来设置图像的右边缘。

任务 6.2.2 层叠等级属性

【任务目标】

熟练使用层叠等级属性完成各种联系。

【知识解析】

元素的定位与文档流无关，所以它们可以覆盖页面上的其他元素。

z-index 属性指定了一个元素的堆叠顺序（哪个元素应该放在前面或后面）。一个元素可以有正数或负数的堆叠顺序，如图 6-22 所示。

图 6-22　z-index 属性

当对多个元素同时设置定位时，定位元素之间有可能会发生重叠，如图 6-23 所示。

在 CSS 中，要想调整重叠定位元素的堆叠顺序，可以对定位元素应用 z-index 层叠等级属性，其取值可为正整数、负整数和0。z-index 的默认属性值是 0，取值越大，定位元素在层叠元素中越居上。

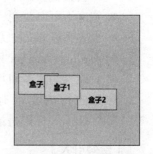

图 6-23　定位元素发生重叠

【小贴士】

z-index 属性仅对定位元素生效。如果两个定位元素重叠，没有指定 z-index，最后定位在 HTML 代码中的元素将被显示在最前面。

任务 6.3　类 型 转 换

在前面的项目中介绍 CSS 属性时，经常会提到"仅适用于块元素"，那么究竟什么是块元素呢？在 HTML 标记语言中，元素又是如何分类的呢？接下来，本任务将对元素的类型与转换进行详细讲解。

任务 6.3.1　类型分类

【任务目标】

理解什么是块元素，什么是行内元素。

【知识解析】

HTML 标记语言提供了丰富的标记，用于组织页面结构。为了使页面结构的组织更加轻松、合理，HTML 标记被定义成不同的类型，一般分为块标记和行内标记，也称块元素和行内元素。了解它们的特性可以为使用 CSS 设置样式和布局打下基础，具体如下。

1. 块元素

块元素在页面内以区域块的形式出现，其特点如下：

● 独自占据一整行或多行。

● 可以对其设置长度、宽度、对齐等属性。

● 可以容纳行内元素和其他元素。

常见的块元素有 \<h1> ~ \<h6>、\<p>、\<div>、\<ul>、\<ol>、\<li> 等，其中 \<div> 标记是最典型的块元素。

2. 行内元素

行内元素也称为内联元素或内嵌元素，其特点如下：

● 不会独自占据一行或多行。

● 宽度不可以改变，是它的文字或图片的宽度。

● 设置高度 height 无效，要使用 line-height 来设置。

● padding、margin 只对左右有效，对上下无效。

● 只能容纳文本和其他行内元素。

常见的行内元素有 \<strong>、\<b>、\<em>、\<i>、\<del>、\<s>、\<ins>、\<u>、\<x>、\<span> 等，其中 \<span> 标记是最典型的行内元素。

【案例引入】

下面通过一个案例来进一步认识块元素与行内元素，实现效果如图 6-24 所示。

图 6-24　块元素和行内元素的显示效果

【案例实现】

例 6-10 example10.html

```
<!DOCTYPE html>
<html lang="en">
<head>
    <meta charset="utf-8">
    <title> 块元素和行内元素 </title>
    <style type="text/css">
        h2{ background: #FCC; width: 350px; height: 50px; text-align: center; }
        p{background: skyblue;}
        strong{ background: #FCC; width: 360px; height: 50px; text-align: center; }
        em{background: #FF0;}
        del {background:#CCC;}
    </style>
</head>
<body>
    <h2>h2 标记定义的文本。</h2>
    <p>p 标记定义的文本。</p>
    <strong> strong 标记定义的文本。</strong>
    <em>em 标记定义的文本。</em>
    <del>del 标记定义的文本。</del>
</body>
</html>
```

在例 6-10 中，首先使用块标记 <h2>、<p> 和行内标记 <strong>、<em>、<del> 定义文本，然后对它们应用不同的背景颜色，同时，对 <h2> 和 <strong> 应用相同的宽度、高度和对齐属性。

从图 6-24 可以看出，不同类型的元素在页面中所占的区域不同。块元素 <h2> 和 <p> 各自占据一个矩形的区域，虽然 <h2> 和 <p> 相邻，但是它们不会排在同一行中，而是依次竖直排列。其中，设置了宽高和对齐属性的 <h2> 按设置的样式显示，未设置宽高和对齐属性的 <p> 则左右撑满页面。然而行内元素 <strong>、<em> 和 <del> 排列在同一行，遇到边界则自动换行，虽然对 <strong> 设置了和 <h2> 相同的宽高和对齐属性，但是在实际的显示效果中并不会生效。

值得一提的是，行内元素通常嵌套在块元素中使用，而块元素却不能嵌套在行内元素中。

例如，可以将例 6-10 中的 <strong>、<em> 和 <del> 嵌套在 <p> 标记中，代码如下。

```
    <p>
        <strong>strong 记定义的文本。</strong>
        <em>em 标记定义的文本。</em>
        <del>del 标记定义的文本。</del>
    </p>
```

保存 HTML 文件，刷新网页，效果如图 6-25 所示。

从图 6-25 可以看出，当行内元素嵌套在块元素中时，就会在块元素中占据一定的范围，成为块元素的一部分。

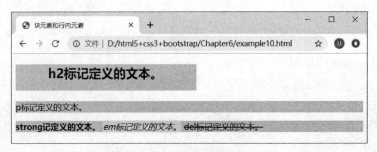

图 6-25　行内元素嵌套在块元素中

总结例 6-10 可以得出，块元素通常独占一行（逻辑行），可以设置宽高和对齐属性，而行内元素通常不独占一行，不可以设置宽高和对齐属性。行内元素可以嵌套在块元素中，而块元素不可以嵌套在行内元素中。

【小贴士】

在行内元素中有几个特殊的标记：\<a>、\<img/>、\<lable> 和 \<input/>，可以对它们设置宽高和对齐属性，有些资料可能会称它们为行内块元素。

任务 6.3.2　\<span> 标 记

【任务目标】

熟练运用 \<span> 标记。

【知识解析】

与 \<div> 一样，\<span> 也作为容器标记被广泛应用在 HTML 语言中。和 \<div> 标记不同的是，\<span> 是行内元素。\<span> 与 \</span> 之间只能包含文本和各种行内标记，如加粗标记 \<strong>、倾斜标记 \<em> 等，\<span> 中还可以嵌套多个 \<span>。

\<span> 标记常用于定义网页中某些特殊显示的文本，配合 class 属性使用。它本身没有固定的格式表现，只有应用样式时，才会产生视觉上的变化。当其他行内标记都不合适时，就可以使用 \<span> 标记。

【案例引入】

下面通过一个案例来演示 \<span> 标记的使用，实现效果如图 6-26 所示。

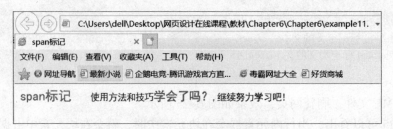

图 6-26　span 元素的使用

【案例实现】

例 6–11　example11.html

```
<!DOCTYPE html>
<html lang="en">
<head>
    <meta charset="utf-8">
    <title>span 标记 </title>
    <style type="text/css">
        #header{ font-family:" 黑体 ";font-size: 14px; color:#515151; }
        #header .chuanzhi{color: #0174c7; font-size: 20px; padding-right: 20px; }
        #header .course { font-size: 18px; color: #ff0cb2; }
    </style>
</head>
<body>
<div id="header">
    <span class="chuanzhi">span 标记 </span> 使用方法和技巧 <span class="course"> 学会了吗？ </span>,
继续努力学习吧！
</div>
</body>
</html>
```

在例 6–11 中，使用 <div> 标记定义一些文本，并且在 <div> 中嵌套两对 <span>，用于控制某些特殊显示的文本，然后使用 CSS 分别设置它们的样式。

在图 6–26 中，特殊显示的文本"span 标记"和"学会了吗？"，都是通过 CSS 控制 <span> 标记设置的。

由例 6–11 可以看出，<span> 标记可以嵌套于 <div> 标记中，成为它的子元素，但是反过来则不成立，即 <span> 标记中不能嵌套 <div> 标记。根据 <div> 和 <span> 之间的区别和联系，可以更深刻地理解块元素和行内元素。

任务 6.3.3　元素之间转换

【任务目标】

了解在 HTML 标记语言中元素的分类方法。

【知识解析】

网页是由多个块元素和行内元素构成的盒子排列而成的。如果希望行内元素具有块元素的某些特性，如可以设置宽高，或者需要块元素具有行内元素的某些特性，如不独占一行排列，可以使用 display 属性对元素的类型进行转换。

display 属性常用的属性值及含义如下。

- inline：此元素将显示为行内元素（行内元素默认的 display 属性值）。
- block：此元素将显示为块元素（块元素默认的 display 属性值）。

● inline-block：此元素将显示为行内块元素，可以对其设置宽高和对齐等属性，但是该元素不会独占一行。

● none：此元素将被隐藏，不显示，也不占用页面空间，相当于该元素不存在。

【案例引入】

下面通过一个案例来演示 display 属性的用法和效果，实现效果如图 6-27 所示。

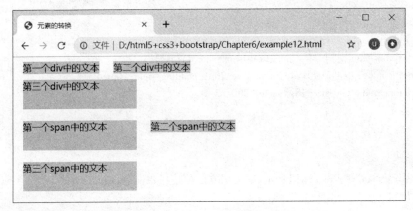

图 6-27　元素的转换

【案例实现】

例 6-12　example12.html

```
<!DOCTYPE html>
<html lang="en">
<head>
    <meta charset="utf-8">
    <title> 元素的转换 </title>
    <style type="text/css">
        div, span{ width: 200px; height: 50px;background: skyblue; margin: 10px; }
        .d_one,.d_two{display: inline;}
        .s_one{display: inline-block; }
        .s_three{display: block;}
    </style>
</head>
<body>
    <div class="d_one"> 第一个 div 中的文本 </div>
    <div class="d_two"> 第二个 div 中的文本 </div>
    <div class=" d _three"> 第三个 div 中的文本 </div>
    <span class="s_one"> 第一个 span 中的文本 </span>
    <span class="s_two"> 第二个 span 中的文本 </span>
    <span class="s_three"> 第三个 span 中的文本 </span>
</body>
</html>
```

在例 6-12 中，定义了三对 <div> 和三对 <span> 标记，为它们设置相同的宽度、高度、背景颜色和外边距。同时，对前两个 <div> 应用 "display: inline;" 样式，使它们从块元素转换为行内元素，对第一个和第三个 <span> 分别应用 "display:inine-block;" 和 "display: inline;" 样式，使它们分别转换为行内块元素和行内元素。

从图 6-27 可以看出，前两个 <div> 排列在了同一行，靠自身的文本内容支撑其宽高，这是因为它们被转换成了行内元素。而第一个和第三个 <span> 则按固定的宽高显示，不同的是，前者不会独占一行，后者独占一行，这是因为它们分别被转换成了行内块元素和块元素。

在上面的例子中，使用 display 的相关属性值可以实现块元素、行内元素和行内块元素之间的转换。如果希望某个元素不被显示，还可以使用 "display:none;" 进行控制。例如，希望上面例子中的第三个 <div> 不被显示，可以在 CSS 代码中增加如下样式。

```
.d_three {display: none; }    /* 隐藏第三个 div*/
```

保存 HTML 页面，刷新网页，效果如图 6-28 所示。

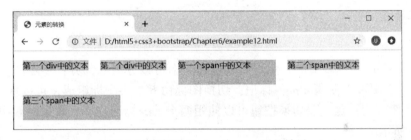

图 6-28 定义 display 为 none 后的效果

从图 6-28 可以看出，当定义元素的 display 属性为 none 时，该元素将从页面消失，不再占用页面空间。

【小贴士】

仔细观察图 6-27 可以发现，前两个 <div> 与第三个 <div> 之间的垂直外边距，并不等于前两个 <div> 的 margin-bottom 与第三个 <div> 的 margin-top 之和，这是因为前两个 <div> 被转换成了行内元素，而行内元素只可以定义左右外边距，定义上下外边距时无效。

任务 6.4　阶 段 案 例

本项目前几个任务重点讲解了元素的浮动、定位及清除浮动，为了使读者更好地运用浮动与定位组织页面，本任务将通过案例的形式分步骤制作一个网页焦点图，其默认效果如图 6-29 所示。

当鼠标移至图 6-29 中的焦点图时，两侧将会出现焦点图切换按钮，效果如图 6-30 所示。

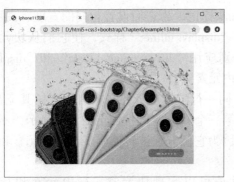

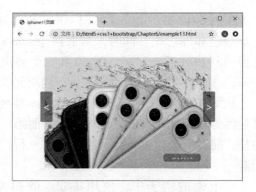

图 6-29　网页焦点图默认效果　　　　　　图 6-30　鼠标移上焦点图效果

【任务目标】

掌握效果图的分析过程及相应的实现。

具体实现一个页面结构的制作过程。

了解 CSS 样式的定义类型及代码实现。

【知识解析】

1. 结构分析

观察效果图 6-29 不难看出，焦点图模块整体上可以分为三部分：焦点图、切换图标、切换按钮。焦点图可以使用 <img> 标记；切换图标由 6 个小图标组成，可以使用无序列表 <ul>、<li> 搭建结构；焦点图切换按钮可以使用两个 <a> 标记定义。效果图 6-29 对应的结构如图 6-31 所示。

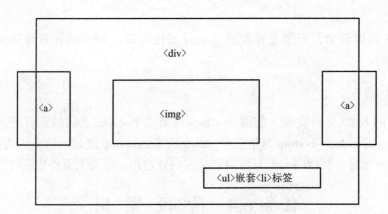

图 6-31　焦点图页面结构图

2. 样式分析

控制效果图 6-29 的样式主要分为 4 个部分，具体如下。

① 通过 <div> 对整个页面进行整体控制，需要设置相对定位方式。

② 通过 <a> 标记控制左右两侧的切换按钮样式及其位置，并设置左浮动样式。

③ 通过 <ul> 整体控制切换图标模块，需要设置绝对定位方式。

④ 通过 <li> 控制每一个切换小图标，需要设置每个小图标的显示效果。

3. CSS 样式

搭建完页面的结构，接下来为页面添加 CSS 样式。本节采用从整体到局部的方式实现图 6-29 和图 6-30 所示的效果，具体如下。

（1）定义基础样式

首先定义页面的统一样式，具体 CSS 代码如下。

```
/* 重置浏览器的默认样式 */
*{margin: 0; padding: 0; border: 0; list-style: none; }
/* 全局控制 */
a{text-decoration: none;font-size: 30px; color: #fff;}
```

（2）控制整体大盒子

制作页面结构时，定义了一对 <div></div> 来对网页焦点图模块进行整体控制，设置其宽度和高度固定。由于切换按钮和切换图标需要依据大盒子进行定位，所以需要对其设置相对定位方式。另外，为了使页面在浏览器中居中，可以对其应用外边距属性 margin。

【案例引入】

根据上面的分析，使用相应的 HTML 标记搭建网页结构，实现效果如图 6-32 所示。

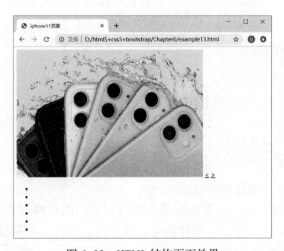

图 6-32　HTML 结构页面效果

【案例实现】

例 6-13　example13.html

```
<!DOCTYPE html>
<html lang="en">
<head>
    <meta charset="utf-8">
```

```
    <title>iphone11 页面 </title>
</head>
<body>
<div>
    <img src=" images/13iphone.jpg" alt=" 车载音乐 ">
    <a href="#" class="left"><</a>
    <a href="#" class="right">></a>
    <ul>
        <li class="max"></li>
        <li></li>
        <li></li>
        <li></li>
        <li></li>
        <li></li>
    </ul>
</div>
</body>
</html>
```

在例 6–13 中，通过最外层的 <div> 对车载音乐页面进行整体控制，并使用 <img> 标记插入焦点图片。同时，定义 class 为 left 和 right 的两对 <a> 标记，来搭建焦点图左右两侧切换按钮的结构。另外，使用 <ul>、<li> 搭建切换图标模块的 6 个小图标。具体 CSS 代码如下。

```
div{        /* 整体控制页面 */
    width: 490px;
    height: 327px;
    margin: 50px auto;
    border-radius:20px 20px;
    position: relative;/* 设置相对定位 */
}
```

① 整体控制左右两边的切换按钮。

通过效果图 6–30 可以看出，当鼠标移上焦点图时，图片两侧会添加焦点图切换按钮，需要为 <a> 元素应用 float 属性，并设置宽高、背景色。另外，切换按钮显示为圆角、半透明效果，需要对其设置圆角边框样式，并设置背景的不透明度。同时，设置切换按钮中的文本样式。最后，通过 "display:none;" 设置按钮隐藏。具体 CSS 代码如下。

```
a{ /* 整体控制左右两边的切换按钮 */
    float: left;
    width: 35px;
    height: 90px;
    line-height: 90px;
    background: #333;
    opacity: 0.5;                    /* 设置元素的不透明度 */
```

```
    border-radius: 4px;
    text-align: center;
    display: none;              /* 把 a 元素隐藏起来 */
    cursor: pointer;            /* 把鼠标指针变成小手的形状 */
}
```

② 控制左右两侧切换按钮的位置和状态。

由于左右两侧的切换按钮位置不同，需要分别对其进行绝对定位，并设置不同的偏移量。

另外，当鼠标移上焦点图时，图片两侧的切换按钮将会显示，需要对其应用 "display: block;" 样式。具体 CSS 代码如下。

```
.left{      /* 控制左边切换按钮的位置 */
    position: absolute;
    left:-12px;
    top: 100px;
}
.right{        /* 控制右边切换按钮的位置 */
    position: absolute;
    right:-12px;
    top: 100px;
}
div:hover a{        /* 设置鼠标移上时切换按钮显示 */
    display: block;
}
```

③ 整体控制焦点图的切换图标模块。

观察效果图 6-29 可以看出，焦点图的切换图标由 6 个小图标组成，需要对其进行整体控制，并通过绝对定位来控制位置。另外，切换图标显示为圆角、半透明样式，需要设置圆角边框，并设置背景的不透明度。同时，为了使切换图标模块中的小图标居中对齐，可以设置 "text-align" 属性，具体 CSS 代码如下。

```
ul{    /* 整体控制焦点图的切换图标模块 */
    width: 110px;
    height: 24px;
    background: #333;
    opacity: 0.4;
    border-radius: 8px;
    position: absolute;
    right: 30px;
    bottom: 20px;
    text-align: center;
}
```

④ 控制每个切换小图标。

观察焦点图切换模块的 6 个小图标，除了第 1 个小图标外，其他小图标都显示为灰色、圆形效果，需要对其设置宽高、背景色及圆角边框样式。另外，所有小图标在一行内显示，需要将 <li> 转换为行内块元素。具体 CSS 代码如下。

```
li{      /* 控制每个切换小图标 */
    width: 5px;
    height: 5px;
    background: #ccc;
    border-radius: 50%;
    display:inline-block;/* 转换为行内块元素 */
}
```

⑤ 单独控制第一个切换小图标。

根据上面的分析，第 1 个切换小图标的显示效果与其他小图标不同，需要对其单独设置宽度、圆角边框及背景色样式。具体 CSS 代码如下。

```
.max{      /* 单独控制第一个切换小图标 */
    width: 12px;
    background: #03BDE4;
    border-radius: 6px;
}
```

至此，完成了效果图 6-29 所示的同页焦点图模块，将该样式应用于网页后，效果如图 6-33 所示。当鼠标移上焦点图时，页面效果如图 6-34 所示。

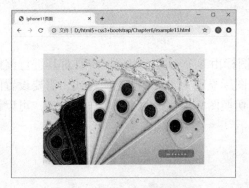

图 6-33　网页焦点图页面效果

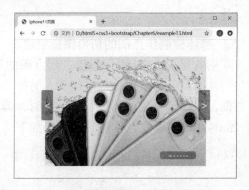

图 6-34　鼠标移上焦点图页面效果

项 目 小 结

本项目首先介绍了元素的浮动、不同浮动方向所呈现的效果、清除浮动的常用方法，然后讲解了元素的定位属性及网页中常见的几种定位模式，最后讲解了元素的类型及相互间的转换。在本章的最后，使用浮动、定位进行布局，并通过元素间的转换制作了一个网页焦点图模块。

通过本项目的学习，读者应该能够熟练地运用浮动和定位进行网页布局，掌握清除浮动的几种常用方法，理解元素的类型与转换。

项目实训

请结合给出的素材，运用浮动和定位制作一个购物首页，效果如图 6-35 所示。

图 6-35　购物首页

项目七
网页布局技术

【书证融通】

本书依据《Web 前端开发职业技能等级标准》和职业标准打造初中级 Web 前端工程师规划学习路径，以职业素养和岗位技术技能为重点学习目标，以专业技能为模块，以工作任务为驱动进行编写，详细介绍了 Web 前端开发中涉及的三大前端技术（HTML5、CSS3 和 Bootstrap 框架）的内容和技巧。本书可以作为期望从事 Web 前端开发职业的应届毕业生和社会在职人员的入门级自学参考用书。

本项目讲解 iframe 框架和网页布局属性等内容，对应《Web 前端开发职业技能初级标准》中静态网页美化和动态网页开发工作任务的职业标准要求构建项目任务内容和案例，如图 7-1 所示。

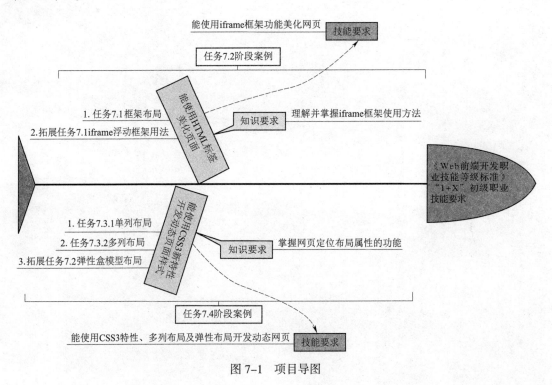

图 7-1　项目导图

【问题引入】

很多网站布局工整，结构分布合理，那么如何进行合理的布局呢？本章将介绍常见的布局方法和布局结构，介绍使用框架 frameset、浮动框架 iframe、CSS3+DIV 等不同方式进行页面布局的方法。

【学习任务】

● 盒子的定义及使用
● DIV 常见的布局技术
● 熟悉 CSS 控制列表样式的方式

【学习目标】

● 掌握盒子的相关属性，能够制作常见的盒子模型效果
● 掌握框架的布局技术，掌握单列和多列的布局
● 掌握弹性盒布局的相关概念和使用

任务7.1　框架布局

【任务目标】

能够完成简单页面的框架布局。

【知识解析】

框架主要是用来把浏览器窗口划分为若干个区域，每个区域可以分别显示不同的网页。访问者浏览站点时，可以使某个区域的文档永远不更改，但可以通过导航条的链接更改主要框架的内容。在 Dreamweaver 中，利用框架和框架集可以将单个网页分成多个独立的区域，以实现在一个浏览器窗口中同时显示多个页面的效果。通过构建这些页面之间的关系，可以实现文档导航、浏览等功能。框架多应用于各种论坛和电子邮箱页面，如图 7-2 所示。

图 7-2　QQ 邮箱布局

1. 框架集

框架集用于定义一组框架的布局和属性，包括框架的数目、大小、位置及最初在每个框架中显示的网页。框架集文件本身不包含要在浏览器中显示的内容，它只是向浏览器提供应如何显示一组框架及在这些框架中应显示哪些文档等信息。

2. 框架

框架是框架集中所要载入的文档，它实际上就是单独的网页文件。只有在框架页面创建好后，在浏览器中浏览时才能正常显示框架集。

3. 框架的结构类型

使用 Dreamweaver CS6 制作网页时，根据框架分布和各框架作用的不同，框架结构可以分为多种类型，常用的框架结构有左右、上下和嵌套结构。

（1）左右结构

左右结构框架由左、右两个框架组成，可以在浏览器中同时打开两个页面。该框架由三个网页文件组成：框架集文件（如命名为 index.html）、左框架文件（命名为 left，网页文件为 left.html）和右框架文件（命名为 right，网页文件为 right.html）。如图 7-3 所示。

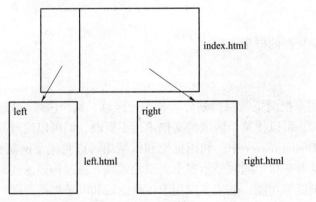

图 7-3　左右结构

（2）上下结构（图 7-4）

（3）嵌套结构（图 7-5）

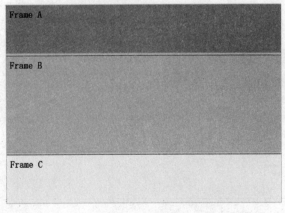

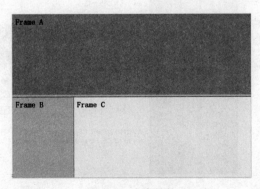

图 7-4　上下结构　　　　　　　　　图 7-5　嵌套结构

任务 7.1.1 frameset 框架用法

【任务目标】

掌握 frameset 框架的使用。

【知识解析】

frameset 是一种框架集属性。如图 7-6 所示，通过 frameset 将整个页面分成三个部分。

① 头部：可以用来放置 logo 等。

② 左侧：目录框架，用来放置目录。

③ 右侧：需要显示的内容。

所以，frameset 的作用就是将整个页面分成想要的模块和架构。frameset 元素仅仅会规定在框架集中存在多少列或多少行，因此必须使用 cols 或 rows 属性将其分为垂直和水平。

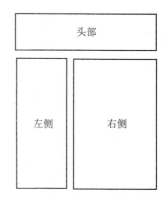

图 7-6　frameset 框架布局

【案例引入】

垂直框架的效果如图 7-7 所示。

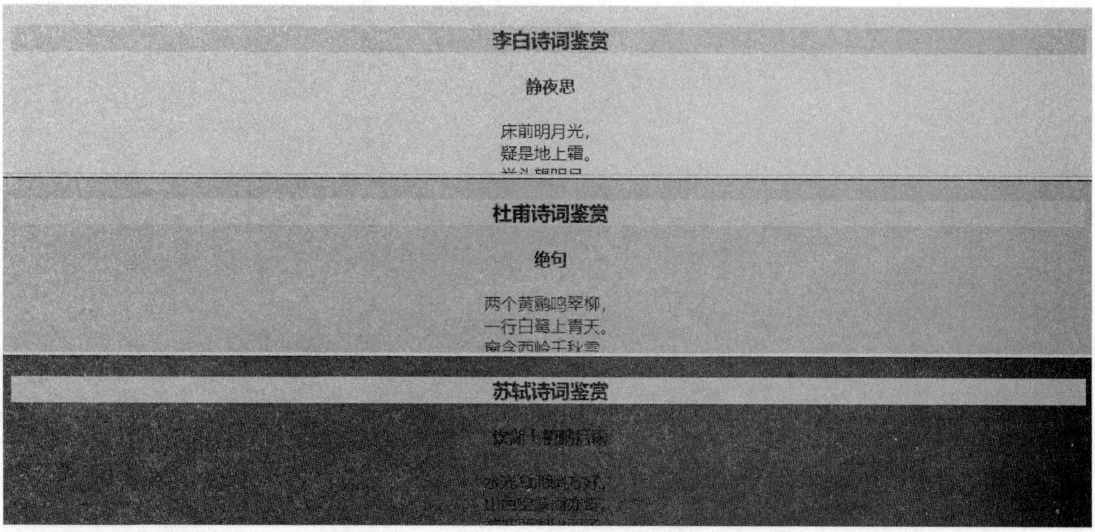

李白诗词鉴赏

静夜思

床前明月光，
疑是地上霜。

杜甫诗词鉴赏

绝句

两个黄鹂鸣翠柳，
一行白鹭上青天。

苏轼诗词鉴赏

图 7-7　垂直框架

【案例实现】

例 7-1　example1.html

```
<!DOCTYPE html>
<html lang="en">
```

```
<head>
    <meta charset="utf-8">
    <title> 横向框架 </title>
</head>
<frameset rows="33%,34%,33%"
frameborder="yes" border="5" framespacing="5">
  <frame src="frame_a.html">
  <frame src="frame_b.html">
  <frame src="frame_c.html">
</frameset>
</html>
```

例 7-1 通过 frame_a.html、frame_b.html 和 frame_c.html 三个不同的网页制作一个垂直框架。

frame_a.html 的代码如下：

```
<!DOCTYPE html>
<html lang="en">
<head>
    <meta charset="utf-8">
    <title> 诗词鉴赏 </title>
</head>
<body bgcolor="#90ee90">
    <h3 style="text-align:center; background-color:#66bbcc;"> 李白诗词鉴赏 </h3>
    <center>
        <h4> 静夜思 </h4>
        床前明月光， <br>
        疑是地上霜。 <br>
        举头望明月， <br>
        低头思故乡。 <br>
    </center>
</body>
</html>
```

frame_b.html 的代码如下：

```
<!DOCTYPE html>
<html lang="en">
<head>
    <meta charset="utf-8">
    <title> 诗词鉴赏 </title>
</head>
<body bgcolor="#FF99FF">
<h3 style="text-align:center; background-color:#66bbcc;"> 杜甫诗词鉴赏 </h3>
    <center>
        <h4> 绝句 </h4>
```

```
　　　　两个黄鹂鸣翠柳，<br>
　　　　一行白鹭上青天。<br>
　　　　窗含西岭千秋雪，<br>
　　　　门泊东吴万里船。<br>
　　　</center>
　　</body>
　</html>
```

　　frame_c.html 的代码如下：

```
<!DOCTYPE html>
<html lang="en">
<head>
　　<meta charset="utf-8">
　　<title> 诗词鉴赏 </title>
</head>
<body bgcolor="#0000CC">
<h3 style="text-align:center; background-color:#66bbcc;"> 苏轼诗词鉴赏 </h3>
　　<center>
　　　　<h4> 饮湖上初晴后雨 </h4>
　　　　水光潋滟晴方好，<br>
　　　　山色空蒙雨亦奇。<br>
　　　　欲把西湖比西子，<br>
　　　　淡妆浓抹总相宜。<br>
　　　</center>
</body>
</html>
```

【案例引入】

　　利用例 7-1 中的三个不同的网页，还可以制作一个水平框架。将 frameset 标签中的 row 属性改为 col，效果如图 7-8 所示。

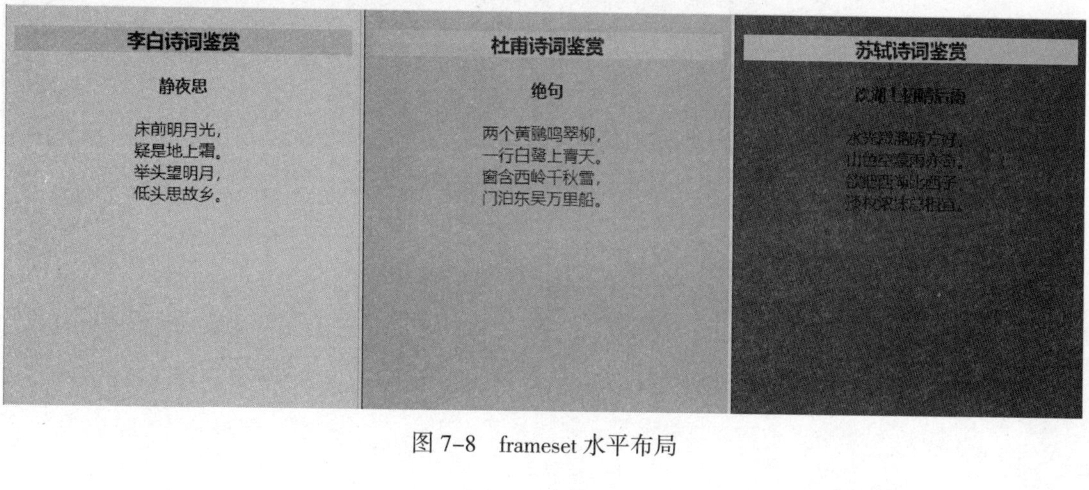

图 7-8　frameset 水平布局

【案例实现】

例 **7-2** example2.html

```
<frameset cols="33%,34%,33%" frameborder="yes" border="5" framespacing="5">
    <frame src="frame_a.html">
    <frame src="frame_b.html">
    <frame src="frame_c.html">
</frameset>
```

这里频繁使用到一个窗口属性——frame。

用 <frameset> 将整个页面分割成三个块，每一个块用 frame 来表示，用来表示一个单独的页面。

其语法为：

```
<frame src=" 页面的源地址 ">
```

【案例引入】

将例 7-1 中的三个网页置于行和列之中，在浏览器中打开，将会形成一个混合框架结构，效果如图 7-9 所示。

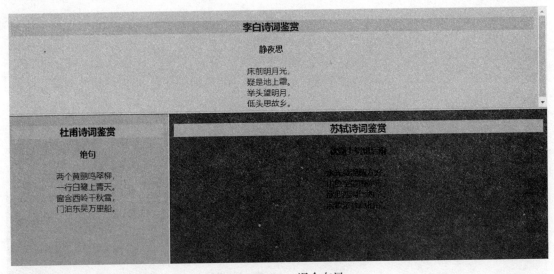

图 7-9　frameset 混合布局

【案例实现】

例 **7-3** example3.html

```
<frameset rows="40%,*" cols="*" frameborder="yes"
border="5" framespacing="5">
    <frame src="frame_a.html">
    <frameset cols="30%,70%" frameborder="yes" framespacing="5">
    <frame src="frame_b.html">
     <frame src="frame_c.html">
</frameset>
```

通过图 7-9 可以看到，整个页面被分成了 3 份，但是和之前的都不一样。其中，frameborder 用来表示显示边框；framespacing 表示边框的宽度。

这里，rows="40%,*" 的意思是，将页面分成上部分 40%，下部分"*"表示还没有分配。cols 也是这个意思。然后通过 frame 将 frame_a.html 页面放在其中。之后再用 frameset 将下部分分成左右两部分，放上 frame_b.html 页面和 frame_c.html 页面，就会出现上述效果了。

【小贴士】

<frameset></frameset> 标签和 <body></body> 标签不能一起使用。不过，如果需要为不支持框架的浏览器添加一个 <noframes> 标签，此时一定要将此标签放置在 <body></body> 标签中。

frameset 框架的优点是在保持菜单等一部分内容的情况下，可以将其中的实际内容进行更换，所以比较容易维持网页的整体设计。但如果整个网页是由一个图像组成的时候，很难利用框架结构。因为要把切割的图像插入多个框架中时，很难显示成一个完整的图像。

如何把切割好的小图像在网页中做成一个大图像，然后像框架文件一样在固定一部分图像的同时，只更改其中的某些内容呢？这时可以使用 iframe 框架来完成。

拓展任务 7.1 iframe 浮动框架用法

任务 7.2 阶 段 案 例

【任务目标】

使用 iframe 浮动框架实现一个公司首页的效果。

【案例引入】

通过一个具体的案例来讲解 iframe 浮动框架的使用，其效果如图 7-10 所示。

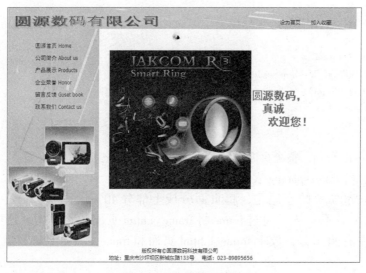

图 7-10　公司首页效果

【案例实现】

从图 7-10 所示的页面整个布局来看，页面分为上、中、下框架，中间框架又拆分为左、右两个框架。最上面框架为 logo 与主导航，中间左侧框架为次导航，中间右侧插入了一个 iframe 浮动框架，放置页面主体内容，最下方框架为版尾。框架面板效果如图 7-11 所示。

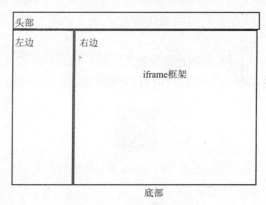

图 7-11　框架面板效果

（1）搭建结构

搭建出图 7-11 所示的架构，代码如下。

例 7-4　example4.html

```
<body>
<div id="container">
  <div id="head" style="border:double 4px;">
    <h1> 头部 </h1>
  </div>
```

```
<div id="left" style="border:double 4px;">
    <h1> 左边 </h1>
</div>
<div id="right" style="border:double 4px;">
    <h1> 右边 </h1>
    <div>
    <center> <h1>iframe 框架 </h1></center>
    </div>
</div>
<div id="footer" >
    <h1> 底部 </h1>
</div>
</div>
</body>
```

然后对每个框架进行样式的设置，代码如下：

```
body {margin: 0px; padding: 0px;}
#container {margin–left: auto; margin–right:auto; margin–top:0px;
    padding: 0px; height: 750px; width: 1024px;}
#container #head {margin: 0px; padding: 0px; height: 62px;
    width: 1024px;}
#container #left {margin: 0px; padding: 0px; float: left; height: 623px;
    width: 250px;}
#container #right {padding: 0px; width: 754px; height: 623px; margin: 0px; float: right; overflow: visible;}
#container #footer {margin: 0px; padding: 0px; height: 65px; width: 1024px; font–size: 12px; color: #333; text–align:
center;}
```

运行效果如图 7-11 所示。

（2）插入内容

将主要内容插入例 7-4 中。

头部代码：

```
<div id="head" style="border:double 4px;">
    <ul>
    <li><a href="#"> 设为首页 </a></li>
    <li><a href="#"> 加入收藏 </a></li>
    </ul>
</div>
```

左边框架代码：

```
<div id="left" style="border:double 4px;">
    <ul>
    <li> <a href="home.html" target="main">
圆源首页 <span id="en"> Home</span></a></li>
```

```
    <li><a href="#"> 公司简介 <span id="en">
 About us</span></a></li>
    <li><a href="#"> 产品展示 <span id="en">
 Products</span></a></li>
    <li><a href="#"> 企业荣誉 <span id="en">
 Honor</span></a></li>
    <li><a href="#"> 留言反馈 <span id="en"> Guset book</span></a></li>
    <li><a href="#"> 联系我们 <span id="en"> Contact us</span></a></li>
  </ul>
  </div>
```

右边框架插入一个 iframe 浮动框架，代码如下：

```
<div id="right" style="border:double 4px;">
    <div id="r3">
    <iframe name="main" marginwidth="0" marginheight="0" frameborder="0" scrolling="no" width="750"
height="580"></iframe>
    </div>
  </div>
```

底部框架代码：

```
<div id="footer">
    <span id="bq"> 版权所有 &copy; 圆源数码科技有限公司
    <br> 地址：重庆市沙坪坝区新城东路 133 号          电话：023-89895656</span>
</div>
```

在浏览器中的运行效果如图 7-12 所示。

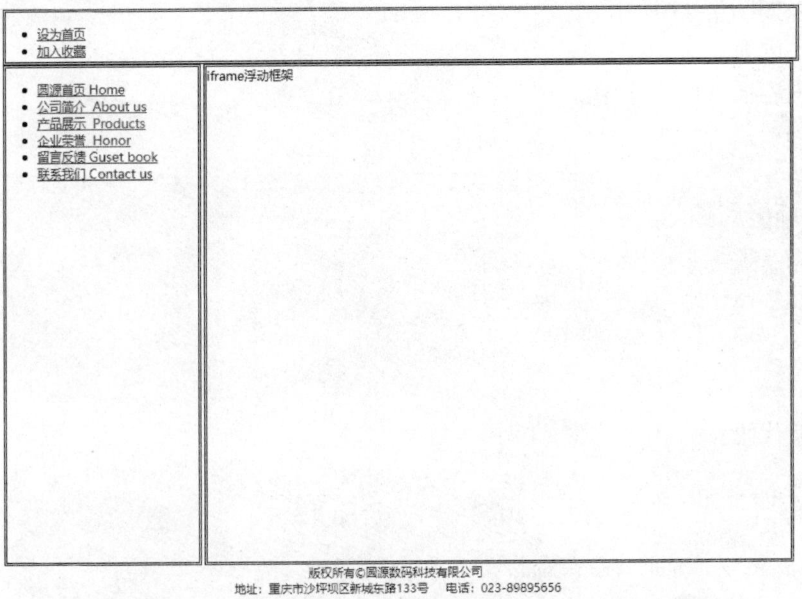

图 7-12 公司主页面框架效果

（3）美化页面

利用 CSS 样式设置对图 7-12 效果进行美化。

头部框架的美化代码：

```
#container #head {background-image: url(images/top_s1-1.jpg);
    margin: 0px; padding: 0px; height: 62px; width: 1024px;}
#container #head ul {height: 56px; width: 240px; margin-right: 0px;
    padding-top:30px; margin-left: auto;}
#container #head ul li {float: left; list-style-type: none;
    padding-left:0px; margin-left: 15px; margin-right: 15px;}
#container #head ul li a {font-size: 12px; color: #333; text-decoration: none;}
```

左边导航框架的美化代码：

```
#container #left {margin: 0px; padding: 0px; float: left; height: 623px;
    width: 270px; background-image: url(images/left_s1-1.jpg);
    background-repeat: no-repeat;}
#container #left ul {width: 200px; margin-top:30px; margin-left: 40px;}
#container #left ul li {line-height: 34px; list-style-type: none;}
#container #left ul li a {font-family: " 黑体 ";font-size: 16px;
    color: #033711; text-decoration: none;}
#container #left ul li a #en {font-family: Tahoma, Geneva, sans-serif;
    font-size: 12px;}
```

右边浮动框架的美化代码：

```
#container #right #r3 {background-repeat: no-repeat;
background-position: top; padding-top:30px; padding-left:30px; height: 560px; width: 754px;}
```

美化过后，并且删除每个 div 的 style="border:double 4px;"，最后运行效果如图 7-13 所示。

（4）iframe 浮动框架的设置

对 iframe 浮动框架加入源 src="home.html"，运行效果如图 7-14 所示。

home.html 代码如下：

```
<!DOCTYPE html>
<html>
<head>
<meta charset="utf-8">
<title>home</title>
<style>
    #content {margin: 0px; padding: 0px; height: 550px; width: 700px; }
    #content #mleft #m1 {filter: Alpha(Style=2); float: left;}
    #content #mright h1 {filter: Glow(Color=#ffff00, Strength=10);
        color:#06F; font-family: " 黑体 ";padding-top:120px; }
    #content #mleft {float: left; margin-top: 10px; }
</style>
```

```
</head>
<body>
<div id="content">
   <div id="mleft"><img    id="m1" src="images/m1-1.jpg" width="416" height="396" /></div>
   <div id="mright">
   <h1> 圆源数码，<br />
     
   真诚 <br />
       欢迎您！ </h1>
   </div>
</div>
</body>
</html>
```

图 7-13   美化后公司主页的效果

图 7-14   公司主页

任务 7.3　CSS3+DIV 技术布局

在 HTML 中，常使用 div 元素来创建多列，使用 CSS 对元素样式设计，从而将网页设计稿中的布局样式呈现在网页上。在各大网站中，常见的布局结构分为单列布局、两列布局、三列布局和混合布局，其中使用最多的是混合布局，即按照网站的实际需求使用多列进行布局。

任务 7.3.1　单列布局

【任务目标】

掌握单列布局。

【知识解析】

标题正文型，即单列布局，类似文章页面。单列布局多用于网站的首页，比如 360 搜索。单列布局的结构简洁明了，主题突出，适合排列简单的内容，不适合多行内容，通常单列布局都是固定宽度的。如图 7-15 所示。

通过一个案例来看一下如何实现单列布局。

图 7-15　360 单列布局图

【案例引入】

利用单局布局模拟实现 QQ 浏览器的首页，效果如图 7-16 所示。

图 7-16 QQ 浏览器的首页

【案例实现】

例 7-5 example5.html

```
<!DOCTYPE html>
<html lang="en">
<head>
<meta charset="utf-8">
<title> 布局 </title>
<style type="text/css">
    body{margin: 0;        //margin 的作用是居中
        padding: 0;}
    .header{text-align: center;}
    .main{margin: 0 auto; width:80%;text-align: center; }
    .foot{margin: 0 auto; width:80%;text-align: center; }
    </style>
</head>
<body>
<div class="header"><img src="images/ 标题 .jpg"></div>
<div class="main"><img src="images/ 主体 .jpg"></div>
<div class="foot"><img src="images/ 版权信息 .jpg"></div>
</body>
</html>
```

任务 7.3.2 多列布局

【任务目标】

掌握多列布局。

【知识解析】

随着 HTML5 和 CSS3 新技术的出现，以及移动设备的飞速发展，互联网技术发生了翻天覆地的变化，如今布局已不再拘泥于固定格式。近些年网页排版设计的趋势，都是非常规布局，它们并不严格遵循某种准则或既定体系。视觉交互方面的，比如全屏布局、瀑布流、无缝拼图布局等，都不局限于传统的布局方式；而对于传统类的，信息类的网站大多采用单列、两列或三列布局，还有混合布局结构。

【案例引入】

通过案例来实现一个两列布局的效果，只需要将两个侧边栏分别向左向右浮动，就可以形成两列布局。效果如图 7–17 所示。

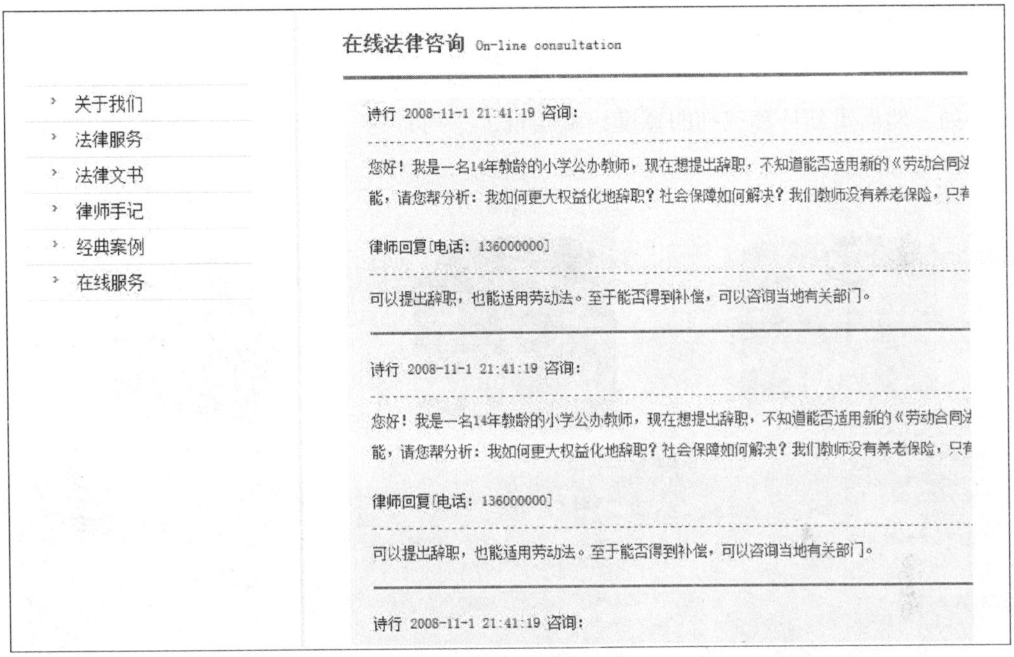

图 7–17　两列布局效果图

【案例实现】

例 7–6　example6.html

```
<!DOCTYPE html>
<html lang="en">
<head>
    <meta charset="utf-8">
    <title> 两列布局 </title>
    <style type="text/css">
        body{margin: 0 auto; padding: 0; max-width: 960px;}
        .left{ float: left; width: 30%;height: 300px; }
        .right{float: right; width: 70%; height: 300px; }
        .main{width: 90%; margin: 0 auto; }
    </style>
```

```
</head>
<body>
<div class="main">
    <div class="left"><img src="images/ 左边.jpg"></div>
    <div class="right"><img src="images/ 右边.jpg"></div>
</div>
</body>
</html>
```

【案例引入】

其实，三列布局的原理和两列布局的是一样的，只不过多了一列，只需给两列布局中间再加一列，然后重新计算三列的宽度，就实现了三列布局。效果如图 7-18 所示。

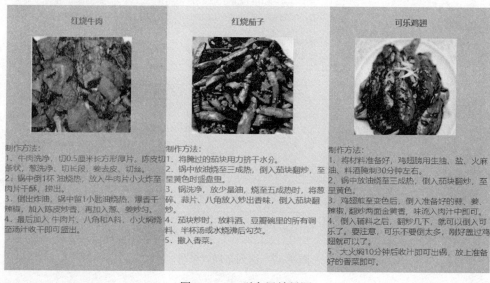

图 7-18　三列布局效果图

【案例实现】

例 7-7　example7.html

```
<!DOCTYPE html>
<html lang="en">
<head>
    <meta charset="utf-8">
    <title> 三列布局 </title>
    <style type="text/css">
        .left{float: left; width: 320px; background-color: pink;
color: green; height:600px; }
        .right{float: right; width: 320px; background-color:#6FC;
```

```
        color: red; height:600px; }
    .middle{float: left; width: 320px; background-color:#FF9;
        color: gray; height:600px; }
    .main{margin: 0 auto; padding: 0; max-width: 960px; }
    img{height:200px; width:200px; margin-left:50px; }
    </style>
</head>
<body>
<div class="main">
    <div class="left">
        <h4 align="center"> 红烧牛肉 </h4>
        <img src="images/ 红烧牛肉 .jpg"> <br>
        <p>
制作方法：<br>
1. 牛肉洗净，切 0.5 厘米长方形厚片。陈皮切条状，葱洗净、切长段，姜去皮、切丝。<br>
2. 锅中倒 1 杯油烧热，放入牛肉片小火炸至肉片干酥，捞出。<br>
3. 倒出炸油，锅中留 1 小匙油烧热，爆香干辣椒，加入陈皮炒香，再加入葱、姜炒匀。<br>
4. 最后加入牛肉片、八角和 A 料，小火焖烧至汤汁收干即可盛出。<br>
<br>
        </p>
    </div>
    <div class="middle">
        <h4 align="center"> 红烧茄子 </h4>
        <img src="images/ 红烧茄子 .jpg"> <br>
        <p>
        制作方法：<br>
        1. 将腌过的茄块用力挤干水分。<br>
        2. 锅中放油烧至三成热，倒入茄块翻炒，至呈黄色时盛盘里。<br>
        3. 锅洗净，放少量油，烧至五成热时，将葱碎、蒜片、八角放入炒出香味，倒入茄块翻炒。<br>
        4. 茄块炒时，放料酒、豆瓣碗里的所有调料、半杯汤或水烧沸后勾芡。<br>
        5. 撒入香菜。<br>
        </p>
    </div>
    <div class="right">
        <h4 align="center"> 可乐鸡翅 </h4>
        <img src="images/ 可乐鸡翅 .jpg"> <br>
        <p>
        制作方法：<br>
        1. 将材料准备好，鸡翅膀用生抽、盐、火麻油、料酒腌制 30 分钟左右。<br>
        2. 锅中放油烧至三成热，倒入茄块翻炒，至呈黄色。<br>
        3. 鸡翅煎至变色后，倒入准备好的蒜、姜、辣椒，翻炒两面金黄，香味流入肉汁中即可。<br>
        4. 倒入辅料之后，翻炒几下，就可以倒入可乐了。要注意，可乐不要倒太多，刚好盖过鸡翅就
可以了。<br>
        5. 大火焖 10 分钟后收汁即可出锅，放上准备好的香菜即可。<br>
        </p>
    </div>
```

```
</div>
</body>
</html>
```

同样的道理，更多列的布局其实和两列、三列的布局模式是一样的。

拓展任务 7.2　弹性盒模型布局

任务 7.4　阶　段　案　例

【任务目标】

使用 div 层进行"厂"字形页面布局。

【案例引入】

制作汽车展示网页，页面内容包括页面顶部的"水平导航栏"和"横幅"，右侧显示出"汽车型号导航"，中间内容显示"推荐车型"和"备用零件"，网页底部显示"网站或公司信息"。需要将网页内容进行有效排版。

【案例实现】

例 7-8　example8.html

```html
<!DOCTYPE html>
<html lang="en">
<head>
    <meta charset="utf-8">
    <title> 页面布局 </title>
    <style type="text/css">
        div{border:solid 2px #000000; }
        #container{background-color:#FFFFCC; width:1000px; margin: 0 auto; }
        #header,#content,#footer{width: 900px; height: 100px; margin: 0 auto; }
        #header{background-color:#33FFCC; }
        #content{ background-color: #0099CC; height: 300px; margin-top: 20px; margin-bottom: 20px; padding:
25px 0px; }
        #footer{background-color: #FF66CC; height: 50px; margin-bottom: 10px; }
        #mainbody,#sidebar{background-color: #FFFF33;float:left;
            height: 290px; }
        #mainbody{width:600px; margin:0px 10px; }
        #sidebar{width: 260px; }
    </style>
```

```
</head>
<body>
<div id="container1">
    <div id="container">123</div>
    <div id="header">#header</div>
    <div id="content">
        <div id="mainbody">#mainbody</div>
        <div id="sidebar">#sidebar</div>
    </div>
    <div id="footer">#footer</div>
</div>
</body>
</html>
```

效果实现如图 7-19 所示。

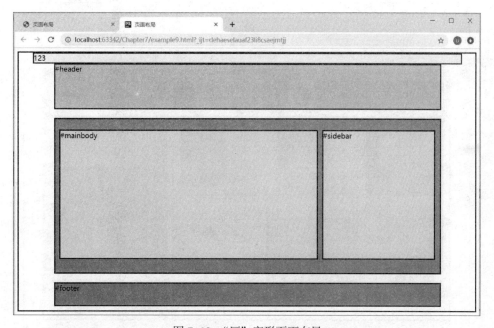

图 7-19　"厂"字形页面布局

根据上面的分析，使用相应的 HTML 标记搭建网页结构，将相应的内容进行填充，实现效果如图 7-20 所示。

```
<body>
<div id="container1">
    <div id="container">
        <img src="images/9- 网页 1.jpg">
    </div>
    <div id="header">
        <img src="images/9- 网页 2.jpg">
```

```
    </div>
    <div id="content">
        <div id="mainbody">
            <img src="images/9– 网页 3.jpg">
        </div>
        <div id="sidebar">
            <img src="images/9– 网页 4.jpg">
        </div>
    </div>
    <div id="footer">
        <img src="images/9– 网页 5.jpg">
    </div>
</div>
</body>
```

图 7-20　效果实现图

项 目 小 结

　　本项目首先讲解了使用框架布局的相关知识点，然后讲解了如何使用 CSS3+DIV 技术进行布局。传统实现多栏布局的局限性比较大，弹性盒布局的方式最为灵活，调整比较方便，但是对浏览器的兼容性不高。而传统实现多栏布局的局限性虽然比较大，但是可以通过 JavaScript 代码进行弥补。

项目实训

学习完前面的内容，下面请结合给出的素材，运用网页布局技术及 CSS 样式的设置，实现图 7-21 所示的巴山茗茶主页。

图 7-21　巴山茗茶主页

项目八

网页表单的应用

【证融通】

本书依据《Web 前端开发职业技能等级标准》和职业标准打造初中级 Web 前端工程师规划学习路径，以职业素养和岗位技术技能为重点学习目标，以专业技能为模块，以工作任务为驱动进行编写，详细介绍了 Web 前端开发中涉及的三大前端技术（HTML5、CSS3 和 Bootstrap 框架）的内容和技巧。本书可以作为期望从事 Web 前端开发职业的应届毕业生和社会在职人员的入门级自学参考用书。

本项目讲解表单元素的标记和属性等内容，对应《Web 前端开发职业技能初级标准》中静态网页开发和美化工作任务的职业标准要求构建项目任务内容和案例，如图 8-1 所示。

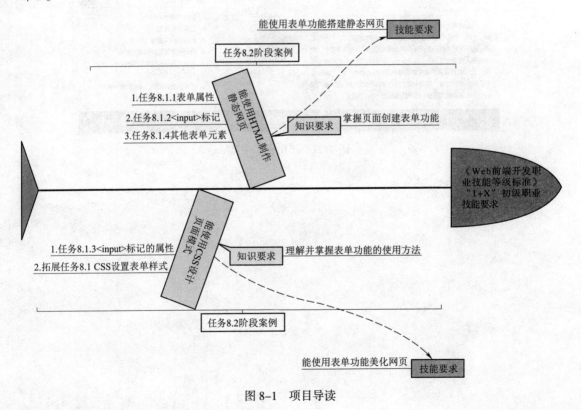

图 8-1 项目导读

【问题引入】

在设计网站的时候，经常需要使用到表单，表单在网页中起着重要作用，它是网站与用户交互信息的主要手段。比如常用的用户注册、在线联系、在线调查表等，都是表单的具体应用形式。那么如何使用 HTML5 来设计表单呢？新的 HTML5 对目前的 Web 表单进行了哪些提升？

【学习任务】

- 表单控件
- 表单控件的属性
- CSS3 样式修饰表单

【学习目标】

- 了解表单的基本知识
- 掌握表单的控件、属性
- 熟练运用表单来组织页面元素
- 熟练应用 CSS3 样式修饰表单

任务 8.1　表　　单

【任务目标】

掌握不同类型的表单控件。

掌握表单控件的属性及其设置。

【知识解析】

在 HTML5 文档中，为了构建表单，需要使用到表单控件，例如使用 <form></form> 标记对定义表单的开始和结束，在表单 <form></form> 之间嵌入各类表单控件标记（表单元素），如文本输入框、列表框、单选按钮、提交按钮等供用户输入信息数据。表单控件标记和表单 <form> 标记一起工作，共同发挥作用。<form> 标记在使用时，要结合属性一起使用，例如下段代码：

```
<form  action="url" method="post">
    用户名：<input type="text" name="name"/>
</form>
```

上述代码的作用就是在网页里创建一个表单，并且在表单里面使用了一个文本输入框控件标记 <input>，这样能为用户创建一个输入文字的表单。此外，表单标记 <form>、<input> 还结合属性 action、method、type、name 一起使用。

【案例引入】

下面设计一个表单结构，对于其中的表单标记和标记的属性，在本项目后面的内容中将会具体讲解，这里了解即可。界面如图 8-2 所示。

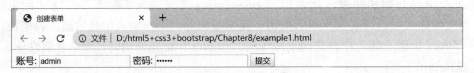

图 8-2　HTML 表单界面

【案例实现】

例 8-1　example1.html

```
<!DOCTYPE html>
<html lang="en">
<head>
    <meta charset="utf-8">
    <title> 创建表单 </title>
</head>
<body>
<form   action="http://www.baidu.com" method="post">
    账号：
    <input type="text" name="zhanghao"/>
    密码：
    <input type="password" name="mima"/>
    <input type="submit" value=" 提交 "/>
</form>
</body>
</html>
```

效果如图 8-3 所示。在网页中，完整的表单通常由表单控件（也称为表单元素）、提示信息和表单域三个部分构成。

图 8-3　表单输入效果

任务 8.1.1　表单属性

表单控件 \<form\> 拥有多个属性，通过设置不同属性值可以实现提交方式和表单验证等不同的功能。\<form\> 标记的各种属性应用如下。

1. action 属性

action 属性用于接收处理表单数据提交的服务器程序 URL 地址，将信息传递给服务器进行解析，基本格式语法如下：

```
<form action="demo.php">
```

当提交表单时，表单数据会传送到名为"demo.php"的页面进行解析处理。

action 的属性值可以是相对路径、绝对路径或接收数据的 E-mail 邮箱地址。

例如：

```
<form action="mailto:xxgcxy@qq.com">
```

当表单提交的时候，表单数据会以电子邮件的形式传递出去。

2. method 属性

method 属性用于设置表单数据的提交方式，属性值为 get 或 post。在 HTML5 中，可以通过 form 标记的 method 属性指明表单处理服务器处理数据的方法，代码如下。

```
<form action="form_action.asp" method="get">
```

method 属性的默认值为 get，此时浏览器会与表单处理服务器建立连接，然后直接在一个传输步骤中发送所有的表单数据。

当属性值为 post 时，浏览器将会按照下面两步来发送数据。首先，浏览器将与 action 属性中指定的表单处理服务器建立联系；其次，浏览器将数据按分段传输的方法发送给服务器。此外，采用 get 属性值提交的数据将显示在浏览器的地址栏中，保密性差，且有数据量的限制。而 post 属性值的保密性好，并且无数据量的限制，因此，使用 method="post" 可以大量地提交数据。

3. name 属性

name 属性指定了表单的名称，以便区分同一个页面中的多个表单。

4. autocomplete 属性

autocomplete 属性用于指定表单提供自动完成功能。所谓自动完成，是指将表单控件之前输入的内容记录下来，当再次输入时，会将输入的历史记录显示在一个下拉列表里，以便通过选择达到快速完成输入的目的。

autocomplete 有两个属性值，其功能如下。

● on: 表单有自动完成功能。

● off: 表单无自动完成功能。

通过实例来演示一下 autocomplete 属性的使用，见例 8-2。

例 8-2　example2.html

```
<!DOCTYPE html>
<html lang="en">
<head>
    <meta charset="utf-8">
    <title> autocomplete 属性的使用 </title>
</head>
<body>
<form id="formBox" autocomplete="on">
用户名 :<input type="text" id=" autofirst"name="autofirst"/><br/><br/>
昵   称 : <input type="text" id="autosecond" name="attosecond"/><br/><br/>
<input type="submit" value=" 提交 "/>
```

```
</form>
</body>
</html>
```

运行例 8-2，效果如图 8-4 所示。

这时在"用户名"文本输入框中依次输入"josn""admin""王二麻子"，分别单击"提交"按钮。当再单击"用户名"文本输入框时，效果如图 8-5 所示。

图 8-4　页面默认显示效果　　　　　　　图 8-5　用户名自动完成效果

通过图 8-5 可以看出，当 autocomplete 属性值为"on"时，可以使表单控件拥有自动完成功能。其实 autocomplete 属性不仅可以用于 <form> 元素，还可以用于所有输入类型的 <input> 元素。

5. novalidate 属性

novalidate 属性用于指定在提交表单时取消对表单进行有效检查。当表单设置该属性时，可以关闭整个表单的验证，这样可以使 <form> 内的所有表单控件不被验证。

下面通过实例来演示 novalidate 属性的使用，见例 8-3。

例 8-3　example3.html

```
<!DOCTYPE html>
<html lang="en">
<head>
    <meta charset="utf-8">
    <title> novalidate 属性取消表单验证 </title>
</head>
<body>
<form action="form_action.asp" method="get" novalidate="true">
    请输入电子邮件地址 :<input type="email" name="user_email">
                        <input type="submit" value=" 提交 "/>
</form>
</body>
</html>
```

在例 8-3 中，对 form 标记应用 novalidate 属性，并将属性值设为 true 来取消表单验证。运行例 8-3，并在文本框中输入邮件地址"123456"，此时单击"提交"按钮，表单将不再对输入的表单数据进行任何验证，即可进行提交操作，如图 8-6 所示。

图 8-6 novalidate 属性取消表单验证

任务 8.1.2 <input> 标记

input 元素是表单中最常见的元素，单行文本框、单选按钮、复选框等都是通过它来定义的。在 HTML5 中，input 标记拥有多种输入类型及相关属性，其常用属性见表 8-1。下面将对 input 元素的相关属性进行讲解。

表 8-1 input 元素的相关属性

属性	属性值	功能描述
type	text	单行文本输入框
	password	密码输入框
	radio	单选按钮
	checkbox	复选框
	button	普通按钮
	submit	提交按钮
	reset	重置按钮
	image	图像形式的提交按钮
	hidden	隐藏域
	file	文件域
	email	E-mail 地址的输入域
	URL	URL 地址的输入域
	number	数值的输入域
	range	一定范围内数字值的输入域
	datepickers(date,month,week,time,datetime,datetime-local)	日期和时间的输入类型
	search	搜索域
	color	颜色输入类型
	tel	电话号码输入类型
name	由用户自定义	控件的名称
value	由用户自定义	input 控件中的默认文本值
size	正整数	input 控件在页面中的显示宽度
readonly	readonly	该控件内容为只读（不能编辑修改）
disabled	disabled	第一次加载页面时禁用该控件（显示为灰色）
checked	checked	定义选择控件默认被选中的项
maxlength	正整数	控件允许输入的最多字符数
autocomplete	on/off	设定是否自动完成表单字段内容
autofocus	autofocus	指定页面加载后是否自动获取焦点

属性	属性值	功能描述
form	form 元素的 id	设定字段隶属于哪一个或多个表单
list	datalist 元素的 id	指定字段的候选数据值列表
multiple	multiple	指定输入框是否可以选择多个值
min、max、step	数值	规定输入框所允许的最大值、最小值、间隔
pattern	字符串	验证输入的内容是否与定义的正则表达式匹配
placeholder	字符串	为 input 类型的输入框提供一种提示
required	required	规定输入框填写的内容不能为空

任务 8.1.3 <input> 标记的属性

1. input 元素的 type 属性

在 HTML5 中，input 元素的 type 属性有多个属性值，用于定义不同的控件类型。下面对 input 的各个控件进行说明。

（1）单行文本输入框 <input type="text"/>

单行文本输入框常用来输入简短的信息，如用户名、账号、证件号码等，常用的属性有 name、value、maxlength 等。

（2）密码输入框 <input type="password"/>

密码输入框用来输入密码，默认内容将以圆点的形式显示。

（3）单选按钮 <input type="radio"/>

单选按钮用于单项选择，如选择性别、是否操作等。需要注意的是，在定义单选按钮时，必须为同一组中的其他选项指定相同的 name 值，这样"单选"才会生效。此外，可以对单选按钮应用 checked 属性，指定默认选中项。

（4）复选框 <input type="checkbox"/>

复选框常用于多项选择，如选择兴趣、爱好等，也可对其应用 checked 属性，指定默认选中项。

（5）普通按钮 <input type="button"/>

普通按钮常常配合 JavaScript 脚本语言使用，使得页面具有更好的交互性。

（6）提交按钮 <input type="submit"/>

提交按钮是表单中的核心控件，用户完成信息的输入后，一般都需要单击"提交"按钮才能完成表单数据的提交。可以通过修改 value 属性的属性值来改变提交按钮上的默认文本。

（7）重置按钮 <input type="reset"/>

当用户输入的信息有误时，可单击"重置"按钮取消已输入的所有表单信息。可以通过修改 value 属性的属性值来改变重置按钮上的默认文本。

（8）图像形式的提交按钮 <input type="image"/>

图像形式的提交按钮与普通的提交按钮在功能上基本相同，只是它用图像替代了默认的按钮，外观上更加美观。但是必须要设定 src 属性指定图像的 URL 地址。

（9）隐藏域 <input type="hidden"/>

隐藏域对于用户是不可见的，通常用于后台的程序。

（10）文件域 <input type="file"/>

当定义文件域时，页面中将出现一个文本框和一个"浏览…"按钮，用户可以通过填写文件路径或直接选择文件的方式，将文件提交给后台服务器。

下面通过实例来演示一下这些控件和属性的使用，见例 8-4。

例 8-4　example4.html

```
<!DOCTYPE html>
<html lang="en">
<head>
    <meta charset="utf-8">
    <title> input 控件 </title>
</head>
<body>
    <form action="#" method="post">
    用户名：                            <!--text 单行文本输入框 -->
    <input type=text" value=" 张三 " maxlength="6"/><br /><br/>
    密码：                              <!--password 密码输入框 -->
    <input type="password" size="40"/><br/><br/>
    性别：                             <!-- radio 单选按钮 -->
    <input type="radio" name="sex" checked="checked"/> 男
    <input type="radio" name="sex"/> 女 <br/><br/>
    兴趣：                             <!-- checkbox 复选框 -->
    <input type="checkbox"/> 唱歌
    <input type="checkbox"/> 跳舞
    <input type="checkbox"/> 游泳 <br/><br/>
    上传头像：
    <input type="file"/><br /><br />                <!--file 文件域 -->
    <input type="submit"/>                          <!-- submit 提交按钮 -->
    <input type="reset"/>                           <!-- reset 重置按钮 -->
    <input type="button" value=" 普通按钮 "/>        <!-- button 普通按钮 -->
    <input type="image" value="123" src="images/3 登录 .jpg" />  <!--image 图像域 -->
    <input type="hidden"/>                          <!-- hidden 隐藏域 -->
    </form>
</body>
</html>
```

在例 8-4 中，通过对 input 元素应用不同的 type 属性值，来定义不同类型的 input 控件，并对其中的一些控件应用 input 标记的其他可选属性。例如，在第 10 行代码中，通过 maxlength 和 value 属性定义单行文本输入框中允许输入的最多字符数和默认显示文本；在第 12 行代码中，通过 size 属性定义密码输入框的宽度；在第 14 行代码中，通过 name 和 checked 属性定义单选按钮的名称和默认选中项。运行例 8-4，效果如图 8-7 所示。

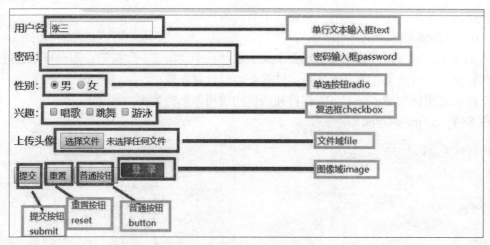

图 8-7　input 控件效果展示

在图 8-7 中，不同类型的 input 控件拥有不同的外观，当对它们进行操作时，如输入用户名和密码、选择性别和兴趣等，显示的效果也不一样。例如，当在密码输入框中输入内容时，其中的内容将以圆点的形式显示，而不会像用户名中的内容一样显示为明文，如图 8-8 所示。

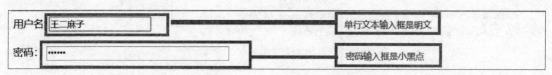

图 8-8　密码框中内容显示为圆点

（11）email 类型 <input type="email"/>

email 类型的 input 元素是一种专门用于输入 E-mail 地址的文本输入框，用来验证 email 输入框的内容是否符合 E-mail 邮件地址格式，如果不符合，将出现相应的提示信息。

（12）url 类型 <input type="url"/>

url 类型的 input 元素是一种用于输入 URL 地址的文本框。如果所输入的内容是 URL 地址格式的文本，则会提交数据到服务器；如果输入的值不符合 URL 地址格式，则不允许提交，并且会有提示信息。

（13）tel 类型 <input type="tel"/>

tel 类型用于提供输入电话号码的文本框，由于电话号码的格式千差万别，很难实现一个通用的格式，因此 tel 类型通常会和 pattern 属性配合使用。pattern 属性是 HTML5 中的新属性，用来设定输入数据的格式。

（14）search 类型 <input type="search"/>

search 类型是一种专门用于输入搜索关键词的文本框，它能自动记录一些字符，如站点搜索或者 Google 搜索。在用户输入内容后，右侧会附带一个删除图标，单击这个图标按钮可以快速清除内容。

（15）color 类型 <input type="color"/>

color 类型用于提供设置颜色的文本框，用于实现一个 RGB 颜色输入。其基本形式是 #RRGGBB（颜色由红（R）、绿（G）、蓝（B）组成，每个颜色的最低值为 0（十六进制为 00），最高值为 255（十六进制为 FF））。默认值为 #000000。通过 value 属性值的修改可以更改默认颜色。单击 color 类型文本框，可以快速打开拾色器面板，方便用户可视化地选取一种颜色。

下面通过设置 input 元素的 type 属性来演示不同类型的文本框的用法，见例 8-5。

例 8-5 example5.html

```
<!DOCTYPE html>
<html lang="en">
<head>
    <meta charset="utf-8">
    <title> input 类型 </title>
</head>
<body>
<form action="#" method="get">
    请输入您的邮箱 :<input type="email" name="formmail"/><br/>
    请输入个人网址 :<input type="url" name="user _url"/><br/>
    请输入电话号码 :<input type="tel" name="telphone" pattern="^\d{11}$"/><br/>
    输入搜索关键词 :<input type="search" name="searchinfo"/><br/>
    请选取一种颜色 :<input type="color" name="color1"/>
    <input type="color" name="color2" value="#FF3E96"/>
    <input type="submit" value=" 提交 "/>
</form>
</body>
</html>
```

在例 8-5 中，通过 input 元素的 type 属性将文本框分别设置为 email 类型、url 类型、tel 类型、search 类型及 color 类型。其中，第 11 行通过 pattern="^\d{11}$" 代码来设置 tel 文本框中的输入长度为 11 位的数字。

运行例 8-5，效果如图 8-9 所示。

在图 8-8 所示的页面中，分别在前三个文本框中输入不符合格式要求的文本内容，依次单击"提交"按钮，效果如图 8-9 ~图 8-13 所示。

图 8-9　input 类型默认效果

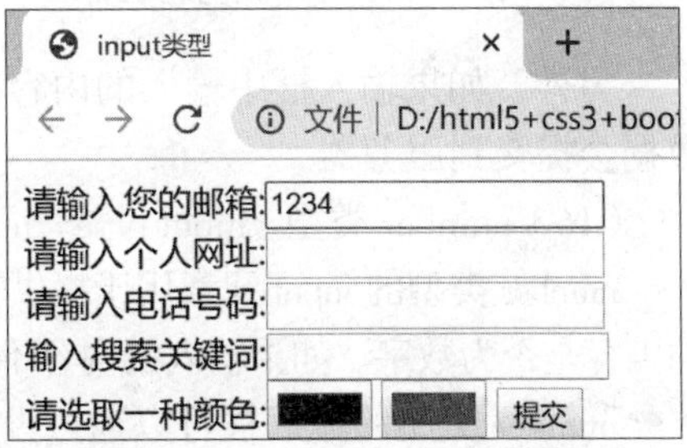

图 8-10　email 类型验证提示效果

图 8-11　url 类型验证提示效果　　　　　图 8-12　tel 类型验证提示效果

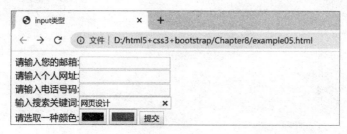

图 8-13　search 类型验证提示效果

在第四个文本框中输入要搜索的关键词，搜索框右侧会出现一个"×"按钮，如图 8-13 所示。单击这个按钮，可以清除已经输入的内容。

单击第五个文本框中的颜色文本框，会弹出如图 8-14 所示的颜色选取器。在颜色选取器中，用户可以选择一种颜色，也可以选取后单击"添加到自定义颜色"按钮，将选取的颜色添加到自定义颜色中，如图 8-15 所示。

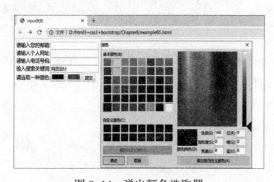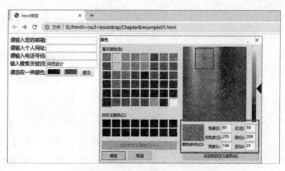

图 8-14　弹出颜色选取器　　　　　图 8-15　添加自定义颜色

另外，如果输入框中输入的内容符合文本框中要求的格式，单击"提交"按钮后，表单数据会提交到服务器。

（16）number 类型 <input type="number"/>

number 类型的 input 元素用于提供输入数值的文本框。提交表单时，会自动检查该输入框中的内容是否为数字。如果输入的内容不是数字或者数字不在限定范围内，则会出现错误提示。

number 类型的输入框可以通过设置属性对输入的数字进行限制，具体如下。

● value：指定输入框的默认值。

● max：指定输入框可以接受的最大的输入值。

- min：指定输入框可以接受的最小的输入值。
- step：输入域合法的间隔，如果不设置，默认值是 1。

下面通过一个案例来演示 number 类型的 input 元素的用法，见例 8-6。

例 8-6 example6.html

```
<!DOCTYPE html>
<html lang="en">
<head>
    <meta charset="utf-8">
    <title> number 类型的使用 </title>
</head>
<body>
<form action="#" method="get">
    请输入数值 :<input type="number"    name="number1" value="1" min="1" max="20" step="4"/><br/>
    <input type="submit" value=" 提交 "/>
</form>
</body>
</html>
```

input 元素的 type 属性设置为 number 类型，并且分别设置 min、max 和 step 属性的值。运行案例 8-6，效果如图 8-16 所示。

通过图 8-17 可以看出，number 类型文本框中的默认值为 "1"，读者可以在输入框中输入数值或者通过单击输入框的数值按钮来改变数值。例如，当单击输入框中向上的小三角时，效果如图 8-18 所示。

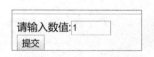

图 8-16　案例 8-6 运行效果

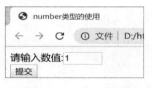

图 8-17　number 类型的
默认值效果

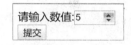

图 8-18　number 类型的 step
属性值效果

通过图 8-18 可以看到，number 类型文本框中的值变成了 "5"，这是因为第 9 行代码中将 step 属性的值设置为 "4"。另外，当在文本框中输入 "25" 时，由于 max 属性值为 "20"，所以会出现提示信息，效果如图 8-19 所示。

如果在 number 文本输入框中输入一个不符合 number 格式的文本 "e"，单击 "提交" 按钮，会出现验证提示信息，效果如图 8-20 所示。

图 8-19　number 类型的 max 属性值效果

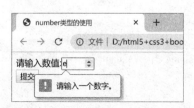

图 8-20　非 number 类型的验证效果

（17）range 类型 <input type="range"/>

range 类型的 input 元素可以提供数值的输入范围，在网页中显示为滑动条。它的常用属性与 number 类型一样，通过 min 属性和 max 属性可以设置最小值与最大值，通过 step 属性指定每次滑动的步幅。

（18）datepickers 类型 <input type="date,month,week…"/>

datepickers 类型是时间日期类型，在 HTML5 中有多个可供选取日期和时间的输入类型，用于验证输入的日期，具体见表 8-2。

表 8-2　时间和日期类型

时间和日期类型	说明
date	选取日、月、年
month	选取月、年
week	选取周和年
time	选取时间（小时和分钟）
datetime	选取时间、日、月、年 (UTC 时间)
datetime-local	选取时间、日、月、年（本地时间）

在表 8-2 中，UTC 是 Universal Time Coordinated 的英文缩写，即"协调世界时"，又称为世界标准时间。1884 年国际经线会议规定，全球按经度分为 24 个时区，以本初子午线为中央经线的时区为零时区，即 UTC 时间，由零时区向东、西各分 12 区。例如，如果北京时间为早上 8 点，则 UTC 时间为 0 点，即 UTC 时间比北京时间晚 8 小时。

下面在 HTM5 中添加多个 input 元素，分别指定这些元素的 type 属性值为时间日期类型。见例 8-7。

例 8-7　example7.html

```
<!DOCTYPE html>
<html lang="en">
<head>
    <meta charset="utf-8">
    <title> 时间日期类型的使用 </title>
</head>
<body>
<form action="#" method="get">
    <input type="date"/> 
    <input type="month"/> 
    <input type="week"/> 
    <input type="time"/> 
    <input type="datetime"/> 
    <input type="datetime-local"/>
    <input type="submit"value=" 提交 "/>
</form>
</body>
</html>
```

运行例 8-7，效果如图 8-21 所示。

图 8-21　时间日期类型的使用

用户可以直接向输入框中输入内容，也可以单击输入框之后的按钮进行选择。例如，当单击选取年、月、日的时间日期按钮时，效果如图 8-22 所示。

图 8-22　选取年、月、日的时间日期类型

另外，当选取周和年的时间日期类型按钮时，效果如图 8-23 所示。

图 8-23　选取周和年的时间日期类型

【小贴士】

对于浏览器不支持的 input 元素输入类型，将会在网页中显示为一个普通输入框。

2. input 元素的其他属性

除了 type 属性之外，<input> 标记还可以定义很多其他的属性，从而实现不同的功能，具体见表 8-1。其中的某些属性在前面已经介绍并使用过了，如 name、value 和 autocomplete 属性等，下面介绍 input 元素的其他几种常用属性，具体如下。

（1）autofocus 属性

在 HTML5 中，autofocus 属性用于指定页面加载后是否自动获取焦点。例如，在访问 Google 主页时，页面中的文字输入框会自动获得光标焦点，以便快速输入关键词。

下面通过例 8-8 来演示 autofocus 属性的使用。

例 8-8　example8.html

```
<!DOCTYPE html>
<html lang="en">
<head>
    <meta charset="utf-8">
    <title> autofocus 属性的使用 </title>
</head>
<body>
    <form action="#" method="get">
    请输入搜索关键词 :<input type="text" name="user_name" autocomplete="off"autofocus="autofocus"/>
<br/>
    <input type="submit" value=" 提交 "/>
    </form>
</body>
</html>
```

在例 8-8 中，首先向表单中添加一个 input 元素，然后通过将 autofocus 属性设置为 "autofocus" 的属性值，指定在页面加载完毕后自动获取焦点。另外，代码 "autocomplete="off"" 将自动完成功能设置为关闭状态。

运行例 8-8，效果如图 8-24 所示。

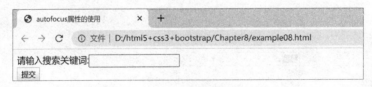

图 8-24　autofocus 属性自动获取焦点

从图 8-24 可以看出，input 元素输入框在页面加载后自动获取焦点，并且关闭了自动完成功能。

（2）form 属性

在 HTML5 之前，如果用户要提交一个表单，必须把相关的控件元素都放在表单内部，即 <form> 和 </form> 标签之间。在提交表单时，会将页面中不是表单子元素的控件直接忽略掉。而 HTML5 中的 form 属性，可以把表单内的子元素写在页面中的任一位置，只需为这个元素指定 form 属性并设置属性值为该表单的 id 即可。此外，form 属性还允许一个表单控件从属于多个表单，这样可以大大提高代码利用率。

下面通过一个案例来演示 form 属性的使用，见例 8-9。

例 8-9　exampled9.html

```
<!DOCTYPE html>
<html lang="en">
<head>
    <meta charset="utf-8">
```

```
<title> autofocus 属性的使用 </title>
</head>
<body>
<form action="#" method="get" id="user_form">
请输入您的姓名 :<input type="text" name="first_name"/>
<input type="submit" value=" 提交 " />
</form>
<p> 下面的输入框在 form 元素外，但因为指定了 form 属性为表单的 id, 所以该输入框仍然属于表单的一
部分。</p >
请输入您的昵称 :<input type="text" name="last_nane" form="user_form"/><br/>
</body>
</html>
```

　　在例 8–9 中，分别添加两个 input 元素，并且第二个 input 元素不在 <form></form> 标记
中。另外，设定第二个 input 元素的 form 属性值为该表单的 id，此时如果在输入框中分别
输入姓名和昵称，则 first_name 和 last_name 将分别被赋为输入的值。例如，在姓名处输入
"王二麻子"，昵称处输入"麻子"，效果如图 8–25 所示。

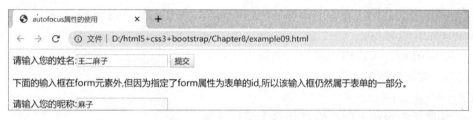

图 8–25　输入姓名和昵称

　　单击"提交"按钮，在浏览器的地址栏中可以看到"first_name= 王二麻子 &last_name=
麻子"的字样，表示服务器端已经接收到"name= 王二麻子"和"name= 麻子"的数据，如
图 8–26 所示。

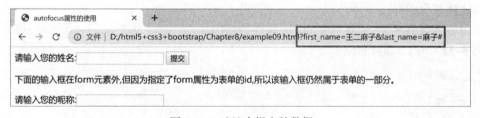

图 8–26　地址中提交的数据

（3）list 属性

　　在上面的内容中已经学习了如何通过 datalist 元素实现数据列表的下拉效果，而 list 属性
用于指定输入框所绑定的 datalist 元素，其值是某个 datalist 元素 id。

　　下面通过例 8–10 来进一步学习 list 属性的使用。

　　例 8–10　example10.html

```
<!DOCTYPE html>
```

```
<html lang="en">
<head>
    <meta charset="utf-8">
    <title>list 属性的使用 </title>
</head>
<body>
<form action="#" method="get">
    请输入网址 :<input type="url" list="url_list" name="weburl"/>
    <datalist id="url_list">
        <option    label=" 新浪网 " value="http://www.sina.com.cn"></option>
        <option    label=" 搜狐网 " value="http://www.sohu.com"></option>
        <option    label=" 凤凰网 " value="http://www.ifeng.com/"></option>
    </datalist>
    <input type="submit" value=" 提交 "/>
</form>
</body>
</html>
```

在例 8–10 中，分别向表单中添加 input 和 datalist 元素，并且将 input 元素的 list 属性指定为 datalist 元素的 id 值。

运行例 8–10 后，单击输入框，就会弹出已定义的网址列表，效果如图 8–27 所示。

（4）multiple 属性

multiple 属性指定输入框可以选择多个值，该属性适用于 email 和 file 类型的 input 元素。multiple 属性用于 email 类型的 input 元素时，表示可以向文本框中输入多个 E-mail 地址，多个地址之间通过逗号隔开；multiple 属性用于 file 类型的 input 元素时，表示可以选择多个文件。

下面通过案例 8–11 来演示 multiple 属性的使用。

图 8–27　list 属性的应用

例 8–11　example11.html

```
<!DOCTYPE html>
<html lang="en">
<head>
    <meta charset="utf-8">
    <title> multiple 属性的使用 </title>
</head>
<body>
<form action="#" method="get">
    电子邮箱 :<input type="email" name="myemail" multiple="multiple"/>  
    ( 如果电子邮箱有多个，请使用逗号分隔 )<br/><br/>
    上传照片 :<input type="file" name="selfile" multiple="multiple"/><br/><br/>
    <input type="submit" value=" 提交 "/>
```

```
</form>
</body>
</html>
```

　　在例 8-11 中，分别添加 email 类型和 file 类型的 input 元素，并且使用 multiple 属性指定输入框可以选择多个值。运行例 8-11，效果如图 8-28 所示。

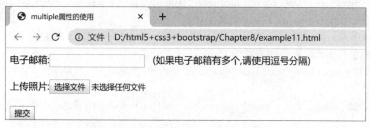

图 8-28　multiple 属性指定输入框选择多个值

　　如果要向文本框中输入多个 E-mail 地址，可以将多个地址之间通过逗号分隔；按下 Ctrl 键可选择多个文件或多张照片，效果如图 8-29 所示。

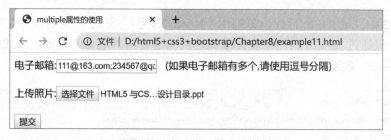

图 8-29　multiple 属性的应用

（5）min、max 和 step 属性

　　HTML5 中的 min、max 和 step 属性可以为包含数字或日期的 input 输入类型规定限值，也就是给这些类型的输入框加一个数值的约束，适用于 date、pickers、number 和 range 标签。

　　具体属性说明如下。

● max：规定输入框所允许的最大输入值。

● min：规定输入框所允许的最小输入值。

● step：为输入框规定合法的数字间隔，如果不设置，默认值是 1。

　　这与前面讲解 input 元素的 number 类型时的 min、max 和 step 属性类似，不再举例说明。

（6）pattern 属性

　　pattern 属性用于验证 input 类型输入框中，用户输入的内容是否与所定义的正则表达式相匹配。pattern 属性适用的类型有 text、search、url、tel、email 和 password 的 <input> 标记。

　　下面通过案例来了解 pattern 属性及其常用的正则表达式，见例 8-12。

例 8-12　example12.html

```
<!DOCTYPE html>
<html lang="en">
```

```
<head>
    <meta charset="utf-8">
    <title> pattern 属性 </title>
</head>
<body>
<form action="#" method="get">
    账号: <input type="text" name="username" pattern="^[a-zA-Z][a-zA-Z0-9_]{5,16}$ "/>( 以字母开
头，允许 5 ~ 16 字，允许字母、数字、下划线 ) <br/>
    密码 : <input type="password" name="pwd" pattern="^[a-zA-Z]\w{16,118}$"/>( 以字母开头，长度在
16 ~ 118 字，只能包含字母、数字和下划线 )<br/>
    身份证号 :<input type="text" name="mycard" pattern="^\d{15}$|^\d{18}[\d|X]$"/>(15 位、18 位数字 )
<br/>
    E-mail地址 :<input type="email" name="myemail"pattern="\w+([-+.]\w+)*@\w+([-.]\w+)*\.\w+([-.]\
w+)*"/>
    <input type="submit" value=" 提交 "/>
</form>
</body>
</html>
```

在例 8-12 中，第 9 ~ 16 行代码分别用于插入 "账号" "密码" "身份证号" "E-mail 地址"
的输入框，并且通过 pattern 属性来验证输入的内容是否与所定义的正则表达式相匹配。

运行例 8-12，效果如图 8-30 所示。

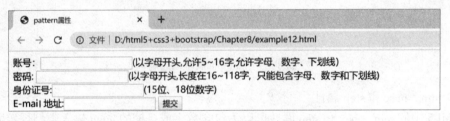

图 8-30　pattern 属性的应用

当输入的内容与所定义的正则表达式格式认证不相匹配时，单击 "提交" 按钮，效果如
图 8-31 和图 8-32 所示。

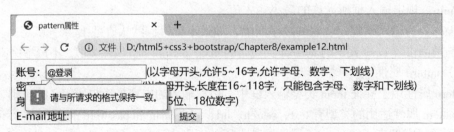

图 8-31　账号验证提示信息

（7）placeholder 属性

placeholder 属性用于为 input 类型的输入框提供相关提示信息，以描述输入框允许用户
输入何种内容。在输入框为空时，显式出现，而当输入框获得焦点时，则会消失。

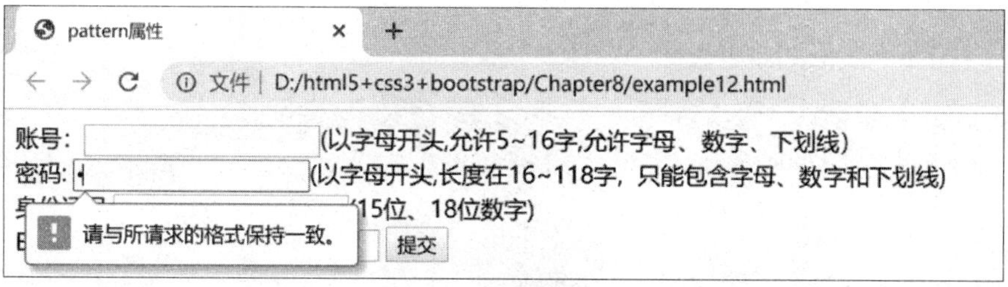

图 8-32　密码验证提示信息

下面通过一个案例来演示 placeholder 属性的使用，见例 8-13。

例 8-13　example13.html

```
<!DOCTYPE html>
<html lang="en">
<head>
    <meta charset="utf-8">
    <title> placeholder 属性 </title>
</head>
<body>
<form action="#" method="get">
    请输入邮政编码 :<input type="text"name="code" pattern="0-9{6}" placeholder=" 请输入 6 位数的邮政编码 "/>
    <input type="submit" value=" 提交 "/>
</form>
</body>
</html>
```

在例 8-13 中，使用 pattern 属性来验证输入的邮政编码是否是 6 位数字，使用 placeholder 属性来提示输入框中需要输入的内容。

运行例 8-13，效果如图 8-33 所示。

图 8-33　placeholder 属性的应用

（8）required 属性

HTML5 中的输入类型不会自动判断用户是否在输入框中输入了内容，如果开发者要求输入框中的内容是必填项，那么需要为 input 元素指定 required 属性。required 属性规定了输入框填写的内容不能为空，否则，不允许用户提交表单。

下面通过例 8-14 来演示 required 属性的使用。

例 8-14　example14.html

```
<!DOCTYPE html>
```

```
<html lang="en">
<head>
    <meta charset="utf-8">
    <title> required 属性 </title>
</head>
<body>
<form action="#" method="get">
    请输入姓名 :<input type="text" name="user_name" required="required"/>
    <input type="submit" value=" 提交 "/>
</form>
</body>
</html>
```

在例 8–14 中，为 input 元素指定了 required 属性。运行例 8–14，效果如图 8–34 所示。当输入框中内容为空时，单击"提交"按钮，将会出现提示信息。用户必须输入内容后，才允许提交表单。

图 8–34　required 属性的应用

任务 8.1.4　其他表单元素

除了 input 元素外，HTML5 表单元素还包括 textarea、select、datalist、keygen、output 等，下面将对它们进行详细讲解。

1. textarea 元素

当定义 input 控件的 type 属性值为 text 时，可以创建一个单行文本输入框。但如果需要输入大量的信息，单行文本输入框就不适用了，为此，HTML 语言提供了 <textarea></textarea> 标记。通过 textarea 控件可以轻松地创建多行文本输入框，其基本语法格式如下。

```
<textarea cols=" 每行中的字符数 " rows=" 显示的行数 ">
文本内容
</textarea>
```

在上面的语法格式中，cols 和 rows 为 <textarea> 标记的必需属性，其中 cols 用来定义多行文本输入框每行中的字符数，rows 用来定义多行文本输入框显示的行数，它们的取值均为正整数。

textarea 元素除了 cols 和 rows 属性外，还拥有几个可选属性，分别为 disabled、name 和 readonly，详见表 8–3。

表 8–3　textarea 可选属性

属性	属性值	描述
name	由用户自定义	控件的名称
readonly	readonly	该控件内容为只读（不能编辑修改）
disabled	disabled	第一次加载页面时禁用该控件（显示为灰色）

下面通过例 8–15 来演示 textarea 元素的使用。

例 8–15   example15.html

```
<!DOCTYPE html>
<html lang="en">
<head>
    <meta charset="utf-8">
    <title>textarea 控件 </title>
</head>
<body>
<form action="#" method="post">
  评论: <br/>
  <textarea cols="60" rows="8">
  评论的时候，请遵纪守法并注意语言文明，多给文档分享人一些支持。
  </textarea><br/>
  <input type="submit" value=" 提交 "/>
</form>
</body>
</html>
```

在例 8–15 中，<textarea></textarea> 标记定义了一个多行文本输入框，并对其应用 cols 和 rows 属性来设置多行文本输入框每行中的字符数和显示的行数。在多行文本输入框之后，通过将 input 控件的 type 属性值设置为 submit 来定义一个提交按钮。同时，使用了换行标记
 使网页的格式更加清晰。

运行例 8–15，效果如图 8–35 所示。

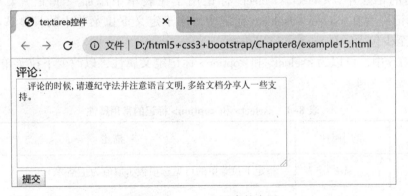

图 8–35   textarea 元素的应用

在图 8–35 中，用户可以使用多行文本输入框来输入自己的评论内容。

【小贴士】

各浏览器对 cols 和 rows 属性的理解不同，当对 textarea 元素应用 cols 和 rows 属性时，多行文本输入框在各浏览器中的显示效果可能会有差异，所以，在实际工作中，更常用的方法是使用 CSS 的 width 和 height 属性来定义多行文本输入框的宽和高。

2. select 元素

浏览网页时，常会看到包含多个选项的下拉菜单，图 8-36 所示即为一个下拉菜单。当单击下拉符号时，会出现一个选择列表，如图 8-37 所示，可以选择需要的城市名。要想制作这种下拉菜单效果，就需要使用 select 元素。

图 8-36 select 元素的
显示界面

图 8-37 select 元素单击后
显示下拉列表

使用 select 元素定义下拉菜单的基本语法格式如下：

```
<select>
    <option> 选项 1</option>
    <option> 选项 2</option>
    <option> 选项 3</option>
</select>
```

在上面的语法中，<select></select> 标记用于在表单中添加一个下拉菜单，<option></option> 标记嵌套在 <select></select> 标记中，用于定义下拉菜单中的具体选项，<select></select> 中至少包含一对 <option></option>。

在 HTML5 中，可以为 <select> 和 <option> 标记定义属性，以改变下拉菜单的外观显示效果，具体见表 8-4。

表 8-4 <select> 和 <option> 标记的常用属性

标记名	常用属性	描述
<select>	size	指定下拉菜单的可见选项数（取值为正整数）
	multiple	定义 multiple="multiple" 时，下拉菜单将具有多项选择的功能，方法为同时按住 Ctrl 键进行多选
<option>	selected	selected 定义 selected="selected" 时，当前项即为默认选中项

下面通过例 8-16 来演示几种不同的下拉菜单效果。

例 8-16 example16.html

```
<!DOCTYPE html>
<html lang="en">
<head>
    <meta charset="utf-8">
    <title>select 控件 </title>
</head>
<body>
<form action="#" method="post">
    所在校区 :<br/>
    <select>    <!-- 最基本的下拉菜单 -->
        <option>- 请选择 -</option>
        <option> 北京 </option>
        <option> 上海 </option>
        <option> 广州 </option>
        <option> 武汉 </option>
        <option> 成都 </option>
    </select><br/><br/>
特长 ( 单选 ):<br/>
    <select>
        <option> 唱歌 </option>
        <option selected="selected"> 画画 </option><!-- 设置默认选中项 -->
        <option> 跳舞 </option>
    </select><br/><br/>
爱好 ( 多选 ):<br/>
    <select multiple="multiple" size="4"><!-- 设置多选和可见选项数 -->
        <option> 读书 </option>
        <option selected="selected"> 写代码 </option><!-- 设置默认选中项 -->
        <option> 旅行 </option>
        <option selected="selected"> 听音乐 </option><!-- 设置默认选中项 -->
        <option> 踢球 </option>
    </select><br/><br/>
        <input type="submit" value=" 提交 "/>
</form>
</body>
</html>
```

　　在例 8-16 中，通过 <select>、<option> 标记及相关属性创建了 3 个不同的下拉菜单，其中第 1 个为最基本的下拉菜单，第 2 个为设置了默认选项的单选下拉菜单，第 3 个为设置了两个默认选项的多选下拉菜单。在下拉菜单下面通过 input 控件定义了一个提交按钮。同时，使用了换行标记
 使网页的格式更加清晰。运行例 8-16，效果如图 8-38 所示。

　　在图 8-38 中，第 1 个下拉菜单中的默认选项为其所有选项中的第一项，即不对 <option> 标记应用 selected 属性时，下拉菜单中的默认的选项为第一项，第 2 个下拉菜单中的默认选项为设置了 selected 属性的选项，第 3 个下拉菜单将显示为列表的形式，其中有两个默认选项，按住 Ctrl 键时可同时选择多项。

图 8-38　下拉菜单展示

　　上面实现了不同的下拉菜单效果，但是在实际网页制作过程中，有时候需要对下拉菜单中的选项进行分组，这样当存在很多选项时，可以更加容易地找到想要的选项。

　　下面通过例 8-17 来演示为下拉菜单中的选项进行分组的方法和效果。

　　例 8-17　example17.html

```
<!DOCTYPE html>
<html lang="en">
<head>
    <meta charset="utf-8">
    <title> 为下拉菜单中的选项分组 </title>
</head>
<body>
<form action="#" method="post">
    城区 :<br/>
    <select>
        <optgroup label=" 北京 ">
            <option> 东城区 </option>
            <option> 西城区 </option>
            <option> 朝阳区 </option>
            <option> 海淀区 </option>
        </optgroup>
        <optgroup label=" 上海 ">
            <option> 浦东新区 </option>
            <option> 徐汇区 </option>
            <option> 虹口区 </option>
        </optgroup>
    </select>
</form>
</body>
</html>
```

在例 8-17 中，<optgroup></optgroup> 标记用于定义选项组，必须嵌套在 <select></select> 标记中，一对 <select></select> 中通常包含多对 <optgroup></optgroup>。在 <optgroup> 与 </optgroup> 之间的 <option></option> 标记用于定义具体选项。需要注意的是，<optgroup> 标记有一个必需属性 label，用于定义分组的组名。

运行例 8-17，会出现如图 8-39 所示的下拉菜单，当单击下拉按钮时，效果如图 8-40 所示，下拉菜单中的选项被清晰地分组了。

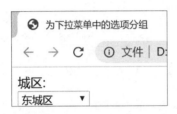

图 8-39　下拉菜单

图 8-40　选项分组后的下拉菜单选项展示

3. datalist 元素

datalist 元素用于定义输入框的选项列表，列表通过 datalist 内的 option 元素进行创建。如果用户不希望从列表中选择某项，也可以自行输入其他内容。datalist 元素通常与 input 元素配合使用来定义 input 的取值。在使用 <datalist> 标记时，需要通过 id 属性为其指定唯一的标识，然后为 input 元素指定 list 属性，将该属性值设置为 option 元素对应的 id 属性值即可。

下面通过例 8-18 来演示 datalist 元素的使用。

例 8-18　example18.html

```
<!DOCTYPE html>
<html lang="en">
<head>
    <meta charset="utf-8">
    <title> datalist 元素 </title>
</head>
<body>
<form action="#" method="post">
    请输入用户名 :<input type="text" list="namelist"/>
    <datalist id="namelist">
        <option> 张三 </option>
        <option> 李四 </option>
        <option> 王二 </option>
    </datalist>
    <input type="submit" value=" 提交 "/>
```

```
</form>
</body>
</html>
```

在例 8-18 中，首先向表单中添加一个 input 元素，并将其 list 属性值设置为"namelist"。然后添加 id 名为"namelist"的 datalist 元素，并通过 datalist 内的 option 元素创建列表。运行例 8-18，效果如图 8-41 所示。

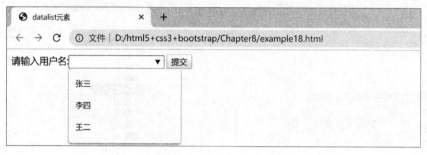

图 8-41　datalist 元素的效果

拓展学习：keygen 元素、output 元素

拓展任务 8.1　CSS 设置表单样式

任务 8.2　阶 段 案 例

【任务目标】

上面两个任务学习了通过表单元素和 CSS3 样式来设置表单，下面将前面学到的各种类型的表单和 CSS3 样式组合在一起来设计一个综合实例。

【案例引入】

本案例是制作"丽枫假日酒店客房预订"页面的综合实例，通过该实例把前面学习到的表单元素和 CSS3 样式设置表单结合起来。设计效果如图 8-42 所示。

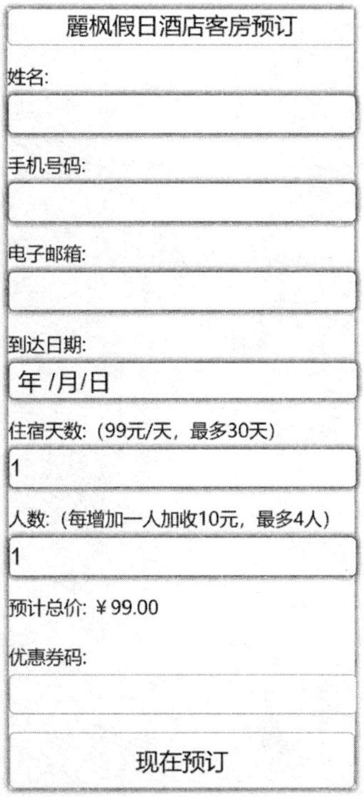

麗枫假日酒店客房预订

姓名:

手机号码:

电子邮箱:

到达日期:

年 /月/日

住宿天数: (99元/天，最多30天)

1

人数: (每增加一人加收10元，最多4人)

1

预计总价: ￥99.00

优惠券码:

现在预订

图 8-42　表单界面

【案例实现】

本案例的全部代码见例 8-19。

例 8-19　example19.html

```
<!DOCTYPE html>
<html lang="en">
<head>
    <meta charset="utf-8">
    <title> 麗枫假日酒店客房预订 </title>
    <style type="text/css">
:invalid {
border-color: #e88;
-webkit-box-shadow: 0 0 5px rgba(255, 0, 0, .8);
-moz-box-shadow: 0 0 5px rgba(255, 0, 0, .8);
-o-box-shadow: 0 0 5px rgba(255, 0, 0, .8);
-ms-box-shadow: 0 0 5px rgba(255, 0, 0, .8);
box-shadow:0 0 5px rgba(255, 0, 0, .8);}
:required {
border-color: #88a;
-webkit-box-shadow: 0 0 5px rgba(0, 0, 255, .5);
-moz-box-shadow: 0 0 5px rgba(0, 0, 255, .5);
-o-box-shadow: 0 0 5px rgba(0, 0, 255, .5);
```

```
      -ms-box-shadow: 0 0 5px rgba(0, 0, 255, .5);
      box-shadow: 0 0 5px rgba(0, 0, 255, .5);}
form {
   width:300px;
   margin: 20px auto;}
input,#biaoti{
   font-family: "Helvetica Neue", Helvetica, Arial, sans-serif;
   border:1px solid #ccc;
   font-size:20px;
   width:300px;
   min-height:30px;
   display:block;
   margin-bottom:15px;
   margin-top:5px;
   outline: none;
   -webkit-border-radius:5px;
   -moz-border-radius:5px;
   -o-border-radius:5px;
   -ms-border-radius:5px;
   border-radius:5px;}
input[type=submit] {
   background:none;
   padding:10px;}
</style>
</head>
<body>
<form input=" total.value = (nights.valueAsNumber * 99) +
 ((guests.valueAsNumber - 1) * 10)">
   <label id="biaoti" style="text-align: center;"> 丽枫假日酒店客房预订 </label>
   <label> 姓名 :</label>
   <input type="text" id="full_name" name="full_name" required>
   <label> 手机号码 :</label>
   <input type="tel" id="tel" name="tel" pattern="^\d{11}$" required>
   <label> 电子邮箱 :</label>
   <input type="email" id="email_addr" name="email_addr" required>
   <label> 到达日期 :</label>
   <input type="date" id="arrival_dt" name="arrival_dt" required>
   <label> 住宿天数 :（99 元 / 天，最多 30 天）</label>
   <input type="number" id="nights" name="nights" value="1" min="1" max="30" required>
   <label> 人数 :（每增加一人加收 10 元，最多 4 人）</label>
   <input type="number" id="guests" name="guests" value="1" min="1" max="4" required>
   <label> 预计总价 :</label>
   ¥ <output id="total" name="total">99</output>.00
   <br><br>
   <label> 优惠券码 :</label>
   <input type="text" id="promo" name="promo" pattern="[A-Za-z0-9]{6}"
```

```
        title=" 请输入 6 位优惠券码!">
        <input type="submit" value=" 现在预订 " />
</form>
</body>
</html>
```

项 目 小 结

本项目介绍了表单的构成及如何创建表单，详细讲解了 input 元素及其相关属性，介绍了表单中的重要元素，并讲解了如何使用 CSS3 对表单进行修饰。

通过本项目的学习，读者应该能够掌握常用的表单控件及其相关属性，并能够熟练地运用表单组织页面元素。

项 目 实 训

学习完前面的内容，请结合给出的素材，运用表单控件及相关属性实现图 8-43 所示的网页设计课程学员登记表。

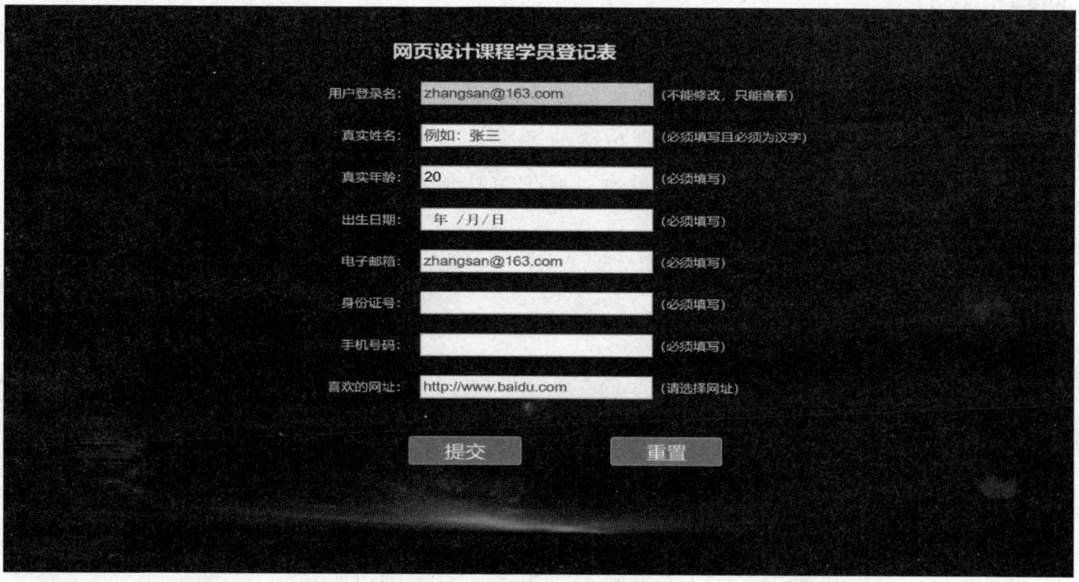

图 8-43　网页设计课程学员登记表

项目九

跨平台响应式技术

【书证融通】

本书依据《Web 前端开发职业技能等级标准》和职业标准打造初中级 Web 前端工程师规划学习路径，以职业素养和岗位技术技能为重点学习目标，以专业技能为模块，以工作任务为驱动进行编写，详细介绍了 Web 前端开发中涉及的三大前端技术（HTML5、CSS3 和 Bootstrap 框架）的内容和技巧。本书可以作为期望从事 Web 前端开发职业的应届毕业生和社会在职人员的入门级自学参考用书。

本项目讲解响应式媒体查询、Bootstrap 布局、CSS3 新特性弹性布局等内容，对应《Web 前端开发职业技能中级标准》的静态网页开发和移动端静态网页开发工作任务的职业标准要求构建项目任务内容和案例，如图 9-1 所示。

【问题引入】

"互联网＋"时代下，网络技术飞速发展，其魅力无处不显，各行各业都离不开网络。随着互联网的进一步发展，PC 互联网正在加速向移动端迁移，移动互联网的数据流量已经超越 PC 端，如何让网站同时在 PC 端和移动端完美展示是前端设计人员必须面临的问题。那么要制作这些自动适应不同平台的网页，我们该从何入手呢？

【学习任务】

- 媒体查询和媒体类型
- 响应式网页布局
- 响应式网页内容
- 栅格系统
- 响应式弹性盒子

【学习目标】

- 掌握媒体查询的用法和不同媒体类型的应用场景
- 掌握响应式网页设计
- 掌握栅格系统
- 熟悉响应式弹性盒子

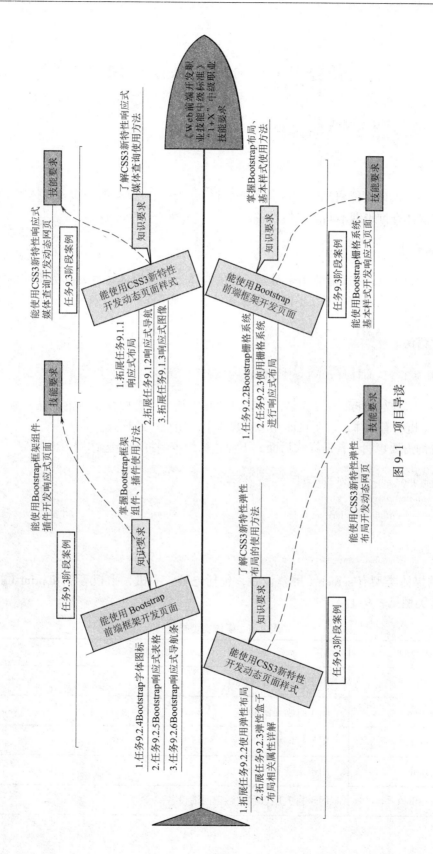

图 9-1　项目导读

任务 9.1　响应式媒体查询

任务 9.1.1　媒体类型查询

【任务目标】

为了让设计的网页能自动适应各式各样的页面，首先应该熟悉响应式媒体查询的定义，能熟练运用媒体查询识别不同的媒体设备。

【知识解析】

媒体查询语句 @media 能够用来辨别不同的媒体设备和媒体特性，并为不同的媒体条件指定不同的样式，从而使页面在不同的媒体条件下实现不同的渲染效果。嵌入式语法和链入式语法分别如下：

嵌入式语法：

```
@media 媒体类型 and |not |only ( 媒体特性 ) {    选择器 { 属性 : 值 ; }        }
```

其中，@media 是媒体查询的关键字，启动识别媒体类型或者媒体特性的语法；媒体类型默认是"all"，指所有媒体，表明页面在所有媒体上应用统一的样式。

媒体查询需要声明在普通样式后面，下面这样的声明将不会起作用：

```
@media screen and (min-width: 1280px) {
        /* will not take affect */
        a{text-decoration: underline; }
        }
a{text-decoration: none;}
```

常用的媒体类型有 screen（屏幕设备，包括电脑、手机、平板等）和 print（打印机）。详细的媒体类型见表9–1。

表 9–1　媒体类型描述

媒体类型	功能描述
all	用于所有的媒体设备
screen	用于电脑显示器
print	用于打印机
aural	用于语音和音频合成器
braille	用于盲人用点字法触觉回馈设备

续表

媒体类型	功能描述
embossed	用于分页的盲人用点字法打印机
handheld	用于小的手持设备
projection	用于方案展示，比如幻灯片
tty	用于使用固定密度字母栅格的媒体，比如电传打字机和终端
tv	用于电视机类型的设备

链入式语法：

```
<link rel="stylesheet" media=" 媒体类型 and |not |only ( 媒体特性 ) " href = " 链入的样式表路径 ">
```

上面的语法告诉页面，当媒体查询结果为真时，载入链入的样式。

【案例引入】

有时希望页面在不同的显示设备上呈现不同的样式，例如图 9-2 和图 9-3 所示的情况，在浏览器中是一种样式，在打印的时候呈现另一种样式。

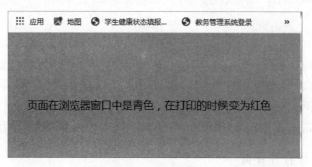

图 9-2　效果图 1

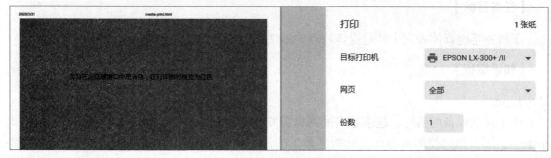

图 9-3　效果图 2

【案例实现】

例 9-1　example1.html

```
<!DOCTYPE html>
<html>
    <head>
        <meta charset="utf-8">
        <title></title>
    <style type="text/css">
        body {font-size: large;
            padding-top: 20%;
            text-align: center;
            position: relative;
            background-color: aqua; }
        @media print {
            body{background-color: red; }}
    </style>
    </head>
    <body>
        <div> 页面在浏览器窗口中是青色，在打印的时候变为红色 </div>
    </body>
</html>
```

例 9-1 中，CSS 部分第一个 body 标签选择器设置的 CSS 没有指定媒体类型，所以，默认情况下所有媒体类型都应用该效果，即图 9-2 所示的效果。CSS 第二段语法 "@media print{ body {background-color: red; }}" 意为当查询到媒体类型为 print（打印机）时，应用 body{background-color: red; } 样式，所以，打印时的效果为图 9-3 所示的效果。

任务 9.1.2　媒体特性查询

【任务目标】

了解并掌握媒体查询中针对媒体特性的语法和应用。

【知识解析】

1. 视口

由于移动设备的盛行，越来越多的网页需要在移动设备上显示。但是移动设备屏幕的大小不一，那么如何控制页面在不同的屏幕上的显示尺寸呢？新一代浏览器引入了 meta 标签的 viewport 元素，其告诉浏览器用什么样的尺寸来渲染视窗，从而控制网页整体在浏览器中的显示大小。具体语法如下：

```
<meta name="viewport"
    content="
```

```
height = [pixel_value | device-height] ,
width = [pixel_value | device-width ] ,
initial-scale = float_value ,
minimum-scale = float_value ,
maximum-scale = float_value ,
user-scalable = [yes | no] ,
target-densitydpi = [dpi_value | device-dpi | high-dpi | medium-dpi | low-dpi]
"/>
```

其中，height 字段表示浏览器视窗的高度，可以为它设置像素值或者指定为设备高度；width 字段表示指定浏览器视窗的宽度；initial-scale 表示页面显示到浏览器时初始的缩放比例；minimum 表示最小缩放比；maximum 表示最大缩放比；user-scalable 表示是否允许用户缩放页面；target-densitydpi 表示屏幕像素密度。

例如，下面的语句设置了视窗宽度为 480 像素，初始缩放比为 1.0：

```
<meta name="viewport" content="width=480,initial-scale=1.0"/>
```

为了响应式设计的需要，通常采用如下的视窗设置来让页面在不同尺寸的屏幕上获得最佳的视觉效果：

```
<meta name="viewport" content="width=device-width, initial-scale=1.0, minimum-scale=1.0, maximum-scale=2.0,
user-scalable=yes">
```

上面的语句设置了浏览器视窗宽度为设备的宽度，初始缩放比例为 1，最小缩放比例为 1，最大缩放比例为 2，允许用户缩放页面。

2. 媒体特性识别

除了需要识别不同的媒体类型，大多数时候还需要识别不同的媒体特性。比如，同样都是屏幕显示器，希望页面能识别电脑大屏幕和手机小屏幕，从而灵活布局；又如，希望页面能在横屏和竖屏切换时自动调整页面布局等。

```
@media 媒体类型 逻辑关键字 ( 媒体特性 ) {   选择器 { 属性: 值 ; }   }
```

回顾上面的媒体查询语法，其中逻辑关键字可以是"and""not""only"，分别表示逻辑"且""非""仅"；媒体特性则主要分为宽度、高度、高宽比、颜色、分辨率等。常用特性内容见表 9-2。

表 9-2 常用特性

媒体特性	意义	例
width	当页面宽度等于属性值时，应用指定的 CSS 样式	@media (width:480px) {...}
min-width	当页面最小宽度等于 480 px 时（页面宽度大于等于 480 px），应用大括号中的 CSS 样式	@media (min-width:480px) {...}

续表

媒体特性	意义	例
max-width	当页面最大宽度等于 480 px 时（页面宽度小于等于 480 px），应用大括号中的 CSS 样式	@media (max-width:480px) {...}
height	当页面高度等于属性值时，应用指定的 CSS 样式	@media (height:480px) {...}
device-width	当设备宽度等于属性值时，应用指定的 CSS 样式	@media (device-width:480px) {...}
device-height	当设备高度等于属性值时，应用指定的 CSS 样式	@media (device-height:480px) {...}
orientation	页面为横向（横屏）时，应用大括号中的样式	@media (orientation: landscape) {...}
aspect-ratio	页面宽高比为 3 : 2 时，应用大括号中的样式	@media (aspect-ratio:3/2){...}
device-aspect-ratio	设备宽高比为 3 : 2 时，应用大括号中的样式	@media (device-aspect-ratio:3/2) {...}
color	输出设备为彩色设备时，应用大括号中的样式	@media (color){...}
color-index	输出设备为 256 真彩色设备时，应用大括号中的样式	@media (color-index:256) {...}
resolution	设备分辨率为 96 dpi 时应用样式	@media (resolution:96dpi) {...}

大部分值为数值的特性，可以扩展出 min 和 max 前缀，就像表中的宽度特性一样。

【案例引入】

接下来一起来学习如何采用 @media 查询不同的媒体特性。如图 9-4 所示，通过查询媒体宽度特性，使页面在手持设备和电脑上显示不同的效果。

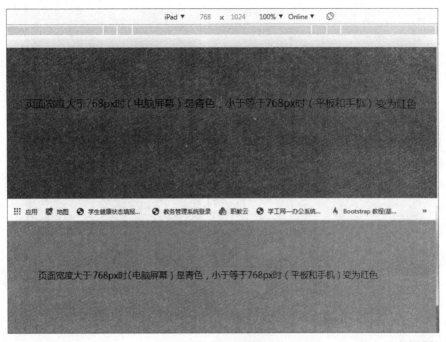

图 9-4 媒体宽度识别

【案例实现】

例 9-2 example2.html

```
<!DOCTYPE html>
<html>
    <head>
        <meta charset="utf-8">
        <meta name="viewport" content="width=device-width, initial-scale=1.0"/>
        <title></title>
    <style type="text/css">
        body {font-size: large; padding-top: 10%;text-align: center;
            background-color: aqua; }
        @media (max-width:768px) {/* 查询页面宽度最大值为 768px*/
            body{background-color: red; }}
    </style>
    </head>
    <body>
        <div> 页面宽度大于 768px 时（电脑屏幕）是青色，小于等于 768px 时（平板和手机）变为红色 </
div>
    </body>
</html>
```

如图 9-5 所示，通过识别页面高度来为不同的设备设置不同的样式。

图 9-5　媒体高度识别

【案例实现】

例 9-3　example3.html

```
<!DOCTYPE html>
<html>
    <head>
        <meta charset="utf-8">
        <meta name="viewport" content="width=device-width, initial-scale=1.0"/>
        <title></title>
<style type="text/css">
    body {font-size: large; padding-top: 20%; text-align: center;
        background-color: aqua; }
    @media (max-height:675px) {/* 查询页面高度最大值 675px*/
        body{background-color:red; }}
</style>
    </head>
    <body>
        <div> 页面高度大于 675px 时是青色，小于 675px 时（常指手机）变为红色 </div>
    </body>
</html>
```

如图 9-6 所示，通过识别页面方向来为不同的设备使用状态设置不同的样式。

图 9-6　媒体方向识别

【案例实现】

例 9-4　example4.html

```
<!DOCTYPE html>
<html>
    <head>
        <meta charset="utf-8">
        <meta name="viewport" content="width=device-width, initial-scale=1.0"/>
        <title></title>
<style type="text/css">
    body {font-size: large; padding-top: 20%; text-align: center;
        background-color: aqua; }
    @media (orientation:landscape) {/* 查询页面方向为横向 */
        body{background-color:red; }}
</style>
    </head>
    <body>
        <div> 页面纵向时（竖屏）是青色，横向时（横屏）变为红色 </div>
    </body>
</html>
```

　　如图 9-7 所示，屏幕分辨率高于 96 dpi（多为手机高清屏）时为青色，小于等于 96 dpi（多为家用电脑显示器）时为红色。

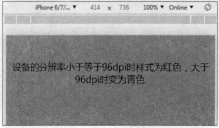

图 9-7　屏幕分辨率识别

【案例实现】

例 9-5　example5.html

```
<!DOCTYPE html>
<html>
    <head>
        <meta charset="utf-8">
        <meta name="viewport" content="width=device-width, initial-scale=1.0"/>
        <title></title>
    <style type="text/css">
        body {font-size: large; padding-top: 10%;text-align: center;
            background-color: aqua; }
        @media (max-resolution:96dpi) {/* 查询分辨率最大值为 96dpi*/
            body{background-color: red; }}
    </style>
    </head>
    <body>
        <div>
        设备的分辨率小于等于 96dpi 时样式为红色，大于 96dpi 时变为青色
        </div>
    </body>
</html>
```

拓展任务 9.1　响应式网页设计

任务 9.2   Bootstrap 框架

任务 9.2.1   Bootstrap 框架简介

【任务目标】

掌握 Bootstrap 框架的下载、安装与使用。

【知识解析】

Bootstrap 是基于 HTML、CSS、JavaScript 的用于快速开发 Web 应用程序和网站的前端框架，它提供了一套完整的可用于 Web 前端开发的组件和样式。

Bootstrap 框架里的组件常常放在主容器中，并且最好一个界面只有一个主容器。主容器有两类：container 和 container-fluid，它们的区别在于：

（1）container

固定宽度并支持响应式布局的容器。虽然 padding 为 15 px，但随着浏览器宽度的不同，容器距浏览器边框的 margin 不同，即 margin 会响应式地变化。

（2）container-fluid

用于 100% 宽度，占据全部视口（viewport）的容器。仅 padding 为 15 px，容器没有 margin 值。

【案例引入】

图 9-8 所示为一个最简单的 Bootstrap 示例。

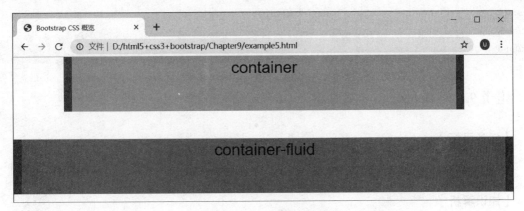

图 9-8   Bootstrap 响应式框架

【案例实现】

首先需要在 Bootstrap 官网下载 Bootstrap，并引入页面中，然后编写对应的页面元素，并把相应的布局类应用到元素上。代码如下。

例 9-6　example6.html

```
<!DOCTYPE html>
<html>
<head>
<meta charset="utf-8">
<!-- 视窗设置 -->
<meta name="viewport" content="width=device-width, initial-scale=1,user-scalable=no,maximum-scale=1.0,minimum-scale=1.0,">
<title>Bootstrap CSS 概览 </title>
<link rel="stylesheet" href="css/bootstrap.min.css" />
<style>
body {font-size: 30px;text-align: center; }
</style>
</head>
<body>
<!-- 主容器样式 .container 避免跨浏览器的不一致，通过上面的代码，把 container 的左右外边距（margin-right、margin-left）交由浏览器决定。请注意，由于内边距（padding）是固定宽度，默认情况下容器是不可嵌套的。 -->
<!--Bootstrap 3 CSS 有一个申请响应的媒体查询，在不同的媒体查询阈值范围内都为 container 设置了 max-width，用于匹配网格系统。即自动控制容器的最大宽度 -->
<div class="container" style="background-color: green;">
<div style="background-color: skyblue; width: 100%; height: 100px;">container</div>
</div>
<div class="container-fluid" style="background-color: green; margin-top: 50px;">
<div style="background-color: tomato; width: 100%; height: 100px;">container-fluid</div>
</div>
<script type="text/javascript" src="js/jquery-3.2.1.js"></script>
<script type="text/javascript" src="js/bootstrap.js"></script>
</body>
</html>
```

任务 9.2.2　Bootstrap 栅格系统

【任务目标】

熟悉 Bootstrap 栅格系统。

【知识解析】

Bootstrap 提供了一套响应式、移动设备优先的流式栅格系统，随着屏幕或视口（viewport）尺寸的增加，系统会自动分为最多 12 列。它包含了易于使用的预定义类，还有强大的 mixin 用于生成更具语义的布局。

栅格系统用于通过一系列的行（row）与列（column）的组合来创建页面布局，内容可以放入这些创建好的布局中。

Bootstrap 栅格系统的工作原理如下。

.row 元素必须包含在 .container（固定宽度）或 .container-fluid（100% 宽度）中，以便为其赋予合适的排列（aligment）和内补（padding）。

通过"行（row）"在水平方向创建一组"列（column）"。内容应当放置在"列（column）"内，并且只有"列（column）"可以作为"行（row）"的直接子元素。

类似 .row 和 .col-xs-4 这种预定义的类，可以用来快速创建栅格布局。Bootstrap 源码中定义的 mixin 也可以用来创建语义化的布局。

通过为"列（column）"设置 padding 属性，从而创建列与列之间的间隔（gutter）。通过为 .row 元素设置负值 margin，从而抵消掉为 .container 元素设置的 padding，也就间接为"行（row）"所包含的"列（column）"抵消掉了 padding。

栅格系统中的列是通过指定 1～12 的值来表示其跨越的范围的。例如，3 个等宽的列可以使用 3 个 .col-xs-4 来创建。

如果 1"行（row）"中包含的"列（column）"大于 12，多余的"列（column）"所在的元素将被作为一个整体另起一行排列。

栅格类适用于屏幕宽度大于或等于分界点大小的设备，并且针对小屏幕设备覆盖栅格类。因此，在元素上应用 .col-md-* 栅格类适用于屏幕大小大于或等于中屏幕分界点（992 px）大小的设备，并且针对小屏幕设备覆盖栅格类。同理，在元素上应用任何 .col-lg-* 类，适用于屏幕大小大于或等于大屏幕分界点（1 200 px）大小的设备，且只影响大屏幕设备。

【案例引入】

通过在页面上引用 Bootstrap 的布局类，检验 Bootstrap 栅格系统的设计。效果如图 9-9 所示。

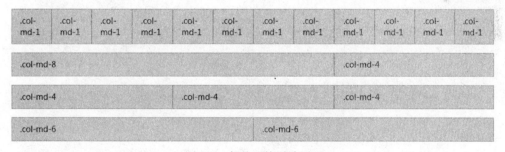

图 9-9 栅格系统设计原理

【案例实现】

例 9-7 example7.html

```html
<!DOCTYPE html>
<html>
    <head>
        <meta charset="utf-8">
        <title>栅格系统</title>
```

```
    <meta name="viewport" content="width=device-width, initial-scale=1.0">
    <link rel="stylesheet" href="css/bootstrap.min.css">
    <style type="text/css">                [class^="col-"]{
        border:1px #FAEBD7 solid;
        background-color: lightgrey; padding:15px ;
        margin-bottom: 15px; font-size: larger; }
    </style>
</head>
<body>
    <div class="container-fluid">
    <div class="row">
      <div class="col-md-1">.col-md-1</div>
      <div class="col-md-1">.col-md-1</div>
      <div class="col-md-1">.col-md-1</div>
      <div class="col-md-1">.col-md-1</div>
      <div class="col-md-1">.col-md-1</div>
      <div class="col-md-1">.col-md-1</div>
      <div class="col-md-1">.col-md-1</div>
      <div class="col-md-1">.col-md-1</div>
      <div class="col-md-1">.col-md-1</div>
      <div class="col-md-1">.col-md-1</div>
      <div class="col-md-1">.col-md-1</div>
      <div class="col-md-1">.col-md-1</div>
    </div>
    <div class="row">
      <div class="col-md-8">.col-md-8</div>
      <div class="col-md-4">.col-md-4</div>
    </div>
    <div class="row">
      <div class="col-md-4">.col-md-4</div>
      <div class="col-md-4">.col-md-4</div>
      <div class="col-md-4">.col-md-4</div>
    </div>
    <div class="row">
      <div class="col-md-6">.col-md-6</div>
      <div class="col-md-6">.col-md-6</div>
    </div>
    </div>
</body>
<script src="https://cdn.jsdelivr.net/npm/bootstrap@3.3.7/dist/js/bootstrap.min.js"></script>
<script src="https://cdn.jsdelivr.net/npm/jquery@1.12.4/dist/jquery.min.js"></script>
</html>
```

任务 9.2.3 使用栅格系统进行响应式布局

【任务目标】

熟练使用栅格系统进行响应式布局。

【知识解析】

栅格化系统的工作规范如下。

① 采用容器内行（row）列（column）布局方式，.column 必须包含在 .row 中，.row 必须包含在 .container 中；.container 可以包含多个 .row，.row 可以包含多个 .column。

② 展示的内容应当放置于 .column 类中，并且只有 .column 可以作为 .row 的子元素。

③ 使用类似于 .row、.col-xs-4 等预定义类快速创建栅格化布局。

④ 栅格类适用于屏幕宽度大于或等于分界点大小的设备，并且针对小屏幕设备覆盖栅格化类，比如 .col-md-* 在 .container-fluid 宽度大于等于 992 px 时生效。

常用布局方式如图 9-10 所示。

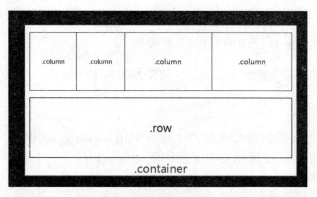

图 9-10 布局样式图

Bootstrap 将屏幕大小分为 4 类：

```
/* 屏幕大小小于 768 px*/
@media (max-width: 767 px) { ... }
/* 屏幕最小宽度为 768 px*/
@media (min-width: 768 px) { ... }
/* 屏幕最小宽度为 992 px*/
@media (min-width: 992 px) { ... }
/* 屏幕最小宽度为 1 200 px*/
@media (min-width: 1 200 px) { ... }
```

代表屏幕大小的几个缩写形式：

xs: extra small，特别窄屏幕，默认指浏览器像素宽度小于 768 px。

sm: small，窄屏幕，默认指浏览器像素宽度大于等于 768 px，通常是平板宽度。

md: middle，中等宽度屏幕，默认值指浏览器像素宽度大于等于 992 px，通常是桌面显示器略缩小的情况。

lg: large，大屏幕，默认值指浏览器像素宽度大于等于 1 200 px。

【案例引入】

用 Bootstrap 实现一个常见的网页版式的响应式布局，图 9-11 展示了该网页在电脑屏幕上的布局。

响应式布局 使用Bootstrap网格系统布局网页

页头或者导航

区块一

内容区1：adipiscing elit,Lorem dolor sit amet. Nulla nibh est, sagittis sit amet consectetur a, rhoncus dignissim ligula. Curabitur at neque eget quam accumsan vestibulum.

区块二

内容区2：Lorem ipsum dolor sit amet, quam accumsan vestibulum , consectetur adipiscing elit. Nulla nibh est, sagittis sit amet consectetur a, rhoncus dignissim ligula. Curabitur at neque eget.

区块三

内容区3：Lorem ipsum dolor sit amet, consectetur adipiscing elit. Nulla nibh est, sagittis sit amet consectetur a, rhoncus dignissim ligula. Curabitur at neque eget quam accumsan vestibulum.

主内容

主题内容区：Lorem ipsum dolor sit amet, quam accumsan vestibulum , consectetur adipiscing elit. Nulla nibh est, sagittis sit amet consectetur a, rhoncus dignissim ligula. Curabitur at neque eget. , Lorem ipsum dolor sit amet. Nulla nibh est, sagittis sit amet consectetur a, rhoncus dignissim ligula. Curabitur at neque eget quam accumsan vestibulum.

边栏

边栏内容区：Lorem ipsum dolor sit amet, quam accumsan vestibulum , consectetur adipiscing elit. Nulla nibh est, sagittis sit amet consectetur a, rhoncus dignissim ligula. Curabitur at neque eget.

页脚

图 9-11　电脑屏幕上的页面布局

希望页面在手机屏幕上能够重新布局，效果如图 9-12 所示。

【案例实现】

通过加载 Bootstrap 提供的 CSS 和 JS，然后引用 Bootstrap 设计好的栅格类，就能实现图 9-12 所示的响应式页面。代码如下。

例 9-8　example8.html

响应式布局 使用Bootstrap 网格系统布局网页

页头或者导航

区块一

内容区1：adipiscing elit,Lorem ipsum dolor sit amet. Nulla nibh est, sagittis sit amet consectetur a, rhoncus dignissim ligula. Curabitur at neque eget quam accumsan vestibulum.

区块二

内容区2：Lorem ipsum dolor sit amet, quam accumsan vestibulum , consectetur adipiscing elit. Nulla nibh est, sagittis sit amet consectetur a, rhoncus dignissim ligula. Curabitur at neque eget.

区块三

内容区3：Lorem ipsum dolor sit amet, consectetur adipiscing elit. Nulla nibh est, sagittis sit amet consectetur a, rhoncus dignissim ligula. Curabitur at neque eget quam accumsan vestibulum.

主内容

主题内容区：Lorem ipsum dolor sit amet, quam accumsan vestibulum , consectetur adipiscing elit. Nulla nibh est, sagittis sit amet consectetur a, rhoncus dignissim ligula. Curabitur at neque eget. , consectetur adipiscing elit,Lorem ipsum dolor sit amet. Nulla nibh est, sagittis sit amet consectetur a, rhoncus dignissim ligula. Curabitur at neque eget quam accumsan vestibulum.

边栏

边栏内容区：Lorem ipsum dolor sit amet, quam accumsan vestibulum , consectetur adipiscing elit. Nulla nibh est, sagittis sit amet consectetur a, rhoncus dignissim ligula. Curabitur at neque eget.

页脚

图 9-12　手机排版

```html
<!DOCTYPE html>
<html>
<head>
<meta charset="utf-8">
<meta name="viewport" content="width=device-width, initial-scale=1.0">
<title> 响应式布局 </title>
<link href="css/bootstrap.min.css" rel="stylesheet">
</head>
<body>
<div class="container">
    <h1 class="page-header"> 响应式布局 <small> 使用 Bootstrap 网格系统布局网页 </small></h1>
    <h2 class="page-header"> 页头或者导航 </h2>
    <div class="row">
        <div class="col-md-4">
            <h2 class="page-header"> 区块一 </h2>
            <p> 内容区 1：adipiscing elit,Lorem ipsum dolor sit amet. Nulla nibh est, sagittis sit amet consectetur a, rhoncus dignissim
ligula. Curabitur at neque eget quam accumsan vestibulum. </p>
```

```
        </div>
        <div class="col-md-4">
            <h2 class="page-header"> 区块二 </h2>
            <p> 内容区 2：Lorem ipsum dolor sit amet, quam accumsan vestibulum, consectetur adipiscing elit. Nulla nibh est,
sagittis sit amet consectetur a, rhoncus dignissim ligula. Curabitur at neque eget . </p>
        </div>
        <div class="col-md-4">
            <h2 class="page-header"> 区块三 </h2>
            <p> 内容区 3：Lorem ipsum dolor sit amet, consectetur adipiscing elit. Nulla nibh est, sagittis sit amet
consectetur a, rhoncus dignissim ligula. Curabitur at neque eget quam accumsan vestibulum. </p>
        </div>
    </div>
    <div class="row">
        <div class="col-md-8">
            <h2 class="page-header"> 主内容 </h2>
            <p> 主题内容区：Lorem ipsum dolor sit amet, quam accumsan vestibulum, consectetur adipiscing elit.
Nulla nibh est, sagittis sit amet consectetur a, rhoncus dignissim ligula. Curabitur at neque eget，consectetur adipiscing
elit,Lorem ipsum dolor sit amet. Nulla nibh est, sagittis sit amet consectetur a, rhoncus dignissim ligula. Curabitur at neque
eget quam accumsan vestibulum. </p>
        </div>
        <div class="col-md-4">
            <h2 class="page-header"> 边栏 </h2>
            <p> 边栏内容区：Lorem ipsum dolor sit amet, quam accumsan vestibulum，consectetur adipiscing elit. Nulla
nibh est, sagittis sit amet consectetur a, rhoncus dignissim ligula. Curabitur at neque eget . </p>
        </div>
    </div>
    <div class="row">
        <div class="col-md-4">
            <h2 class="page-header"> 页脚 </h2>
        </div>
    </div>
</div>
<script src="js/jquery-3.2.1.min.js"></script>
<script src="js/bootstrap.min.js"></script>
</body>
</html>
```

【案例引入】

通过实例来观察 Bootstrap 中不同类在不同页面宽度下的列宽。

代码如下：

例 9-9　example9.html

```
<!DOCTYPE html>
<html lang="en">
<head>
<meta charset="UTF-8">
<title></title>
<link rel="stylesheet" href="css/bootstrap.min.css">
<style type="text/css">
        .row {margin-bottom: 20px; }
        .row div {min-height: 150px;text-align: center;line-height: 40px; }
        .row1 div {border: 1px solid #df24b1; }
    #doc-width-info {color: #ffaf00;font-size: 25px;text-align: center; }
</style>
</head>
<body>
<div id="doc-width-info"></div>
<div class="container-fluid">
<div class="row row1">
<div class="col-sm-2 col-md-3 col-lg-1">.col-sm-2 .col-md-3 .col-lg-1 </div>
<div class="col-sm-4 col-md-3 col-lg-2">.col-sm-4 .col-md-3 .col-lg-2 </div>
<div class="col-sm-4 col-md-3 col-lg-8">.col-sm-4 .col-md-3 .col-lg-8 </div>
<div class="col-sm-2 col-md-3 col-lg-1">.col-sm-2 .col-md-3 .col-lg-1 </div>
</div>
</div>
</body>
<script>
var divDocWidth = document.getElementById("doc-width-info");
var showDocWidth = function ( ){
divDocWith.innerHTML = " 文档宽度 :" + document.body.scrollWidth + 'px';
    };
window.onload = function( ){
showDocWidth( );
    };
window.onresize = function( ){
showDocWidth( );
    };
</script>
</html>
```

预期结果:

① container ≥ 1 200 px(lg): 4 列布局 1:2:8:1;

② container ≥ 992 px && container<1 200 px(md): 3:3:3:3;

③ container ≥ 768 px && container<991 px(sm): 2:4:4:2;

④ container<768 px(xs): div 默认 display:block。

实际运行结果如图 9-13 ~图 9-16 所示。

图 9-13 运行结果图 1

图 9-14 运行结果图 2

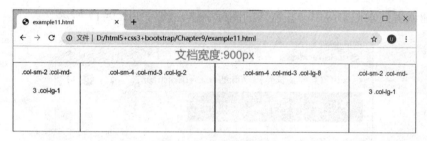

图 9-15 运行结果图 3

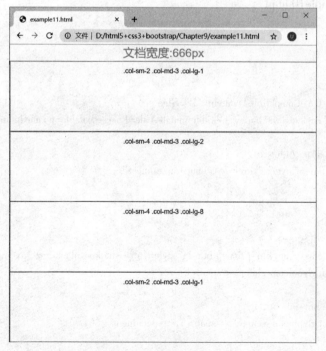

图 9-16 默认布局图

任务 9.2.4 Bootstrap 字体图标

【任务目标】

学会使用响应式字体图标。

【知识解析】

字体图标是在 Web 项目中使用的图标字体。虽然 Glyphicons Halflings 需要商业许可，但是可以通过基于项目的 Bootstrap 来免费使用这些图标。字体图标是 Bootstrap 框架中非常好用的一个功能，只要添加简单的样式，无须导入图标即可实现图标的显示。通常使用 <span> 渲染字体图标，并将该元素放置在 <button> 或 <a> 内。

【案例引入】

在按钮或者搜索栏中应用一些特殊的图标字体，效果如图 9-17 所示。

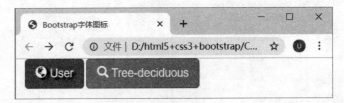

图 9-17 响应式字体

例 9-10   example10.html

```
<!DOCTYPE html>
<html>
<head>
<meta charset="utf-8">
<meta http-equiv="X-UA-Compatible" content="IE=edge">
<meta name="viewport" content="width=device-width, initial-scale=1,user-scalable=no,maximum-scale=1.0,minimum-scale=1.0,">
<title>Bootstrap 字体图标 </title>
<link rel="stylesheet" type="text/css" href="css/bootstrap.min.css">
</head>
<body>
<div class="container">
<!-- 字体图标的基本用法 -->
<button type="button" class="btn btn-primary btn-lg" style="text-shadow: black 5px 3px 3px;">
<span class="glyphicon glyphicon-globe"></span> User
</button>
<a href="#" class="btn btn-info btn-lg">
<span class="glyphicon glyphicon-search"></span> Tree-deciduous
</a>
</div>
```

```
<script type="text/javascript" src="js/jquery-3.2.1.js"></script>
<script type="text/javascript" src="js/bootstrap.js"></script>
</body>
</html>
```

【案例引入】

徽章主要用于突出显示新的或未读的项。如需使用徽章，只需要把 <span class="badge"> 添加到链接、Bootstrap 导航条等元素上即可。

效果如图 9-18 所示。

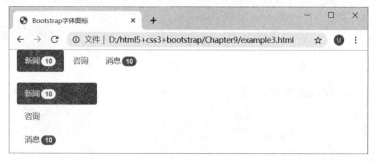

图 9-18　响应式字体

【案例实现】

例 9-11　example11.html

```
<!DOCTYPE html>
<html>
<head>
<meta charset="utf-8">
<meta http-equiv="X-UA-Compatible" content="IE=edge">
<meta name="viewport" content="width=device-width, initial-scale=1,user-scalable=no,maximum-scale=1.0,minimum-scale=1.0,">
<title>Bootstrap 字体图标 </title>
<link rel="stylesheet" type="text/css" href="css/bootstrap.css">
</head>
<body>
<div class="container">
<div>
<ul class="nav nav-pills">
    <li class="active"><a> 新闻 <span class="badge">10</span></a></li>
    <li><a> 咨询 </a></li>
    <li><a> 消息 <span class="badge">10</span></a></li>
```

```
</ul>
</div>
<br />
<div style="width: 150px;">
<ul class="nav nav-pills nav-stacked">
    <li class="active"><a> 新闻 <span class="badge">10</span></a></li>
    <li><a> 咨询 </a></li>
    <li><a> 消息 <span class="badge">10</span></a></li>
</ul>
</div>
</div>
<script type="text/javascript" src="js/jquery-3.2.1.js"></script>
<script type="text/javascript" src="js/bootstrap.js"></script>
</body>
</html>
```

任务 9.2.5　Bootstrap 响应式表格

【任务目标】

掌握 Bootstrap 表单的使用。

【知识解析】

Bootstrap 为 <table> 标签设计了 .table 类，可以为其赋予基本的样式——少量的内边距（padding）和水平方向的分隔线。

将任何 .table 元素包裹在 .table-responsive 元素内，即可创建响应式表格，其会在小屏幕设备（小于 768 px）上水平滚动。当屏幕大于 768 px 宽度时，水平滚动条消失。

通过 .table-striped 类可以给 <tbody> 内的每一行增加斑马条纹样式。添加 .table-bordered 类为表格和其中的每个单元格增加边框。添加 .table-hover 类可以让 <tbody> 中的每一行对鼠标悬停状态做出响应。

【案例引入】

按照 Bootstrap 的设计，创建一个响应式表格，效果如图 9-19 和图 9-20 所示。

响应式表格

名称	价格	数量	产地	品种	日期	备注	商家	运输
苹果	8.8	10	山东	冰糖心	12月12日	保鲜	超市	A货运公司
橙子	6.6	20	江西	赣南脐橙	10月10日	无防腐剂	水果店	B货运公司

图 9-19　宽屏上表格样式

响应式表格

名称	价格	数量	产地	品种	日期	备注	商家
苹果	8.8	10	山东	冰糖心	12月12日	保鲜	超市
橙子	6.6	20	江西	赣南脐橙	10月10日	无防腐剂	水果店

图 9-20　在小屏幕上表格出现活动条

【案例实现】

例 9-12　example12.html

```
<!DOCTYPE html>
<html>
<head>
<meta charset="utf-8">
<meta name="viewport" content="width=device-width, initial-scale=1.0">
<title> 响应式表格 </title>
<link href="css/bootstrap.min.css" rel="stylesheet">
</head>
<body>
<div class="container">
    <h2> 响应式表格 </h2>
    <div class="table-responsive">
        <table class="table table-striped table-bordered table-hover">
            <tr>
                <th>名称 </th>
                <th> 价格 </th>
                <th> 数量 </th>
                <th> 产地 </th>
                <th> 品种 </th>
                <th> 日期 </th>
                <th> 备注 </th>
                <th> 商家 </th>
                <th> 运输 </th>
            </tr>
            <tr>
                <td> 苹果 </td>
                <td>8.8</td>
                <td>10</td>
                <td> 山东 </td>
                <td> 冰糖心 </td>
                <td>12 月 12 日 </td>
                <td> 保鲜 </td>
                <td> 超市 </td>
                <td>A 货运公司 </td>
```

```
            </tr>
            <tr>
                <td> 橙子 </td>
                <td>6.6</td>
                <td>20</td>
                <td> 江西 </td>
                <td> 赣南脐橙 </td>
                <td>10 月 10 日 </td>
                <td> 无防腐剂 </td>
                <td> 水果店 </td>
                <td>B 货运公司 </td>
            </tr>
        </table>
    </div>
</div>
<script src="js/jquery-3.2.1.min.js"></script>
<script src="js/bootstrap.min.js"></script>
</body>
</html>
```

Bootstrap 设计了一系列的类来为表格或者按钮等元素做色差标记。通过这些状态类可以为行或单元格设置颜色。具体类信息见表 9-3。

表 9-3　颜色标记类

类	描述
.active	鼠标悬停在行或单元格上时所设置的颜色
.success	标识成功或积极的动作
.info	标识普通的提示信息或动作
.warning	标识警告或需要用户注意
.danger	标识危险或潜在的带来负面影响的动作

【案例引入】

通过给图 9-19 所示的表格打上颜色标记类，可以制作出如图 9-21 所示的表格。

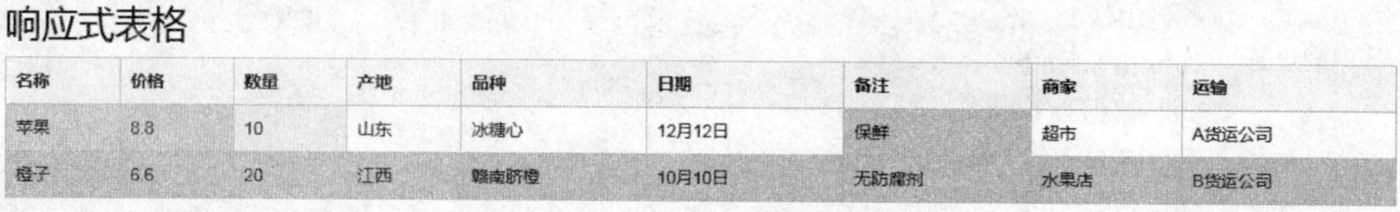

响应式表格

名称	价格	数量	产地	品种	日期	备注	商家	运输
苹果	8.8	10	山东	冰糖心	12月12日	保鲜	超市	A货运公司
橙子	6.6	20	江西	赣南脐橙	10月10日	无防腐剂	水果店	B货运公司

图 9-21　为表格设置颜色

【案例实现】

只需要给对应的 <tr> 或者 <td> 元素加上对应的类，就能给对应的行或者单元格设置对应的颜色。

修改部分的代码如下：

```
<tr>
    <td class="success"> 苹果 </td>
    <td class="info">8.8</td>
    <td class="warning">10</td>
    <td > 山东 </td>
    <td> 冰糖心 </td>
    <td>12 月 12 日 </td>
    <td class="danger"> 保鲜 </td>
    <td> 超市 </td>
    <td>A 货运公司 </td>
</tr>
<tr class="danger">
    <td> 橙子 </td>
    <td>6.6</td>
    <td>20</td>
    <td> 江西 </td>
    <td> 赣南脐橙 </td>
    <td>10 月 10 日 </td>
    <td > 无防腐剂 </td>
    <td> 水果店 </td>
    <td>B 货运公司 </td>
</tr>
```

任务 9.2.6　Bootstrap 响应式导航条

【任务目标】

掌握 Bootstrap 导航条的使用。

【知识解析】

Bootstrap 中的导航组件都依赖同一个 .nav 类，状态类也是共用的。改变修饰类可以改变样式。

Bootstrap 导航条是在应用或网站中作为导航页头的响应式基础组件。它们在移动设备上可以折叠（并且可开可关），且在视口（viewport）宽度增加时逐渐变为水平展开模式。Bootstrap 导航条元素 .navbar 给导航设置了一些基本的样式，可以联合 .navbar-default 启用一个默认的导航条样式。navbar-header 类常常用来给导航条的第一个栏目做美化，navbar-nav

类适合应用到导航列表 <ul> 元素上。当要设计一个下拉式的导航菜单时，Bootstrap 提供了 dropdown-menu 类来处理导航列表。

务必使用 <nav> 元素包含导航条，如果使用的是通用的 <div> 元素，务必为导航条设置 role="navigation" 属性，这样能够让使用辅助设备的用户明确知道这是一个导航区域。

【案例引入】

用 Bootstrap 来设计一个导航条，样式如图 9-22 ~图 9-24 所示。

图 9-22　在大屏幕上导航条样式

图 9-23　在小屏幕上导航条收缩

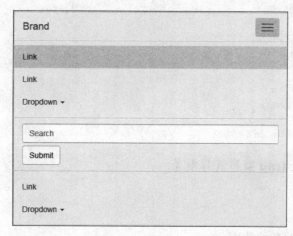

图 9-24　单击右上角的"收缩"菜单，弹出导航条

【案例实现】

用一个 nav 元素作为导航条的总容器，并为其添加 navbar navbar-default 类。然后在 nav 元素中创建响应式布局容器 .container-fluid，把导航列表、链接等元素包裹进来。最后用 navbar-header、navbar-nav、dropdown-menu 元素分别创建导航头、导航列表、导航下拉列表等。

具体代码实现如下。

例 **9-13**　example13.html

```html
<!DOCTYPE html>
<html>
<head>
<meta charset="utf-8">
<meta name="viewport" content="width=device-width, initial-scale=1.0">
<title> 响应式导航条 </title>
<link href="css/bootstrap.min.css" rel="stylesheet">
</head>
<body>
<nav class="navbar navbar-default">
  <div class="container-fluid">
    <!-- Brand and toggle get grouped for better mobile display -->
    <div class="navbar-header">
      <button type="button" class="navbar-toggle collapsed" data-toggle="collapse" data-target="#bs-example-navbar-collapse-1" aria-expanded="false">
        <span class="sr-only">Toggle navigation</span>
        <span class="icon-bar"></span>
        <span class="icon-bar"></span>
        <span class="icon-bar"></span>
      </button>
      <a class="navbar-brand" href="#">Brand</a>
    </div>
    <!-- Collect the nav links, forms, and other content for toggling -->
    <div class="collapse navbar-collapse" id="bs-example-navbar-collapse-1">
      <ul class="nav navbar-nav">
        <li class="active"><a href="#">Link <span class="sr-only">(current)</span></a></li>
        <li><a href="#">Link</a></li>
        <li class="dropdown">
          <a href="#" class="dropdown-toggle" data-toggle="dropdown" role="button" aria-haspopup="true" aria-expanded="false">Dropdown <span class="caret"></span></a>
          <ul class="dropdown-menu">
            <li><a href="#">Action</a></li>
            <li><a href="#">Another action</a></li>
            <li><a href="#">Something else here</a></li>
            <li role="separator" class="divider"></li>
            <li role="separator" class="divider"></li>
            <li><a href="#">One more separated link</a></li>
          </ul>
        </li>
      </ul>
      <form class="navbar-form navbar-left">
        <div class="form-group">
```

```
            <input type="text" class="form-control" placeholder="Search">
        </div>
        <button type="submit" class="btn btn-default">Submit</button>
    </form>
    <ul class="nav navbar-nav navbar-right">
        <li><a href="#">Link</a></li>
        <li class="dropdown">
            <a href="#" class="dropdown-toggle" data-toggle="dropdown" role="button" aria-haspopup="true"
aria-expanded="false">Dropdown <span class="caret"></span></a>
            <ul class="dropdown-menu">
                <li><a href="#">Action</a></li>
                <li><a href="#">Another action</a></li>
                <li><a href="#">Something else here</a></li>
                <li role="separator" class="divider"></li>
                <li><a href="#">Separated link</a></li>
            </ul>
        </li>
    </ul>
    </div><!-- /.navbar-collapse -->
  </div><!-- /.container-fluid -->
</nav>
<script src="js/jquery-3.2.1.min.js"></script>
<script src="js/bootstrap.min.js"></script>
</body>
</html>
```

拓展任务 9.2　响应式盒子弹性布局

任务 9.3　阶 段 案 例

【任务目标】

结合前面的知识，可以制作一个个人主页。大屏幕上的样例图如图 9-25 所示，小屏幕上的效果图如图 9-26 所示。

【案例分析】

通过观察页面结构，分析可知页面采用了 Bootstrap 栅格系统布局，在大屏幕上左边占 3 格，右边占 9 格。

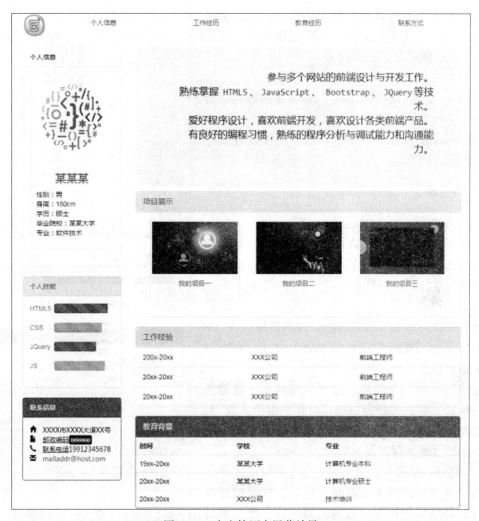

图 9-25 个人简历大屏幕效果

页面用到了 Bootstrap 导航条组件、面板组件、表格组件、巨幕组件、缩略图组件等。

【知识解析】

1. 面板组件

某时需要将某些 DOM 内容放到一个盒子里，这种情况下，可以使用面板组件。默认的 panel 面板组件所做的只是设置基本的边框（border）和内补（padding）来包含内容。通过 panel-heading 可以很简单地为面板加入一个标题容器。为了给链接设置合适的颜色，务必将链接放到带有 panel-title 类的标题标签内。像其他组件一样，可以简单地通过加入有情境效果的状态类，给特定的内容使用更针对特定情境的面板。例如，panel-primary 设置为蓝色面板，panel-success 设置为红色面板。

2. 巨幕组件

jumbotron 类能将容器设置为巨幕组件,这个组件是一个轻量、灵活的组件,它能延伸至整个浏览器视口来展示网站上的关键内容。

3. 缩略图

Boostrap 缩略图的默认设计仅需最少的标签就能展示带链接的图片。

thumbnail 类可以把一个容器或者链接设置成存放缩略图的合理容器。

【案例实现】

1. 准备工作

准备好文本内容、页面图片等素材后,分别放入站点目录下的 text、img 文件夹下。将 Bootstrap 框架下载好后,放到站点目录下。

2. 页面结构设计

导航条作为整个页面的起始,占满整行。

内容部分用栅格类把页面划分为两列,左边一列占 3 格,右边一列占 9 格。

左边列分为三个面板,分别放缩略图、技能表和联系信息。右边列分为四块,巨幕显示个人能力,面板缩略图显示个人项目经验,后面两个面板分别显示工作经历和教育背景。

3. 详细编码

新建页面后,引入 Bootstrap 框架。按照设计部分设计好的结构把相应的容器编写完成。然后编写具体的内容元素,插入准备工作中的图片和文本,经过调试和修改,最终完成整个页面的制作。

设计好的源码如下。

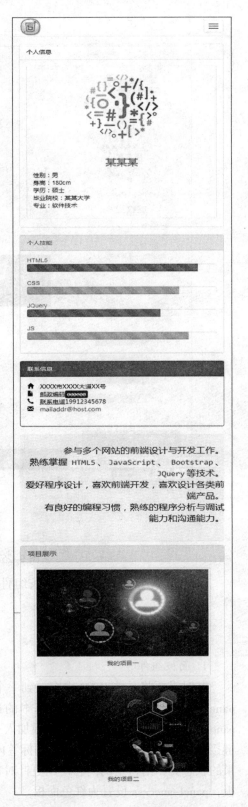

图 9-26　个人简历手机屏部分效果

例 9-14　example14.html

```
<!DOCTYPE html>
<html>
    <head>
        <meta charset="utf-8" />
        <meta name="viewport" content="width=device-width, initial-scale=1, maximum-scale=1">
        <title> 某某某的个人简历 </title>
        <link rel="stylesheet" href="css/bootstrap.min.css" />
    </head>
    <style>
        .jumbotron {margin-bottom: 10px; }
        nav img {margin-top:-15px; }
    </style>
    <body>
        <nav class="navbar navbar-default navbar-static-top">
            <div class="container">
                <div class="navbar-header">
                    <button type="button" class="navbar-toggle collapsed" data-toggle="collapse" data-target="#navbar" aria-expanded="false" aria-controls="navbar">
                    <span class="sr-only">Toggle navigation</span>
                    <span class="icon-bar"></span>
                        <span class="icon-bar"></span>
                        <span class="icon-bar"></span>
                    </button>
                    <a class="navbar-brand" href="#">
                <img alt="Brand" src="img/html5.jpg" width="50px" height="50px">
                    </a>
                </div>
                <div id="navbar" class="navbar-collapse collapse">
                    <ul class="nav nav-pills nav-justified">
                        <li><a href="#personinfo"> 个人信息 </a></li>
                        <li><a href="#jobexp"> 工作经历 </a></li>
                        <li><a href="#studyexp"> 教育经历 </a></li>
                        <li><a href="#contact"> 联系方式 </a></li>
                    </ul>
                </div>
            </div>
        </nav>
        <div class="container">
            <div class="row">
                <div class="col-md-3">
                    <div class="panel panel-default">
                        <div class="panel-heading" id="personinfo"> 个人信息 </div>
                        <div class="panel-body">
                            <div class="thumbnail">
```

```html
                        <img alt="pic" src="img/timg-210.jpg" />
                        <div class="caption">
                        <h3 class="text-center text-primary"> 某某某 </h3>
                        <p> 性别：男 <br /> 身高：180cm   <br /> 学历：硕士   <br />
                        毕业院校：某某大学 <br /> 专业：软件技术 </p>
                        </div>
                    </div>
                </div>
            </div>
            <div class="panel panel-info">
                <div class="panel-heading"> 个人技能 </div>
                    <div class="panel-body">
                        <div class="row">
                            <div class="col-md-3">
                                <span class="text-muted">HTML5</span>
                            </div>
                            <div class="col-md-9">
                                <div class="progress">
                                    <div class="progress-bar progress-bar-striped active" style="width: 90%;">
                                    </div>
                                </div>
                            </div>
                        </div>
                        <div class="row">
                            <div class="col-md-3">
                                <span class="text-muted">CSS</span>
                            </div>
                            <div class="col-md-9">
                                <div class="progress">
                                    <div class="progress-bar progress-bar-striped progress-bar-info active"
style="width: 80%;">
                                    </div>
                                </div>
                            </div>
                        </div>
                        <div class="row">
                            <div class="col-md-3">
                                <span class="text-muted">JQuery</span>
                            </div>
                            <div class="col-md-9">
                                <div class="progress">
                                    <div class="progress-bar progress-bar-striped progress-bar-danger active"
style="width: 70%;">
                                    </div>
                                </div>
                            </div>
```

```
                      </div>
                      <div class="row">
                          <div class="col-md-3">
                              <span class="text-muted">JS</span>
                          </div>
                          <div class="col-md-9">
                              <div class="progress">
                                  <div class="progress-bar progress-bar-striped progress-bar-warning active"
style="width: 85%;">
                                  </div>
                              </div>
                          </div>
                      </div>
                  </div>
              </div>
              <div class="panel panel-primary" id="contact">
                  <div class="panel-heading"> 联系信息 </div>
                  <div class="panel-body">
                      <address>
                      <span class="glyphicon glyphicon-home" title=" 通信地址 "> XXXX 市 XXXX 大道
XX 号 </span>
                      <br />
                      <span class="glyphicon glyphicon-file" title=" 邮政编码 ">
                          <abbr title="PostalCode"> 邮政编码 </abbr><kbd>000000</kbd>
                      </span>
                      <br />
                      <span class="glyphicon glyphicon-earphone" title=" 联系电话 ">
                          <abbr title="Phone"> 联系电话 </abbr>19912345678
                      </span><br />
                      <span class="glyphicon glyphicon-envelope" title=" 电子邮箱 ">
                          <a href="mailto:mailaddress@163.com">mailaddr@host.com</a>
                      </span>
                      </address>
                  </div>
              </div>
              <!-- 联系我 -->
          </div>
          <!-- 左边 -->
<div class="col-md-9">
    <div class="jumbotron">
        <p class="text-right small">
        参与多个网站的前端设计与开发工作。<br/>熟练掌握
        <code>HTML5</code>、<code>JavaScript</code>、
        <code>Bootstrap</code>、<code>JQuery</code> 等技术。<br />
        爱好程序设计，喜欢前端开发，喜欢设计各类前端产品。<br />
        有良好的编程习惯，熟练的程序分析与调试能力和沟通能力。<br />
```

```
            </p>
        </div>
        <div class="panel panel-info">
            <div class="panel-heading">
                <div class="panel-title"> 项目展示 </div>
            </div>
            <div class="panel-body">
                    <div class="col-sm-4 ">
                        <div class="thumbnail">
                            <img src="img/sheji.png" alt=" 项目一 ">
                            <div class="caption    text-center">
                            <p><a href="#"> 我的项目一 </a></p>
                            </div>
                        </div>
                    </div>
                    <div class="col-sm-4 ">
                        <div class="thumbnail">
                            <img src="img/sign.jpeg"alt=" 项目二 ">
                            <div class="caption    text-center">
                            <p><a href="#"> 我的项目二 </a></p>
                            </div>
                        </div>
            </div>
        <div class="col-sm-4 ">
            <div class="thumbnail">
                <img src="img/houtaixitong2.jpg" alt=" 项目三 ">
                <div class="caption text-center">
                <p><a href="#"> 我的项目三 </a></p>
                </div>
            /div>
        </div>
    </div>
</div>
<div class="panel panel-danger" id="jobexp">
    <div class="panel-heading">
        <div class="panel-title"> 工作经验 </div>
    </div>
    <ul class="list-group">
        <li class="list-group-item ">
            <div class="row">
                <div class="col-sm-4"> 200x-20xx</div>
                <div class="col-sm-4"> XXX 公司 </div>
                <div class="col-sm-4"> 前端工程师 </div>
            </div>
        </li>
        <li class="list-group-item ">
```

```
<div class="row">
    <div class="col-sm-4"> 20xx-20xx</div>
        <div class="col-sm-4"> XXX 公司 </div>
            <div class="col-sm-4"> 前端工程师 </div>
            </div>
        </li>
        <li class="list-group-item ">
            <div class="row">
                <div class="col-sm-4"> 20xx-20xx</div>
                <div class="col-sm-4"> XXX 公司 </div>
                <div class="col-sm-4"> 前端工程师 </div>
            </div>
        </li>
    </ul>
</div>
<div class="panel panel-primary" id="studyexp">
    <div class="panel-heading">
        <div class="panel-title">
            教育背景
        </div>
    </div>
    <table class="table table-striped">
        <th> 时间 </th>
        <th> 学校 </th>
        <th> 专业 </th>
        <tr>
            <td>19xx-20xx</td>
            <td> 某某大学 </td>
            <td> 计算机专业本科 </td>
        </tr>
        <tr>
            <td>20xx-20xx</td>
            <td> 某某大学 </td>
            <td> 计算机专业硕士 </td>
        </tr>
        <tr>
            <td>20xx-20xx</td>
            <td>XXX 公司 </td>
            <td> 技术培训 </td>
        </tr>
    </table>
    </div>
    </div>
    </div>
    </div>
</div>
```

```
    </div>
   </div>
  </div>
 </div>
 <script type="text/javascript"
src="js/jquery-3.2.1.min.js"></script>
 <script type="text/javascript" src="js/bootstrap.min.js"></script>
 </body>
</html>
```

项 目 小 结

　　本项目首先介绍了响应式技术的应用背景，在移动互联时代，响应式布局是主流。然后
讲解了响应式布局的语法基础、媒体查询。通过媒体查询识别各式各样的显示设备，结合页
面布局 CSS，从而实现响应式布局。最后引入目前常用的响应式布局框架 Bootstrap，通过引
用 Bootstrap 框架，响应式布局将变得更加简单。Bootstrap 把常用的布局结构和页面组件设
计好了，设计人员只要按步骤引入对应的设计类，就可以做出比较美观的响应式页面了。

项 目 实 训

　　结合素材运用响应式布局设计一个风景区介绍页面，页面在电脑大屏幕上的显示效果如
图 9-27 所示，在手机小屏幕上的显示效果如图 9-28 所示。

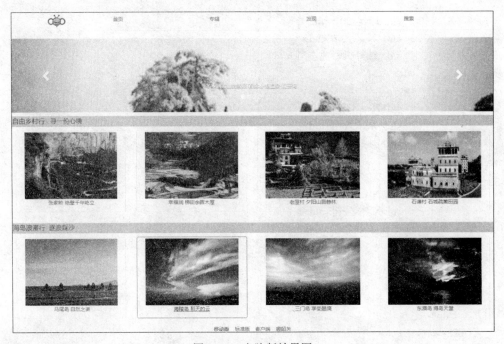

图 9-27　电脑版效果图

图 9-28　移动端效果图

综合项目实战篇

项目十

HTML5+CSS3+Bootstrap 综合项目实战

【书证融通】

本书依据《Web 前端开发职业技能等级标准》和职业标准打造初中级 Web 前端工程师规划学习路径，以职业素养和岗位技术技能为重点学习目标，以专业技能为模块，以工作任务为驱动进行编写，详细介绍了 Web 前端开发中涉及的三大前端技术（HTML5、CSS3 和 Bootstrap 框架）的内容和技巧。本书可以作为期望从事 Web 前端开发职业的应届毕业生和社会在职人员的入门级自学参考用书。

对应《Web 前端开发职业技能中级标准》的静态网页开发和美化、移动端静态网页开发工作任务的职业标准要求构建本章综合实战案例，应用了 HTML5 基本标记、DIV+CSS 网页布局属性、Bootstrap 框架等相关知识点，如图 10-1 所示。

【问题引入】

在深入学习了前面 9 个项目的知识后，相信读者已经熟练掌握了 HTML 相关标记、CSS 样式属性、Bootstrap、布局和排版，以及一些简单的 CSS3 动画特效技巧。但是如何将这些知识串联起来，构建一个合格的网站网页设计呢？

【学习任务】

为了及时、有效地巩固所学的知识，本项目将综合运用前面所学的知识开发一个响应式网站项目——数码购物商城。该网站包括数码购物商城的首页、国外进口数码产品页面、相关文章页面及联系我们页面。

【学习目标】

- 掌握站点的建立，能够建立规范的站点
- 完成首页的制作，并能够检验学习效果

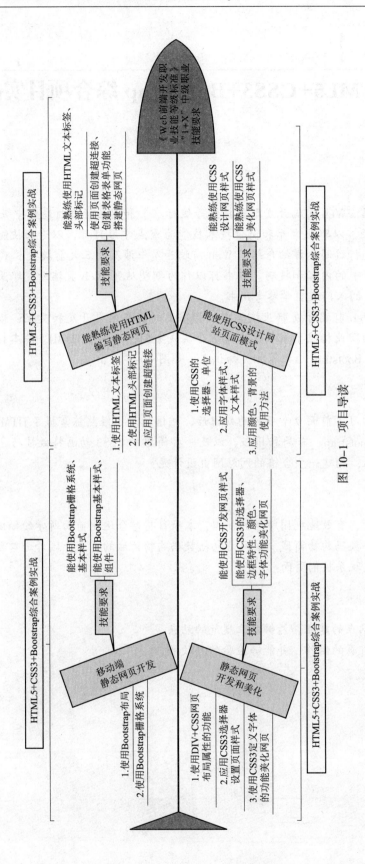

图 10-1 项目导读

任务 10.1　网站建设规划

【任务目标】

对于新建一个网站来说，事先的合理规划极其重要，本任务将从网站的建设流程、网站定位、网站主题及其结构规划等方面了解网站建设的基本规划内容。

【知识解析】

一个网站能否吸引顾客的浏览，关键在于其布局是否合理，内容是否引人入胜。网站通常由 HTML 网页文件、图片、CSS 样式表等构成。简单地说，建立站点就是定义一个存放网站中零散文件的文件夹。这样可以形成明晰的站点组织结构图，方便增减站内文件夹及文档等，这对于网站本身的上传维护、内容的扩充和移植都有着重要的影响。

【案例实现】

一般来说，一个信息化项目的开发过程首先需要对客户进行需求访谈，然后撰写需求分析报告，进而完成整个系统的架构。系统具体流程如图 10-2 所示。

在开始制作网页之前，建议应用少量时间对自己要制作的主页进行总体设计，例如希望主页是怎样的风格，应该放一些什么信息，其他网页如何设计，分几层来处理等。一个好的网站首先内容要丰富，其次网页设计要美观。

$$网页 = 技术 + 艺术$$

那么，如何来构造技术与创意兼备的网站呢？

如图 10-3 所示，整个网站的设计大致可以分为三个部分，即前期策划、中期制作和后期维护。前期策划又包括明确网站定位、确定网站主题、网站的整体规划及收集资料与素材。

首先介绍网站的定位。要对网站进行界面设计，必须先明确建设网站的原因。如：

➢ 建立网站是为了销售产品还是进行商业服务？

➢ 目标用户是谁？他们能从你的网站上得到什么？

➢ 想从网站中获得怎样的回报？

即使目标相似，具体的设计方案也会根据客户的不同情况而有所差别，这些差别反映出网站的特殊性。明确网站定位的过程，就是找出客户的优势、特色和行销方式的过程。如果客户对自己建立的网站还没有清晰的认识，设计师可以通过以下几个问题来引导客户。

① 建设网站的目的是什么？

比如，本项目的内容是构建数码购物商城，其网站以介绍数码产品及配件主，但也能够在线购买产品，同时，还没有忽略对其品牌文化的推广，如图 10-4 所示。

② 网站所针对的人群、区域是什么？

数码购物商城主要是为喜爱数码电子产品的各种层次用户提供产品选择，所以，展示的内容需要涵盖各种低、中、高层次的消费群体，为他们提供不同层次的服务，但是网站的核心是绝对正品。

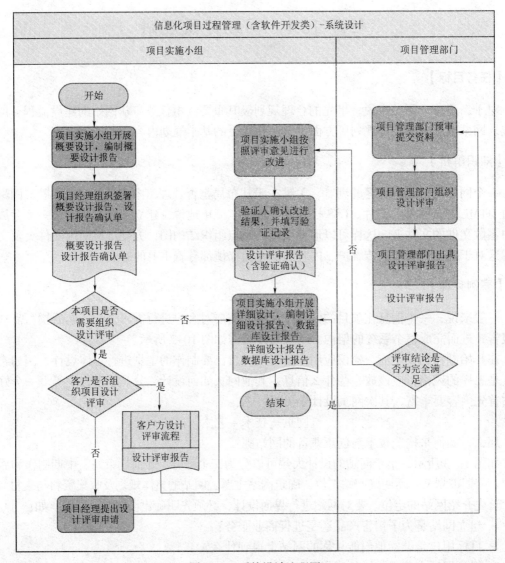

图 10-2　系统设计流程图

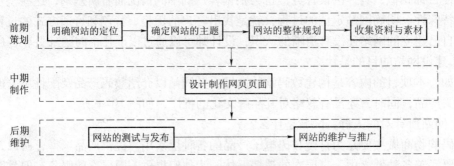

图 10-3　网站设计规划图

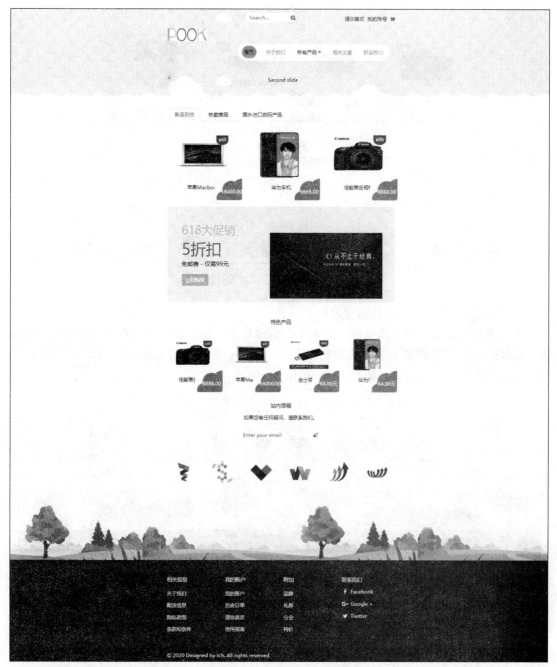

图 10-4　主页面设计图

③ 网站的收入来源是哪几个部分？网站的主要实现技术有哪些？

网站的收入一般来源于产品的销售、广告的植入、售后服务等。

图 10-5 所示为展示热卖产品的页面设计图。可以通过 HTML 相关标记、CSS 样式属性、Bootstrap、布局和排版，以及一些简单的 CSS3 动画特效技巧来实现。

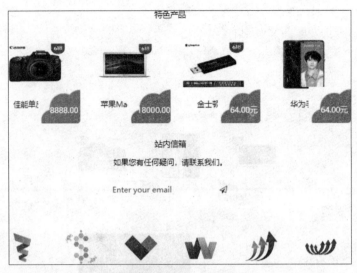

图 10-5　热卖产品页面设计图

④ 网站在设计风格上有什么要求？

因为面向的是高科技、高技能、高水平的数码电子产品，所以整个网站的设计风格以阳光、积极向上为主，提供了插画式的制作方式。同时，整个设计界面简单清晰、产品丰富，可以满足广大消费者的需要，如图 10-6 所示。

图 10-6　网站设计风格效果图

在理解站点定位的基础上，网站要形成鲜明的主题。主题就是网站的题材。主题的确定主要符合以下几点原则。

✧ 主题要小而精

定位要小，内容要精。定位小指的是立足于客户的"痛点"；内容要精指的是内容不能大而泛泛，种类要多，类别要清晰，布局要合理。

✧ 题材最好是自己擅长或者喜爱的内容

兴趣是制作网站的动力，没有热情，很难设计制作出杰出的作品。

❖ 题材不要太滥或者目标太高

"太滥"是指到处可见，人人都有的题材；"目标太高"是指在这一题材上已经有非常优秀、知名度很高的站点，要超过它是很困难的。

在网站的结构规划上，首先应把网站的内容列举出来，根据内容列出一个结构化的蓝图，根据实际情况设计各个页面之间的链接。规划网站的内容应包括栏目、目录结构、网站的风格设置等，具体如图 10-7 所示。

其中，最重要的是目录结构设计，要做到层次清晰，功能明确。目录结构设计要求如下。

① 要按栏目内容建立子目录。

② 每个目录下分别为图像文件创建一个子目录 images。

③ 目录的层次不要太深。

④ 尽量使用意义明确的非中文目录。

本次数码购物商城的目录设计如图 10-8 所示。

Logo	Banner
导航栏	

视频导航	新上线课程
横幅广告	
课程大纲	视频课程
学习建议	学习评估
友情链接	
版权	

图 10-7　网站的结构规划图

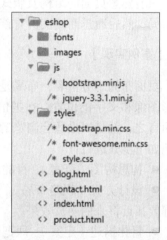

图 10-8　网站目录设计图

其次，将主要内容信息按一定的方法分类，并为它们设立专门的栏目。主题栏目个数在总栏目中占绝对优势，这样的网站专业主题突出，容易给人留下深刻印象，并且过目不忘。例如，数码购物商城共分为 5 个栏目，分别是"首页""关于我们""所有产品""相关文章"及"联系我们"，如图 10-9 所示。

图 10-9　网站栏目设计图

最后，在明确建站目的和网站定位以后，要结合各方面的实际情况，围绕主题全面收集相关的材料。比如，数码购物商城需要收集数码类相关产品的价格、生产地、适用人群、禁忌，以及数码产品的适用年龄、适用性别、种类、培养的不同能力、价格等。

任务 10.2　页面效果分析

【任务目标】

通过网站建设的规划，了解了网站设计的基本步骤和注意事项，接下来需要学习如何分析页面效果。网页的效果设计要讲究页面构图、色彩搭配、平面布局、版式设计、空间表现等方面的内容，而页面内容包括标题、网站标志、主体内容、页眉页脚、导航栏、广告栏等。

【知识解析】

只有熟悉页面的结构及版式，才能更加高效地完成网页的布局和排版。下面首先介绍页面布局，然后通过商城实例对首页效果图的 HTML 结构和 CSS 样式进行分析。

【案例实现】

页面布局十分重要，布局是一个设计的概念，指的是在一个限定的面积范围内合理安排图形图像和文字的位置，在把信息按照重要性次序陈列出来的同时，将页面装饰美化起来。简而言之，就是以最适合浏览的方式将图片和文字排放在页面的不同位置。版面的布局可以按照如下步骤进行：

- 构思构图（草案）。目的是将脑海里朦胧的想法具体化，变成可视可见的轮廓。
- 设计方案（粗略布局）。除了文本文字可以以字符象征性地代替以外，其他所有的内容都要接近将来的网页效果。
- 量化描述（定案）。即把网页设计方案中的视觉元素的各项参数确定下来。

下面列举几种布局方式。

分栏式布局，如图 10-10 所示。在标准的构架上加一些变化，就会有很多新的编排形式出现。

"T" 字形布局，是指页面顶部为主菜单，下方左侧为二级栏目条，右侧显示具体内容的布局，如图 10-11 所示。

"同" 字形布局，其在 "T" 字形布局的基础上，将右侧设为链接栏目条，屏幕中间显示具体的内容，如图 10-12 所示。

"国" 字形布局，是在 "同" 字形布局基础上演化而来的，在保留 "同" 字形的同时，在页面的下方增加一横条状的菜单或广告，如图 10-13 所示。

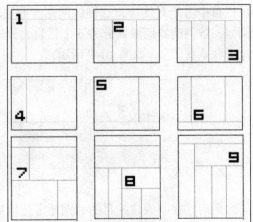

图 10-10　分栏式布局图

图 10-11　"T"字形布局图

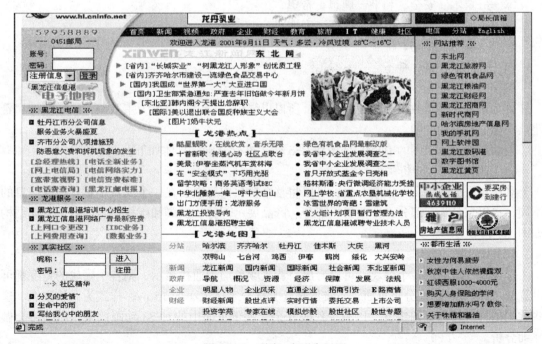

图 10-12　"同"字形布局图

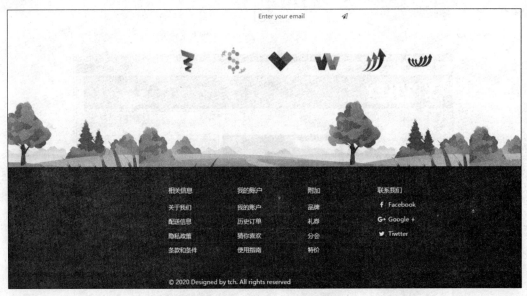

图 10-13 "国"字形布局图

网站文字的不同色彩给人的感觉也不相同，具体如下：

红——血、夕阳、火、热情、危险

橙——晚霞、秋叶、温情、积极

黄——黄金、黄菊、注意、光明

绿——草木、安全、和平、理想、希望

蓝——海洋、蓝天、沉静、忧郁、理性

紫——高贵、神秘、优雅

白——纯洁、素、神圣

黑——夜、邪恶、严肃

因为本例主要是数码类的商品设计，所以以绿色、白色、黄色为主基调，展示积极、希望、安全、科技的主题。

下面对首页效果图的 HTML 结构和 CSS 样式进行分析，具体如下。

（1）HTML 结构分析

观察主页面效果图，不难看出，可以将整个栏目内容嵌套在一个大盒子里。根据信息的不同，可以划分为三部分，即项目栏部分、产品展示部分、页脚和版权信息部分，具体结构如图 10-14 所示。

（2）CSS 样式分析

仔细观察页面的各个模块，可以看出，背景颜色均为通栏显示，则各个模块的宽度都可设置为 100%。精细地分析页面，不难发现，大部分字体大小为 15 px，样式为微软雅黑。这些共同的样式可以提前定义，以减少代码冗余。关于页面中的 CSS3 动画效果，后续将会做详细分析。

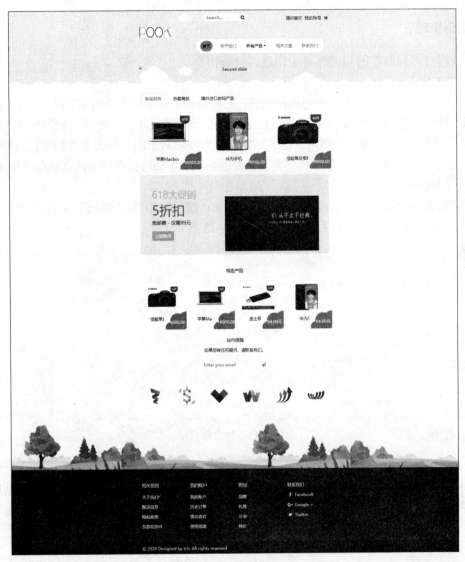

图 10-14 HTML 分析图

任务 10.3 制作前期准备

【任务目标】

完成网站建设规划及页面效果分析之后，开始着手制作网站。在制作网站之前，需要完成一些准备工作，为后续的代码编写提供相应的便利条件。

【知识解析】

作为一个专业的网页制作人员，当看到一个页面的效果图时，首先要做的准备工作就是建站和效果图的分析等。

【案例实现】

本节将对网页制作的相关准备工作进行详细讲解。

1. 建立站点

"站点"对于制作、维护一个网站很重要,它能够帮助系统地管理网站文件。一个网站通常由 HTML 网页文件、图片、CSS 样式表等构成。建立站点就是定义一个存放网站中零散文件的文件夹。这样,可以形成明晰的站点组织结构图,方便增减站内文件夹及文档等,这对于网站本身的上传维护、内容的扩充和移植都有着重要的影响。下面将详细讲解建立站点的步骤。

(1) 创建网站根目录

在电脑本地磁盘任意盘符下创建网站根目录。这里在 D 盘"源码"文件夹下新建一个文件夹作为网站根目录,命名为 eshop,如图 10-15 所示。

图 10-15　建立根目录

(2) 在根目录下新建文件

打开网站根目录 eshop,在根目录下新建 css、images 文件夹,分别用于存放网站所需的 CSS 样式表和图像文件,如图 10-16 所示。

图 10-16　样式表和图片所在的文件夹

(3) 新建站点

打开 HBuilder X 工具,在菜单栏中选择"文件"→"新建"→"项目"选项,在弹出的窗口中输入 Web 站点名称,然后浏览并选择站点根目录的存储位置,如图 10-17 和图 10-18 所示。

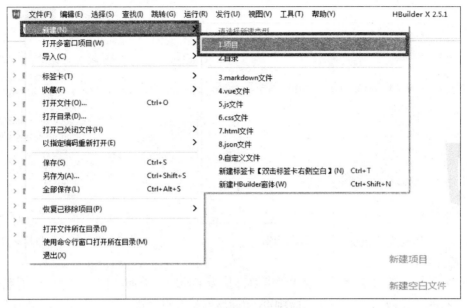

图 10-17　新建 Web 项目站点

值得注意的是，站点名称既可以使用中文，也可以使用英文，但名称一定要有很高的辨识度。例如，本项目开发的是数码购物商城首页面，所以最好将站点名称设为"数码购物商城"。

（4）站点建立完成

单击图 10-18 所示界面中的"创建"按钮，站点创建完成，如图 10-19 所示。

2. 站点初始化设置

接下来开始创建网站页面。首先，在网站根目录文件夹下创建 HTML 文件，命名为 index.html。然后，在 CSS 文件夹内创建对应的样式表文件，命名为 style.css。

页面创建完成后，网站形成了明晰的组织结构关系。站点根目录文件夹结构如图 10-20 所示。

图 10-18　新建 Web 项目站点名

图 10-19　Web 项目站点创建完成　　　　　　　图 10-20　站点根目录文件夹结构

3. 页面布局

页面布局对于改善网站的外观非常重要，是为了使网站页面结构更加清晰、有条理，而对页面进行的"排版"。接下来将对数码购物商城网站首页面进行整体布局，具体代码如下。

```html
<!DOCTYPE html>
<html lang="en">
  <head>
    <meta charset="utf-8">
    <meta name="viewport" content="width=device-width, initial-scale=1, shrink-to-fit=no">
    <title> 数码购物商城 </title>
    <link rel="stylesheet" type="text/css" href="styles/bootstrap.min.css">
    <link rel="stylesheet" type="text/css" href="styles/font-awesome.min.css">
    <link rel="stylesheet" type="text/css" href="styles/style.css">
  </head>
<body class="bg-white">
    <!-- 头部 -->
    <header class="p-t-15">
    <div class="container">
    </header>
    <!-- 轮播图 -->
        <div class="sideshow">
    <div class="top-pie"></div>
    <!-- 商品选项卡 -->
        <section class="m-t-40">
    <!-- 热卖商品广告图片 -->
        <section    class="m-t-60">
    <!-- 特色产品 -->
        <section class="m-t-60">
    <!-- 站内信箱 -->
        <section class="m-t-60">
    <!-- 底部 Logo -->
```

```
        <div class="m-t-60">
            <div class="container brand">
    </div>
        <div class="bg-landscape"></div>
    </body>
</html>
```

4. 定义公共样式

为了清除各浏览器的默认样式，使得网页在各浏览器中显示的效果一致，在完成页面布局后，首先要做的就是对 CSS 样式进行初始化并声明一些通用的样式。打开样式文件 style.css，编写通用样式，具体如下。

```css
/* 公共样式 */
body{font-family: " 微软雅黑 ";}
img{width: 100%;}
ul{padding: 0; margin: 0; list-style-type: none;}
a{color: #333;}
.bg-white{background-color:#fff; color:#333;}
body,header{background:#f3ecd5;}
.container{position:relative;}
.p-b-40{padding-bottom: 40px;}
.p-t-15{padding-top:15px;}
.p-30{padding:30px;}
.m-t-60{margin-top:60px;}
.m-t-40{margin-top:40px;}
.m-b-15{margin-bottom:15px;}
.m-t-20{margin-top:20px;}
.f-25{font-size:25px;}
.f-bold{font-weight:bold!important;}
```

拓展任务 10.1　页面制作实现

项 目 小 结

本项目首先介绍了 HBuilder X 建立 Web 项目站点的方法，然后分步骤分析了数码购物商城网站首页面的制作思路及流程，最后完成了页面的制作。通过本项目的学习，读者应该能够灵活地进行页面布局，并能够熟练地运用 HBuilder X 模板创建网页。本项目有助于读者循序渐进地学习 HTML5+CSS3 的相关知识，轻松入门，快速提升，解决项目开发过程中的实际问题。

参 考 文 献

［1］温谦 . HTML+CSS 网页设计与布局从入门到精通［M］. 北京：电子工业出版社，2008.

［2］魏利华 . 移动商务网页设计与制作［M］. 北京：北京理工大学出版社，2015.

［3］Ben Frain. 响应式 Web 设计 HTML5 和 CSS3 实战［M］. 王永强，译，北京：人民邮电出版社，2013.

［4］库波，汪晓青 . HTML5 与 CSS3 网页设计［M］. 北京：北京理工大学出版社，2013.

［5］成林 . Bootstrap 实战［M］. 北京：机械工业出版社，2013.